HIRT'S STICHWORTBÜCHER

GEOMORPHOLOGIE IN STICHWORTEN

I. Theorie – Methoden – Endogene Prozesse und Formen

7., neu bearbeitete Auflage

von

Christine Embleton-Hamann
Kirsten von Elverfeldt
Margreth Keiler

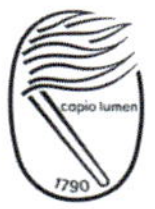

Gebr. Borntraeger, Stuttgart 2013

C. Embleton-Hamann, K. v. Elverfeldt, M. Keiler: Geomorphologie in Stichworten I, 7. Aufl. (Hirt's Stichwortbücher)

Adressen der Autorinnen:

Prof. Christine Embleton-Hamann, Institut für Geographie der Universität Wien, Universitätsstraße 7, A-1010 Wien, Österreich

Dr. Kirsten v. Elverfeldt, Institut für Geographie und Regionalforschung, Alpen-Adria-Universität Klagenfurt, Universitätsstraße 65–67, 9020 Klagenfurt, Österreich

Dr. Margreth Keiler, Geographisches Institut der Universität Bern, Hallerstrasse 12, CH-3012 Bern, Schweiz

6. Auflage 2004
5. überarbeitete Auflage 1994, Verlag Ferdinand Hirt
4. überarbeitete Auflage 1981, Verlag Ferdinand Hirt
3. überarbeitete Auflage 1977, Verlag Ferdinand Hirt
2. Auflage 1975 (unveränderter Nachdruck), Verlag Ferdinand Hirt
1. Auflage 1971, Verlag Ferdinand Hirt

ISBN 978-3-443-03121-3
Information on this title: www.borntraeger-cramer.de/9783443031213

Verlag: Gebr. Borntraeger Verlagsbuchhandlung, Johannesstr. 3A, 70176 Stuttgart, Germany
www.borntraeger-cramer.de, mail@borntraeger-cramer.de

∞ Gedruckt auf alterungsbeständigem Papier nach ISO 9706-1994

Layout: satzwerkstatt M. Luz, Neubulach
Printed in Germany by DZA Druckerei zu Altenburg GmbH

Vorwort

Die Geomorphologie in Stichworten erscheint nunmehr seit mehr als 40 Jahren und ist eines der zugleich ‚dienstältesten' und wesentlichsten Standardwerke im deutschsprachigen Raum. Diese Erfolgsgeschichte ist unter anderem dem Sachverhalt zu verdanken, dass die Geomorphologie in Stichworten beständig Überarbeitungen erfahren hat, um dem Anspruch als aktuelles Lehrbuch gerecht zu werden. Es ist auch dieser Anspruch, der nun eine völlige Neubearbeitung (mit Ausnahme von Kapitel 3, das bereits für die sechste Auflage komplett überarbeitet worden ist) nötig machte. In den letzten zehn Jahren haben sich sowohl das Basiswissen als auch die Herangehensweise innerhalb der Disziplin stark verändert. Diesen Veränderungen wollen wir gerecht werden, indem wir sowohl der (erkenntnis- und fach-) theoretischen als auch der methodischen Ausbildung einen wesentlich größeren Raum geben und Art und Inhalt der Wissensvermittlung neu gestalten. Wir sind davon überzeugt, dass für ein erfolgreiches Geomorphologiestudium heutzutage drei Dinge wesentlich sind: Kenntnis von und intensive Auseinandersetzung mit Erkenntnis- und Fachtheorien, Methodenwissen und das Verstehen der Zusammenhänge von verschiedenen geomorphologischen Prozessen und Phänomenen. Dieser Fokus auf Theorie-, Methoden- und Verständniswissen sowie der große Umfang und Inhaltsreichtum unterscheidet die insgesamt drei Bände der Geomorphologie in Stichworten deutlich von anderen deutschsprachigen Einführungen in die Geomorphologie. Eine weitere Besonderheit gegenüber anderen Lehrbüchern ist die Tatsache, dass der erste Band der Geomorphologie in Stichworten nunmehr das erste Lehrbuch der Geomorphologie ist, das ausschließlich von Frauen konzipiert wurde. Auch dies spiegelt eine große Veränderung in der Disziplin Geomorphologie wider, und wir können nicht verhehlen, dass wir diese als überaus positiv erachten. In Ihrer Konzeption richtet sich die Geomorphologie in Stichworten sowohl an Lehrende für den akademischen Unterricht als auch an Studierende für das (vertiefende und/oder ergänzende) Selbststudium. Durch ihren spezifischen und knappen Stil sowie die zahlreichen Beispiele sind die drei Bände der Geomorphologie in Stichworten sehr inhaltsreich. Ziel ist, eine umfassende Einführung und ein grundlegendes theoretisches und empirisches Verständnis der Geomorphologie zu vermitteln. Aufgrund der neuen Konzeption ist die Geomorphologie in Stichworten in ihrer aktuellen Auflage nicht mehr primär als reiner „Stichwortgeber" (Faktenwissen) zu verstehen, sondern kann und sollte wie jedes Lehrbuch von Anfang bis Ende durchstudiert werden.

Christine Embleton-Hamann
Institut für Geographie und Regionalforschung der Universität Wien

Kirsten von Elverfeldt
Institut für Geographie und Regionalforschung der
Alpen-Adria-Universität Klagenfurt

Margreth Keiler
Geographisches Institut der Universität Bern

September 2012

Inhalt

1 Die Geomorphologie: Erkenntnis-, wissenschafts- und fachtheoretische Grundlagen

Was ist Geomorphologie*[1]*? Wissenschaft von den *Formen*, *Materialien* und *Prozessen* der Erdoberfläche (inkl. Meeresboden) sowie vermehrt auch extraterrestrischer Oberflächenformen (z. B. Mars, Mond, Venus). *Form* dabei zu verstehen als **raumzeitliche Struktur von Prozessen**; ist ständigem (nicht immer wahrnehmbarem) Wandel unterworfen.

> **Beispiel Düne**: Keine starre Struktur aus gleichbleibendem Material, sondern unterliegt ständigem Material- und Energiedurchfluss, nur die raumzeitliche Organisation der Prozesse, die die spezifische Struktur bilden, ist (temporär) stabil.

Gegenwärtig oft auch Betonung der Verpflichtung der Geomorphologie, die Gesellschaft(en) über die *Sensitivität*[2] der Landoberfläche gegenüber dem *Globalen Umweltwandel* zu informieren (vgl. beispielsweise SLAYMAKER et al. 2009).

Für Geomorphologie sind verschiedene räumliche und zeitliche **Skalen** von Relevanz (→ I, 1.3.1). Fokus dabei entweder eher auf Prozessen (**Prozessgeomorphologie**) (→ I, 1.4.2) oder auf langzeitlicher Reliefentwicklung unter Einfluss von *endogenen*[3] oder *exogenen*[4] Kräften (**historisch-genetische Geomorphologie, Klimageomorphologie**) (→ I, 1.4.1).

Wozu Theorie in der Geomorphologie?

Geomorphologie ist eine Wissenschaft und damit wie jede Wissenschaft auf das Zusammenspiel von Theorie und Empirie angewiesen. Empirie ist immer nur so gut wie zugrunde gelegte Theorie, denn für Beobachtung der Realität ist Theorie nötig und implizit auch immer vorhanden. Die mangelnde Auseinandersetzung mit Theorie hat die Geomorphologie in einen Zustand intellektueller Verwirrung gebracht und unterminiert die wissenschaftliche Legitimation der Disziplin (RHOADS 1999: 762). Theorie benötigt **erkenntnis-, wissenschafts- und fachtheoretische Reflexion**.

Theorie in der Geomorphologie bisher eher von untergeordneter Rolle. Somit widerspricht Praxis bei geographischen Arbeiten (inkl. Master- und Doktorarbeiten) häufig der *wissenschaftlichen Methode* (vgl. HARD 1973): Auf Datensammlung im Gelände folgt das Schreiben der Arbeit, Einarbeitung der theoretische Basis erst zum Schluss. Eigenwahrnehmung der Disziplin als Fach, in dem sich Erkenntnisse aus sorgfältiger Beobachtung selbst ergeben. Ausnahmen: einige Mo-

---

[1] griech.: ge = Erde; morphe = Form, Gestalt; lógos = Lehre, Wissenschaft, Wort

[2] Sensitivität beschreibt die Fähigkeit, Veränderungen bzw. (externen) Einflüssen zu widerstehen. Ein geomorphologisches System ist dann sensitiv, wenn es bereits auf kleinste Veränderungen reagiert.

[3] griech.: endo = Innen; genos = Abstammung, Herkunft, Familie; im Inneren entstanden, innenbürtig

[4] griech.: exo = Außen; im Außen entstanden, außenbürtig

nographien und Artikel zu *theoretischer Geomorphologie* (z. B. HAINES-YOUNG u. PETCH 1986, RHOADS u. THORN 1996, THORN 1988) bzw. zu theoretischer Physischer Geographie allgemein (z. B. INKPEN 2005). Seit ca. Beginn des 21. Jahrhunderts jedoch steigende Zahl theoriespezifischer Publikationen (z. B. DIKAU 2006, ELVERFELDT 2012, KEILER 2011, ORME 2002, PHILLIPS 1999, SLAYMAKER 2009).

Theorien entstehen in bestimmtem Kontext und haben somit eine spezifische *Reichweite*. Wahl der Theorie für eigene Forschung daher abhängig von dem eigenen Erkenntnisziel: Was sehe ich mit Theorie X, was mit Theorie Y oder Theorie Z? Passt Theorie X in meinen Forschungskontext? Beobachtungen können Theorien modifizieren.

1.1 Erkenntnistheoretische Grundlagen (Epistemologie)

Erkenntnistheorie befasst sich mit der Frage nach dem Zugang zur Wirklichkeit, d.h. wie und ob wir von etwas wissen/etwas erkennen können. Wahl der eigenen Position letztlich Glaubensfrage, da Ausgangsannahmen der jeweiligen Epistemologie nicht begründbar sind. Unterscheidung in zwei Hauptströmungen: *Realismus* und *Antirealismus*. Bei beiden zudem verschiedene Unterströmungen. Realistische Positionen dominierend in der Geomorphologie und Physischen Geographie allgemein, in Humangeographie eher antirealistische Positionen. Frage der **eigenen erkenntnistheoretischen Position** wesentlich für eigene Forschung, da bestimmend für Grenzen der eigenen Aussagen.

1.1.1 Realismus

Wesentliche Aussage des ***Realismus***: objektives Wissen ist möglich. Grundlage dieser Aussage sind verschiedene Annahmen:

– Realität ist von unserem Erkenntnisapparat und Bewusstsein unabhängig,

– es gibt vom Bewusstsein und Erkenntnisapparat unabhängige Strukturen in der Realität und diese Strukturen sind erkennbar und können somit in gesichertes Wissen überführen werden. – Dabei gilt: Es kann Strukturen und Bestandteile der Realität geben, die nicht beobachtbar sind. Dem Realismus zu Folge wird Wissen immer mehr, Wissenschaft nähert sich dem Allwissen immer weiter an.

Verschiedene Strömungen im Realismus: **Ontologischer Realismus** (Existenz der theoretisch beschriebenen Phänomene und Objekte gegeben), **semantischer Realismus** (theoretische Begriffe haben reale Referenzobjekte) und **epistemischer Realismus** (grundlegende Theorien sind annähernd wahr).

Empirismus zurückgehend v.a. auf BERKELEY (1685–1735), HUME (1711–1776) und LOCKE (1632–1704). Forderung, dass wissenschaftliche Erkenntnisse auf

Beobachtungen und Experimenten beruhen müssen. Somit jegliche Erkenntnisgewinnung nur über Sinneswahrnehmungen möglich.

Positivismus zurückgehend auf Comte (1798–1857), beschränkt wissenschaftliche Erkenntnis auf Interpretation sog. positiver Befunde (aus Messung, Beobachtung). Messung und Beobachtung somit als Grundlage der Wissenschaft. In den Naturwissenschaften bis heute weitgehend als gültig angesehen.

Logischer Empirismus (Logischer Positivismus, Neopositivismus) zurückgehend auf die Mitglieder des sog. **Wiener Kreises** in den 1920ern und 1930er Jahren. Wissenschaftlichkeit beruht demnach nicht mehr allein auf Messung und Beobachtung, sondern Einschluss der formalisierten Logik. Fokus somit eher auf Methodologie als auf Fragen der Erkenntnis. *Induktive Logik* (→ I, 1.2.4) als wesentliches Prinzip.

Kritischer Rationalismus zurückgehend auf Popper (1902–1994). Zentrale Forderung: *Falsifizierbarkeit* von Theorien, *deduktive Vorgehensweise* (→ I, 1.2.4). Grundannahme: Erkenntnis muss sich in empirischen Prüfungen bewähren, d.h. prinzipielle Widerlegbarkeit (Falsifikation) muss gegeben sein. Aufgabe der Wissenschaft nicht Verifizierung von Theorien, sondern deren Falsifizierung. Dadurch nach Popper Wegfall falscher Theorien und subsequente Annäherung an Wahrheit. Dabei bleibt immer unsicher, ob die gerade aktuelle Theorie tatsächlich die Wahrheit beschreibt: Kann eine Theorie nicht widerlegt werden, steigt allenfalls die Wahrscheinlichkeit, dass sie richtig ist. Falsifikation muss demnach stets aufs Neue versucht werden. Praktische Wissenschaft folgt diesem Prinzip jedoch nicht, da die Forderung gewissermaßen dem menschlichen Bedürfnis entgegen läuft, ‚recht' zu haben und eigene Erkenntnisse zu verteidigen. Zudem Problem der Theorieabhängigkeit von Beobachtungen (→ I, 1.1.2).

1.1.2 Antirealismus

Begriff irreführend, denn Grundannahme ist, dass Wirklichkeit außerhalb unseres Bewusstseins existiert, jedoch nicht gänzlich zugänglich ist bzw. dieser Zugang nie bewiesen werden kann. Verneint die Möglichkeit, absolute Wahrheit erreichen, erkennen und überprüfen zu können. Unmittelbarer Zugang zu Realität nicht möglich.

Konstruktivismus[5]: Hat u.a. naturwissenschaftliche Wurzeln, in der Geographie aber eher in der Humangeographie verbreitet. Zwei wesentliche Schulen: Sozialkonstruktivismus und Radikaler Konstruktivismus.

Sozialkonstruktivismus: Jede Beobachtung ist kontextgebunden, Kontext gegeben durch jeweilige soziale Ordnung. Objektive und vorurteilsfreie Beobachtung (wie im *Empirismus* (→ I, 1.1.1) gefordert) daher nicht möglich. Auch natur-

[5] Innerhalb des Antirealismus gibt es etliche verschiedene Strömungen (Konstruktivismus, Strukturalismus, Poststrukturalismus etc.), aber nur der Konstruktivismus ist auch in der Geomorphologie vertreten.

wissenschaftliche Phänomene in dieser Sichtweise sozial konstruiert, denn alles Wissen entsteht in Gesellschaften. Wissensvermittlung ist ebenfalls sozial strukturiert und beeinflusst. Theorien stets *kontingent* (Kontingenz = gleichzeitiger Ausschluss von Unmöglichkeit und Notwendigkeit. Also: Weil etwas ist, kann es nicht unmöglich sein, ist aber zugleich nicht notwendigerweise die einzige Option).

Radikaler Konstruktivismus: Erkenntnis abhängig von unserer Wahrnehmung, mit der wir unsere Wirklichkeit konstruieren. Laut den Biologen MATURANA und VARELA (1946–2001) ist Erfahrung an unsere physiologische Struktur geknüpft, d.h. abhängig von unserem Erkenntnisapparat.

> **Beispiel:** Gemäß EINSTEIN ist der Raum ein Raum-Zeit-Kontinuum, in dem wir unseren eigenen Hinterkopf sehen könnten. Unsere Raumwahrnehmung ist aber anders, nämlich dreidimensional begrenzt.

Unsere Welt entsteht demnach durch die Limitierungen unserer physiologischen Struktur, und Wahrnehmung erlaubt daher keine Aussage darüber, wie Welt „wirklich" ist.

1.2 Wissenschaftstheoretische Grundlagen

Wissenschaft ist nur eine Form der Erkenntnisgewinnung unter vielen. Dabei den Regeln der *Objektivität* oder zumindest *Intersubjektivität* (und *Vorurteilsfreiheit*), *Methodenreinheit*, *Wahrheit* und *Validität* der Ergebnisse verpflichtet. Tatsachenbasiert. Auch hier gilt: Möglichkeit oder Unmöglichkeit der Einhaltung dieser Regeln in der Physischen Geographie und insbesondere der Geomorphologie selten hinterfragt.

Grundlage aller Wissenschaft: Beobachtung. Wissen (von lat./griech.: ‚gesehen haben') bezieht sich auf visuelle Wahrnehmung – haben wir etwas gesehen (genauer: beobachtet), wissen wir davon. Verständnis von Beobachtung nicht einheitlich, sondern abhängig von der jeweiligen eigenen erkenntnistheoretischen Position. Wesentliche Differenz: Ist Beobachtung passiv oder aktiv? POPPER verneint Möglichkeit der begriffsfreien (theorielosen) Beobachtung. Er unterscheidet dabei zwischen Kübeltheorie der Erkenntnis und Schweinwerfertheorie der Erkenntnis. *Kübeltheorie*: Gehirn/Verstand des Menschen funktioniert im Prinzip wie ein Kübel, der sukzessive mit Erkenntnis „gefüllt" wird. Beobachtung also passiver Akt, trotzdem (zuweilen systematische) Auswahl wesentlicher Aspekte. Demgegenüber *Scheinwerfertheorie*: Hypothesen steuern Wahrnehmung, werden daraufhin entweder bestätigt oder verworfen. Einzelne Aspekte dieser Hypothese durch Beobachtung beleuchtet, wie Scheinwerfer im Dunkeln jedoch kein komplettes Bild. Demnach Beobachtung ohne Theorien (Begriffe, Annahmen) nicht möglich, Auswahl des Gesehenen aufgrund (impliziter oder expliziter) Voraannahmen. HEINZ VON FOERSTER (1911–2002) formulierte über POPPERS Überlegungen hinaus gehende *Beobachtungstheorie*: Unterscheidung von zwei Beobachtungsebenen, Beobachtung erster Ordnung und Beobachtung zweiter Ordnung. Beobachtung verstanden als Akt des Unterscheidens (dies und nicht alles Andere) und gleichzeitigem Bezeichnen des zuvor Unterschiedenen („Hangrutschung", „Stuhl", „Stadt"). Wesentlicher Aphorismus: „Wir sehen nicht, dass wir nicht sehen" (FOERSTER 2006: 26). Beobachtungstheorie basiert auf neurophysiologischen Erkenntnissen. Grundaussage: Jeder Beobachter hat Blinden Fleck. Zunächst durchaus als der physiologische Blinde Fleck des menschlichen Auges anzusehen: Hier tritt die Merkwürdigkeit auf, dass der Blinde Fleck nicht wahrnehmbar ist – der Beobachter sieht nicht, dass er etwas nicht sieht. Das heißt, der Blinde Fleck wird vom Gehirn „automatisch" aufgefüllt und ist sozusagen einfachstes Beispiel dafür, dass unsere Sinnesorgane Welt ggf. nicht so abbilden, wie sie ist. Zuordnung der Reize zum jeweiligen Sinnesorgan erfolgt erst im Gehirn über Ankopplung an bestimmtes Areal im Gehirn. Wahrnehmung somit abhängig von inneren Strukturen, nicht von externen Signalen. Beobachtungstheorie legt nahe, dass theorieunabhängige Beobachtung unmöglich ist. „Wahr" oder „richtig" immer nur im Kontext der Ausgangsunterscheidung, keine letztgültige Entscheidung darüber möglich, Objektivität, „besser", „schlechter" stets nur im Rahmen der eigenen Hintergrundtheorie.

Ziel der Wissenschaft: „Das oberste Erkenntnisziel der Wissenschaft besteht in der Findung von möglichst wahren und gehaltvollen Aussagen, Gesetzen oder Theorien, über einen bestimmten Gegenstandsbereich" (SCHURZ 2006: 23). Ziel ist letztlich, Ordnung in die Welt zu bringen (EGNER 2010). Wesentlich: Je nach erkenntnistheoretischer Position (→ I, 1.1) unterschiedliche Auffassungen über Realität, Tatsachen und Wahrheit.

Realistische erkenntnistheoretische Positionen (→ I, 1.1.1) ermöglichen objektive Beobachtung von theorieunabhängigen Tatsachen. Tatsachen dadurch Basis wissenschaftlicher Erkenntnis, Fakten als Belege für wissenschaftliche Ergebnisse.

Anti-realistische erkenntnistheoretische Positionen (→ I, 1.1.2) verneinen Möglichkeit eines objektiven und allgemeingültigen Zugangs zur Welt. Tatsachen immer theorieabhängig, Wahrheit nicht letztgültig überprüfbar. Anstelle des Wahrheitsbegriffes tritt beispielsweise der Begriff der Viabilität.

1.2.1 Wahrheitsbegriffe

Wahrheit als Ziel wissenschaftlicher Forschung (→ I, 1.2). Was ist Wahrheit? Antwort ist abhängig von eigener erkenntnistheoretischer Position. Verschiedene *Wahrheitstheorien* existieren (Korrespondenztheorie, Konsenstheorie, Kohärenztheorie, pragmatische Wahrheit etc.).

Realistische erkenntnistheoretische Positionen: Absolute, universelle Wahrheit. Dafür muss bewusstseinsunabhängige Realität und Zugang zu dieser als Ausgangsbedingung gegeben sein. Wahrheit ist in Relation zu Realität feststellbar: Ist etwas wahr, stimmt es mit Realität überein. Wahre Aussage korrespondiert mit der Realität (*Korrespondenztheorie*). Problem: Keine Definition von Wahrheit, nur das Kriterium gegeben, wann etwas wahr ist. Beispielsweise können Allaussagen nur schwer (bzw. gar nicht) auf Wahrheit geprüft werden.

Anti-realistische erkenntnistheoretische Positionen: Relative, kontextabhängige Wahrheit. Feststellung der Übereinstimmung mit Realität nicht möglich. *Kohärenztheorie* vermeidet im Gegensatz zu Korrespondenztheorie Bezug zu etwas außerhalb der Sprache Liegendes. Vergleich von Aussagen, Widerspruchsfreiheit von Aussagen. Problem: Mehrere kohärente, widerspruchsfreie Aussagensysteme denkbar, wobei ein Satz in einem System falsch, im anderen richtig ist. *Viabilität* als Alternative zu klassischen Wahrheitsbegriffen im Bereich der Erfahrung. Eine Theorie ist viabel, solange sie zu Problemlösungen beitragen kann. Anerkennt, dass es ggf. mehrere ‚wahre' Lösungen für ein Problem gibt.

1.2.2 Kausalität[6]

Kausalitätsdenken reicht zurück bis Aristoteles, in Geographie zentral, z. B. Alexander von Humboldts (1769–1859) „Alles ist Wechselwirkung". Jede Erkenntnis und jede Theorie (→ I, 1.2.3) beinhaltet Aussagen über *Ursache-Wirkungs-Beziehungen*. Somit die Fragen nach „Warum" und „Wie" zentral in jeder Wissenschaft.

Kausalitätskriterien:

– Wiederholbarkeit und universelle Gültigkeit von Ursache-Wirkungs-Beziehungen

– Ursache bewirkt eine Veränderung

– Ursache stets vor Wirkung (Asymmetriebedingung)

Auch hier einerseits eigene erkenntnistheoretische Position (→ I, 1.1) mit entscheidend dafür, wie Kausalität gedacht wird, aber auch die jeweilige aktuelle wissenschaftliche Hintergrundtheorie wesentlich.

> **Geodeterminismus**: Eine Theorie des 19. und auch 20. Jahrhunderts, beispielsweise vertreten durch den Geomorphologen Ferdinand von Richthofen (1833–1905), auch heute durchaus noch in Geomorphologie vorhanden. Ursachen für gesellschaftliche Verhältnisse und Strukturen wurden überwiegend in Umweltfaktoren gesehen. In Extremform wird davon ausgegangen, dass Gesellschaften ursächlich auf natürliche Gegebenheiten zurückgeführt werden können.

Allerdings können Ursache und Wirkung leicht vertauscht werden, und zirkuläre Kausalitätsbeziehungen (zur Möglichkeit oder Unmöglichkeit derselben s.u.) werden zu linearen Beziehungen vereinfacht.

[6] lat.: causa = Ursache

Gezeiten: Die Umlaufbahn des Mondes bestimmt die Gezeiten durch Rotation der Erde und des Mondes um gemeinsamen Schwerpunkt. Summe der wirkenden Kräfte im Mittel null, aber auf mondnaher bzw. -abgewandter Seite überwiegen Mondgravitation und Fliehkräfte, sodass Flutberge entstehen. Diese bewirken eine Abbremsung der Erdrotation, ein Teil des Drehimpulses und der Rotationsenergie werden auf den Mond übertragen. Dadurch beispielsweise Änderung der (Erd-)Tageslänge sowie der Entfernung Erde-Mond. Gezeiten wirken somit auch auf den Mond, keine lineare, einfach-kausale Beziehung.

Fundamentale Kritik an Kausalitätsdenken durch RUSSELL (1872–1970), da oftmals unentscheidbar, was Ursache und was Wirkung ist. Kausalität bedeutet, dass es für jedes beliebige Ereignis die eine Ursache gibt. Für RUSSELL Ablehnung des Kausalitätsgedankens v.a. empirisch begründet: Ausgangsbedingungen nicht korrekt und vollständig reproduzierbar, zu viele Vorbedingungen (Multikausalitäten). Zudem Ablehnung der Einzigartigkeit: Eine Ursache kann zu verschiedenen Wirkungen führen, eine Wirkung verschiedene Ursachen haben. Prinzip „gleiche Ursache, gleiche Wirkung" nicht universell gültig. Dieses Problem auch in Geomorphologie bekannt.

Formenkonvergenz: Sehr ähnliche, fast ununterscheidbare Formen können auf verschiedene Prozesse zurückgeführt werden. So auch beim sogenannten Buckelwiesen-Relief, für das unterschiedlichste Ursachen angeführt werden können: Verursacht durch Verkarstungsprozesse, verursacht durch Periglazialprozesse (Ausschmelzen von Eiskeilen), verursacht durch Windwurf und/oder Rodung, oder verursacht durch eine spezifische primäre Schuttablagerung. Weiteres Beispiel Maare und Meteoritenkrater, die oftmals die gleiche Gestalt und Dimension haben (→ I, 5.6.2).

Auch die Systemtheorie (→ I, 1.3.2) steht quer zu Kausalitäten, denn der Begriff der „*Wechselwirkung*" verletzt die Asymmetriebedingung der Kausalität. Noch problematischer bei *Nichtlinearität*[7], Beispiel *Emergenz*[8] (→ I, 1.3.2). Diese schließt kausale Reduktion auf einzelne Elemente (oder Ebenen unterhalb der beobachteten emergenten Phänomene) aus.

---

[7] Stark vereinfacht bedeutet Nichtlinearität, dass eine Ursache nicht immer dieselbe Folge nach sich zieht. Gleichzeitig ist die Reaktion nicht vorhersagbar. Dies kann beispielsweise darauf zurückgeführt werden, dass die Ursache-Wirkungsbeziehungen von einer Art Gedächtnis (oder Geschichte) überlagert werden, d.h. vorherige Ereignisse und Prozesse beeinflussen die Reaktion mit. Nichtlinearität bedeutet, dass eine kleine Ursache eine disproportional große Folge haben kann – und umgekehrt.

[8] Der Begriff der Emergenz (lat. Auftauchen, Hervorkommen, Emporsteigen) beschreibt das Auftreten neuer Eigenschaften und/oder Strukturen auf der nächsthöheren Skale, was durch Prozesse auf der nächstunterliegenden Skale zurückzuführen ist. Emergentes Verhalten ist nicht reduzierbar, d.h. die Untersuchung der Eigenschaften einzelner Elemente der darunterliegenden Ebene kann dieses Phänomen nicht beschreiben. Gut zusammengefasst in ARISTOTELES „Das Ganze ist mehr als die Summe seiner Einzelteile". In diesem Sinne sind Phänomene, die sich als System beschreiben lassen, ein emergentes Phänomen. Diese Nicht-Reduzierbarkeit ist ein Kriterium von Emergenz, ein weiteres ist die Unvorhersagbarkeit

1.2.3 Theorien, Hypothesen, Modelle

In den Naturwissenschaften ***Modell*** verstanden als nachprüfbare und vereinfachte Darstellung der Realität (vgl. erkenntnistheoretische Positionierung des Realismus, → I, 1.1.1). **Zentrale Merkmale von Modellen**: *Abbildung*, *Vereinfachung* und *Zweckgerichtetheit*. Modelle haben auch in der Geomorphologie eine wesentliche Rolle für die Beschreibung und Analyse von Phänomenen (→ I, 2.2.4). Jedoch wird selten hinterfragt, ob Wirklichkeit tatsächlich abgebildet wird: Modelle häufig ungenau, inkonsistent und auf wenige Aspekte und Funktionen bezogen sowie interessenabhängig.

Theorie: Modelle werden nach einem System von Regeln erstellt. System von Regeln = *Theorie*. Einfachste **Definition Theorie**: Annahmen über kausale Zusammenhänge (Egner 2010). In der Geomorphologie Tendenz, Theorien als Realität zu sehen, beispielsweise, dass es ‚Systeme' tatsächlich gibt (→ I, 1.3.2). Dabei ist das Funktionieren einer Theorie kein Beweis für ihre „Richtigkeit", zu erkennen am Beispiel des Verständnisses von Gravitation in der klassischen Physik und in der Allgemeinen Relativitätstheorie.

> **Gravitation**: In der klassischen Newton'schen Mechanik wird die Gravitation als eine Kraft verstanden, durch die sich Massen im Raum gegenseitig anziehen. In der allgemeinen Relativitätstheorie werden Raum und Zeit als Einheit (*Raumzeit*) angesehen, die eine nicht-euklidische Geometrie besitzt. Die lokale Krümmung der Raumzeit hängt von der Energieverteilung ab, und diese Krümmung bestimmt die Bewegung der Massen. Das Phänomen der Gravitation ist somit auf die spezifische Geometrie eines nicht-euklidischen vierdimensionalen Raumes zurückzuführen. Gravitation ist in der allgemeinen Relativitätstheorie also keine Kraft, sondern ein rein geometrisches Phänomen und somit nur eine *Scheinkraft*. Dennoch ‚funktioniert' es, die Gravitation in irdischen Dimensionen (Skalen) als Kraft zu verstehen.

Theorien erfüllen bestimmte ***Funktionen*** (vgl. Hard 1987):

- *Hypothesenerzeugungsfunktion*: Aus jeder Theorie kann Vielzahl an Hypothesen hervorgebracht werden.
- *Forschungserzeugungsfunktion*: Theorien generieren Forschung, um jeweilige Theorie zu belegen oder zu widerlegen.
- *Forschungs- und Wirklichkeitsnormierungsfunktion*: Theorien geben gleichzeitig vor, welche Forschung gerade möglich ist (s. Forschungserzeugungsfunktion) und welche nicht. Wissenschaftliche Forschung bestimmt dabei im wesentlichen Maße mit, was als wahr und wirklich angesehen wird (→ I, 1.2.1).
- *Datenerzeugungsfunktion*: Bei den diversen Versuchen, die Theorie zu verifizieren oder zu falsifizieren (s. Forschungserzeugungsfunktion), werden Unmengen an Daten produziert.

– *Hilfshypothesenerzeugungsfunktion*: Hilfshypothesen werden geschaffen, um (kleinere, aber nicht zu ignorierende) Phänomene zu erklären, die mit der gängigen Theorie nicht erklärbar sind.

– *Immunisierungsfunktion*: Theorie wird gegen gegenläufige Befunde immunisiert, noch so viele anderslautende empirische Ergebnisse können einer Theorie nichts anhaben. Erst, wenn diese Ergebnisse in eine andere Theorie gekleidet werden, wird die ‚alte' Theorie angreifbar. Der – vor allem, aber selbstverständlich nicht nur – für die Geomorphologie wesentliche Schluss ist: Die Weiterentwicklung einer Disziplin hängt von theoretischer Diskussion ab, Empirie allein reicht nicht aus.

– *Tatsachenerzeugungs- und -stabilisierungsfunktion*: Aus der Immunisierungsfunktion ergibt sich, dass ‚unpassende' Ergebnisse erst durch eine neue Theorie zu ‚Tatsachen' werden. Somit bringen erst Theorien Tatsachen hervor und stabilisieren diese im Zuge der weiteren Forschung.

Theorien selten direkt empirisch überprüfbar, dafür werden Hypothesen für einzelne Theorieaspekte eingesetzt.

Hypothese definiert als empirisch falsifizierbarer Satz. **Kriterien**: Eine Hypothese ist eine Aussage (keine Frage), enthält mindestens zwei semantisch gehaltvolle Begriffe, ist ein sinnvoller Konditionalsatz (wenn-dann, je-desto, etc.), nicht tautologisch, widerspruchsfrei, empirisch nachprüfbar, falsifizierbar. Gemäß *Scheinwerfertheorie* (→ I, 1.2) strukturieren Arbeitshypothesen die jeweiligen Beobachtungen bereits vor: Bestimmte Beobachtungen möglich, andere unmöglich.

1.2.4 Logische Schließverfahren

Induktion

Der Schluss vom Einzelfall auf eine allgemeingültige Regel. Einfachste Form, um Regeln abzuleiten.

> **Erwärmung und Gletscherrückgang**: Beobachtung, dass Gletscher 1 bei Erhöhung der globalen Durchschnittstemperatur abschmilzt, ebenso Gletscher 2, 3 und 4. Logischer (induktiver) Schluss: Alle Gletscher schmelzen bei Erhöhung der globalen Durchschnittstemperatur ab.

Induktiver Schluss ist jedoch kein logisch valides Argument, denn selbst bei gültigen Prämissen ist die Schlussfolgerung nicht zwingend wahr. Auch bei großer Zahl von Beobachtungen nicht valide, ein einziger gegenläufiger Fall reicht für Widerlegung aus. So kann eine Reihe richtiger Beobachtungen zu falschem Schluss führen. Dennoch Grundlage vieler wissenschaftlicher Gesetze und Theorien (z. B. NEWTONS Gravitationstheorie). Aufgrund der Limitation der Induktion müssen induktiv ermittelte wissenschaftliche Regeln und Gesetze spezifische **Bedingungen** erfüllen:

– Große Anzahl an Beobachtungen;

– Beobachtungen unter verschiedensten Bedingungen wiederholt;

– keine dem Gesetz gegenläufige Beobachtung existiert.

Bedingungen jedoch nicht immer erfüllbar.

Zusätzlich beinhaltet Induktion auch das **Kausalitätsproblem** (→ I, 1.2.2), denn induktives Schließen ist automatisch kausal. **Aktualismus**[9] (→ I, 1.4.1) als Grundlage. Massive Kritik an Induktion v.a. durch POPPER: Beobachtung von etwas setzt Wissen darüber bereits voraus, daher kann mittels Induktion keine neue Erkenntnis erlangt werden.

Deduktion

Der Schluss von einer allgemeingültigen Regel auf den Einzelfall. Basiert im Gegensatz zur Induktion auf **Logik**. Logischer Schluss aufgrund von (mindestens) zwei allgemeingültigen Prämissen auf Einzelfall

> **Gletscherrückgang in den Alpen**: Alle Alpengletscher sind in den letzten 100 Jahren rückgeschmolzen (Erste Prämisse). Dies ist ein Alpengletscher (Zweite Prämisse). Dieser Gletscher ist zurückgeschmolzen (Logische Schlussfolgerung).

Grundannahme der Deduktion: Sind die Prämissen korrekt, ist auch die Schlussfolgerung korrekt. Mindestens eine Prämisse muss dabei als **Allaussage** formuliert sein. Ob Schlussfolgerung auch **wahr** ist (→ I, 1.2.1), kann jedoch nicht entschieden werden.

> **Deduktion und Wahrheit**: Die globale Durchschnittstemperatur hat in den letzten 100 Jahren zugenommen (Prämisse 1). Bei Erhöhung der Durchschnittstemperatur verlagert sich die Gleichgewichtslinie (→ III, 2.2.1.2) in größere Höhen und Gletscher ziehen sich zurück (Prämisse 2). Der untersuchte Gletscher schmilzt zurück (logisch korrekte, aber ggf. **unwahre** Schlussfolgerung).

Abduktion

Kreatives Schließen auf erkenntniserweiternde Erklärung. Von CHARLES SANDER PEIRCE (1839–1914) in Wissenschaftstheorie eingebracht. Induktion und Deduktion können Zustandekommen von neuer Erkenntnis nicht erklären, da Wissen vorausgesetzt ist. Neue Entdeckungen lt. POPPER zumeist zufallsbestimmt, schöpferisch, irrational.

Ausgangspunkt des abduktiven Schließens: Überraschung, unerwartetes Ergebnis bringt Zweifel an bisherigen Überlegungen/Denkweisen. Suche nach Erklärung, d.h. nach neuer (bisher unbekannter) Regel. Anschließend Suche nach ähnlichen Ergebnissen/Beobachtungen.

---

[9] Aktualismus steht für die Annahme, dass Prozesse, die heute beobachtet werden können, genauso in der Vergangenheit abgelaufen sind und auch genauso in der Zukunft ablaufen werden.

Gravitationsgesetz: Isaac Newton saß grübelnd unter einem Apfelbaum und bemerkte plötzlich einen fallenden Apfel. Er stutzte und überlegte, warum der Apfel immer in einer geraden Linie fällt, nie aber zur Seite oder nach oben. Bei der Suche nach einer Erklärung (Regel) für dieses Phänomen postulierte er schließlich die Erdanziehungskraft.

Abduktion somit im Gegensatz zu Induktion und Deduktion keine Regel für (logisches) Schließen, sondern Beschreibung der Suche nach Erkenntnis. Einzige immanente Regel: Prinzip der einfachsten Erklärung, d.h. von mehreren möglichen erklärenden wissenschaftlichen Theorien sollte immer die einfachste ausgewählt werden. Dieses Prinzip ist bekannt als O*ckhams Rasiermesser*.

1.3 Fachtheoretische Konzepte, Prinzipien und Hintergrundtheorien

1.3.1 Konzepte und Prinzipien

Aktualismus (Uniformitätsprinzip)

Das Verständnis von Raum und Zeit für geomorphologische Untersuchungen zentral. Wesentliches geomorphologisches Konzept, um den Zeitaspekt zu greifen, ist das *Aktualismusprinzip:* Es geht auf Charles Lyell (1797–1975) und James Hutton (1726–1797) zurück, ist jedoch nicht eindeutig definiert. Gemeinhin besagt es die Uniformität (Gleichförmigkeit) von Prozessen. Oftmals zusammengefasst mit dem Satz ‚*die Gegenwart ist der Schlüssel zur Vergangenheit*'. Generelle Idee, dass die Beobachtung gegenwärtiger Formen und Prozesse Aufschlüsse über die in der Vergangenheit abgelaufenen Prozesse und die Entstehung der Formen gibt, da die grundlegenden Naturgesetze unveränderbar sind. Dadurch starke Bedeutungszunahme ‚empirischer Fakten' als wissenschaftliche Beweise, alles Beobachtbare wird als prinzipiell erklärbar angesehen. Starke Betonung der Kausalität (→ I, 1.2.2) – alles Beobachtete hat eine Ursache.

Verschiedene ***Probleme des Konzeptes***, v.a. wenn auch von Konstanz der Prozess- und Veränderungsraten ausgegangen wird. Außerdem auch impliziter Ausschluss der Möglichkeit, dass unbekannte Prozesse existieren/existierten. Versagt bei geologisch langsam ablaufenden Prozessen, da sie Vergleiche von Gegenwart und Vergangenheit schwierig machen, sowie bei Übertragung auf erdgeschichtliche Phasen, in denen gänzlich andere Verhältnisse geherrscht haben als heute. Weiters in der ursprünglichen Ausprägung auch Ausschluss katastrophaler Ereignisse wie Meteoriteneinschläge.

Entstanden als Gegenentwurf zur bis ins 18. Jhdt. vorherrschenden Annahme, dass eine Gottheit die Evolution der Erde steuert und diese Entwicklung im Wesentlichen durch Katastrophen geprägt sei: ***Katastrophentheorie***. Hier Kernannahme, dass die Erde mehr oder minder in einem einzigen Schöpfungsakt geschaffen wurde und biblische Ereignisse wie die Sintflut für die Entwicklung des Lebens und auch der Erdoberfläche zentral sind. Seit dem 20. Jahrhundert nunmehr Annahme, dass Zusammenspiel von stetigen Prozessen und Katastrophen (allerdings – zumindest im europäischen Raum – ohne die biblischen Bezüge) für Formung des Reliefs verantwortlich ist.

Ergodisches Prinzip[10]

Das ***ergodische Theorem*** (auch *ergodische Hypothese*) ist das wesentliche zweite Zeitkonzept komplementär zum Aktualismusprinzip (s.o.). Ursprünglich aus der **statistischen Physik** zur Lösung eines Beobachtungsproblems: Moleküle bewegen sich im Vergleich zur Beobachtungsdauer sehr schnell (zu schnell). Lösungsversuch durch Übernahme des ergodischen Theorems aus der **statistischen Mechanik**. Das Theorem bezieht sich auf das mittlere Verhalten eines dynamischen Systems und besagt, dass über lange Zeiträume gemittelt sämtliche möglichen Mikrozustände mit derselben Energie im Phasenraum (→ I, 1.3.2) in Zeit und Raum gleich wahrscheinlich sind. Stark vereinfacht gesagt ist das Ergebnis also gleich, egal ob man a) ein einzelnes Objekt über einen langen Zeitraum betrachtet und das Verhalten mittelt, oder ob man b) viele Objekte zu einem bestimmten Zeitpunkt auf großer räumlicher Skala betrachtet und das Verhalten mittelt. In der Geomorphologie daher gerne angewendet, um *Zeit mit Raum zu substituieren*, obschon das Konzept bei weitem nicht so elaboriert ist/wurde wie in der Physik (in der Physik zudem genau das Gegenteil das Ziel: Raum mit Zeit zu ersetzen).

Grundannahme: Im Allgemeinen wird das ergodische Theorem in der Geomorphologie in etwa zusammengefasst als die Annahme, dass Zeit und Raum unter bestimmten Umständen als austauschbar angesehen werden können. Diese Hypothese ist im Gegensatz zur Physik in der Geomorphologie bislang nicht (quantitativ) überprüft worden, daher ist es auch eher eine Annahme als eine Hypothese. Des Weiteren Abweichung von der ursprünglichen (statistisch-physikalischen) Formulierung von räumlichen und zeitlichen Mittelwerten. *‚Echt' ergodisch* wäre demnach eine Aussage wie: ‚Wenn zu jedem Zeitpunkt 15 % der Dünen in einem spezifischen Zustand sind, kann davon ausgegangen werden, dass jede einzelne Düne 15 % der Zeit in diesem Zustand verbringt'. Stattdessen werden oft **Sequenzen der Entwicklung** angenommen, was aus der Beobachtung verschiedener Entwicklungs‚stadien' einer Oberflächenform (z. B. bei Bruchstufen) in verschiedenen Räumen resultiert.

Gleichgewichtskonzepte

Das geomorphologische Gleichgewichtsdenken im angloamerikanischen Raum vor allem zurückgehend auf Grove Karl Gilbert (1843–1918), im deutschsprachigen Raum Frank Ahnert als wesentlicher Vertreter. Inzwischen weit über 20 sich teils widersprechende Gleichgewichtskonzepte in der Geomorphologie und den benachbarten Disziplinen. Aber **Inkonsistenzen der Definitionen** nicht

[10] Aus dem Griechischen von ergon = Energie bzw. Arbeit/Werk, und hodos = Weg.

nur in Bezug zu disziplininternen Definitionen, sondern ebenfalls in Bezug zu Gleichgewichtsdefinitionen in Mathematik, Mechanik und Thermodynamik.

Definitionen und Annahmen: Gemeinhin ist mit *Gleichgewicht* im weitesten Sinne gemeint, dass eine Strategie wirksam ist, die alle Prozesse herunterreguliert, die zu einer Veränderung des etablierten Zustandes führen können. Wesentlichstes Kennzeichen: Inputs und Outputs sind gleich. **Grundannahme** ist, dass Relief und Oberflächenformen *zeitunabhängig* sind, was konträr zu Theorien der Reliefentwicklung wie von PENCK oder DAVIS, aber auch zu modernen Ansätzen der komplexen, nichtlinearen und potentiell selbstorganisierten[11] Dynamik geomorphologischer Phänomene steht. Annahme eines dauerhaften Gleichgewichts zwischen verschiedenen Variablen, dadurch Entstehung von Oberflächenformen, die keinem bestimmten Stadium bzw. keiner Entwicklungsphase zuordenbar sind. Fokus auf räumlicher Variation, die gegenüber zeitlicher Variation als wesentlicher angesehen wird. Negierung der Bedeutung einer Systemgeschichte, da vorangegangene Prozesse und Ereignisse im Gleichgewicht bedeutungslos werden, Fokus auf gegenwärtige Prozesse. Veränderung nur aufgrund Veränderung äußerer Rahmenbedingungen und damit von Inputs, die das Erreichen eines neuen Gleichgewichtszustandes erfordern.

Wesentliche ***Kritikpunkte*** am Gleichgewichtskonzept: konzeptionelle Inkohärenz und Inkonsistenz, Fokus auf einzelne Variablen statt auf das System als Ganzes, Gleichgewichtskonzepte stehen im Widerspruch zur physikalischen Basis. Aus heutiger Sicht lassen sich die wenigsten als System angesprochenen geomorphologischen Phänomene mit Gleichgewichtskonzepten sinnvoll beschreiben. Werden Systeme als offene Systeme verstanden, dann können sie entweder nahe oder fern vom (thermodynamischen) Gleichgewicht sein (statt: im Gleichgewicht oder nicht im Gleichgewicht). *Systeme nahe dem thermodynamischen Gleichgewicht* sind stabil und zeigen lineares Verhalten, *Systeme fern vom thermodynamischen Gleichgewicht* sind nichtlinear, potentiell selbstorganisiert (→ I, 1.3.2) und potentiell instabil, können aber ebenso stabile Phasen haben. Daraus folgt: Nur, weil ein System stabil oder dauerhaft ist, ist es noch lange nicht in einem Gleichgewicht.

Skalenkonzept

Skale ist ein Begriff für das räumliche oder zeitliche Ausmaß eines Phänomens (Prozess oder Form). Das Skalenkonzept ist ein **reduktionistisches Prinzip**[12] zur Zerlegung von Systemen in kleinere und somit vermeintlich einfachere (weniger

[11] Geomorphologische Phänomene (meist als Systeme angesprochen) werden als selbstorganisiert angesehen, wenn sowohl Selbstregulation und Selbstkontrolle über positive und negative Rückkopplungen gegeben ist. Das bedeutet, dass das System sich selbst Regeln gibt, wie es mit sich und seiner Umwelt umgeht. Dies schlägt sich in einer spezifischen (symmetriebrechenden) Struktur nieder: Das System gibt sich selbst eine Ordnung (Organisation). Klassisches natürliches Beispiel ist der Hurrikan, in der Geomorphologie wird beispielsweise die Rillenerosion als selbstorganisierter Prozess angesehen.

[12] Im Reduktionismus wird davon ausgegangen, dass Phänomene verstanden werden können, indem man sie in ihre Bestandteile zerlegt: Das Verständnis des Ganzen ergibt sich aus dem aggregierten (und vor allem aggregierbaren) Verständnis des Einzelnen.

komplizierte) Komponenten, um diese ggf. letztlich wieder zu aggregieren zu einem vermeintlichen Ganzen (Synthese). Allgemeines Diktum der Geographie: „Scale matters!"

Begriffsbedeutungen: Der Begriff ‚Skale' hat verschiedene Bedeutungen, diese sind meist aber nicht strikt voneinander zu trennen. *Kartographische Skale* bedeutet die Abbildungsgröße eines Phänomens auf einer Karte in Relation zu seiner physischen, ‚realen' Größe. *Analytische Skale* beschreibt den Untersuchungsmaßstab, auf dem ein Phänomen analysiert wird. Oftmals pragmatische Vorgehensweise: Analyse auf dem Maßstab, für den Daten vorliegen. Die *räumliche Skale* eines spezifischen Phänomens wiederum beschreibt seine jeweilige Größe, unabhängig vom Untersuchungsmaßstab oder vom kartographischen Maßstab. Hiermit auch eine *zeitliche Skale* verknüpft (beispielsweise entweder über Bildungs- oder Existenzdauer der Formen). Räumliche Skalen reichen von der Pico- bis zur Megaskale:

Picoskale: $<10^{-4}$ m², (z. B. Einschlagskrater von Regentropfen, Gletscherschrammen)
Nanoskale: 10^{-4}–10^{0} m² (z. B. Erosionsrillen)
Mikroskale: 10^{0}–10^{4} m² (lokal) (z. B. Gullies, Doline)
Mesoskale: 10^{4}–10^{8} m² (regional) (z. B. Täler, Mittelgebirge)
Makroskale: 10^{8}–10^{12} m² (kontinental) (z. B. Plateaus, kontinentale Gebirge)
Megaskale: $>10^{12}$ m² (global) (z. B. Schilde)

Vor allem Analysemaßstab und raumzeitlicher Maßstab müssen aufeinander abgestimmt sein. Hierbei teilweise das Problem, dass Phänomene einer spezifischen Skale aus Prozessen und Phänomenen einer darunterliegenden Skale entstehen können (*Emergenz*, → I, 1.3.2), was **multiskalige Analysen** notwendig machen würde.

Größe (Skale) einer Form und ihre *Persistenz* (*Existenzdauer*) korrelieren positiv: Sandrippeln verändern sich schneller (sind weniger persistent) als ein Flussbett etc. Mittlerweile jedoch Realisierung, dass es auch *skalenunabhängige* geomorphologische Phänomene gibt, z. B. *Selbstähnlichkeit*[13] auf verschiedenen Skalen bei Küstenlinien etc. Analyse dieses Phänomens mit Komplexitätstheorien (→1.3.2) und mathematisch über *Fraktale*.

Frequenz und Magnitude

Zusammenhang von ***Frequenz und Magnitude*** eng verbunden mit dem Skalenkonzept und dem Aktualismuspinzip (s.o.) und zentral für die Prozessgeomorphologie (→ I, 1.4.2): Dies gibt die Beziehung wieder, wie oft (= *Frequenz*) ein Ereignis einer bestimmten Größenordnung (= *Magnitude*) auftritt. Dabei inverse

[13] Selbstähnlich sind Phänomene dann, wenn sie auf einer größeren Skale dieselben oder zumindest ähnliche Muster oder Strukturen aufweisen wie auf einer kleineren Skale (hohes Maß an Skaleninvarianz). Beispiele aus der Natur sind Küstenlinien, Bäume, Wolken, aber auch die Verästelungen von Adern in Blättern etc. Klassisches Beispiel ist die sogenannte Mandelbrot-Menge.

Beziehung: Große Ereignisse treten seltener auf (große Magnitude, geringe Frequenz), kleine Ereignisse häufiger (geringe Magnitude, hohe Frequenz).

Geomorphologische Signifikanz: Zentrale Frage ist, ob Ereignisse hoher Frequenz und geringer Magnitude oder Ereignisse geringer Frequenz und großer Magnitude geomorphologisch bedeutsamer sind. (Fluvialer) Sedimenttransport beispielsweise ist durch Ereignisse mittlerer Frequenz und Magnitude dominiert. Allerdings ist die geomorphologische Signifikanz von Ereignissen nicht allein von ihrer Häufigkeit und ihrer Größenordnung abhängig, sondern beispielsweise auch vom jeweiligen Untergrund. Somit kann geomorphologische Signifikanz von Ereignissen als von der *inneren Disposition* (dem spezifischen Zustand der jeweiligen Oberflächenform) abhängig gesehen werden. Beispielsweise kann ein zweites Niederschlagsereignis gleicher Magnitude ggf. durch die ‚vorbereitende Wirkung' des ersten Ereignisses eine wesentlich höhere geomorphologische Wirksamkeit entfalten (oder aber auch im Gegenteil eine geringere Wirksamkeit, wenn beispielsweise beim ersten Ereignis bereits sämtliche Lockersedimente ausgeräumt wurden).

Zentrales Problem des Konzepts: Annahme, dass das Ereignismuster im Mittel gleichbleibt, ebenso wie die Abweichung vom Mittel (vgl. THORN 1988).

Wiederkehrintervalle: Ein eng mit dem Frequenz-Magnitude Konzept verwandtes Konzept ist das der Wiederkehrintervalle, bei dem die Frequenz von Ereignissen einer jeweiligen Magnitude aufgetragen wird, um die **Wahrscheinlichkeit** zu berechnen, mit der ein Ereignis gegebener Magnitude in einem Jahr auftritt.

Sedimentbudgetierung (Sedimenthaushalt)

Sedimentflüsse, -quellen und -speicher: Systemtheorie (→ 1.3.2) als Hintergrundtheorie, zumeist Systemverständnis als Prozess-Reaktionssystem. Analyse der Sedimentflüsse und ihrer Quellen und Speicher auf verschiedenen räumlichen und zeitlichen Skalen.

Datenproblem auf großen Skalen, da nur wenige Erhebungen und Modelle. Schätzung der gesamten jährlichen terrestrischen Sedimentflüsse daher mit großer Fehlerspannweite, ebenso wie bei langzeitlicher Rekonstruktion über Geoarchive. Hier insbesondere Problem der *nichtlinearen* und ggf. *selbstorganisierten* Reaktion (→ 1.3.2) von Systemen auf Störungen (Zeitverzögerung der Reaktion etc.). Jedoch sind Sedimentbudgetierungen auch auf der Skala des Einzugsgebietes nicht unproblematisch (vgl. v.a. PARSONS 2012): es gibt deutliche praktische und konzeptionelle Probleme.

Praktische Probleme beziehen sich in erster Linie auf die Bestimmung der gespeicherten Sedimentmengen sowie Input- und Output-Quantitäten. Verschärft werden diese praktischen Herausforderungen durch theoretische Ungereimtheiten, beispielsweise durch die Annahme von Prozess-Gleichgewichten (s.o.). Daher die Beachtung von ***drei methodischen Prinzipien*** essentiell:

– Bei jeder Sedimentbudgetierung muss zwingend die Zeitskale angegeben werden, für die die Budgetierung als valide angesehen wird. Außerdem muss nachgewiesen werden, dass über diese Zeitskale Prozesse tatsächlich stabil sind.
– Alle Flüsse des Sedimentbudgets müssen gemessen werden (gegenwärtig wird oftmals von einem geschlossenen Einzugsgebiet ausgegangen, aus dem keinerlei Sedimente ausgetragen werden. Nicht gemessene Sedimentflüsse werden dann schlichtweg über Subtraktion ermittelt).
– Sedimentbudgets müssen eine Fehlerspannweite der einzelnen Messwerte inkludieren.

Inzwischen Forderung, Sedimentflüsse auch als Bestandteil ***biogeochemischer Kreisläufe*** anzusehen, d.h. nicht mehr rein physikalische Betrachtung, sondern Einbeziehung der Biologie und Chemie. Vor allem in den Kontext der **Global Change Forschung** eingebunden, dort insbesondere Frage nach anthropogener Verstärkung natürlicher Sedimentflüsse und Wechselwirkungen zwischen natürlichen und gesellschaftlichen Systemen. Annahme, dass sich die ‚Geschichte in der Natur einschreibt', d.h. dass sich historische Mensch-Umweltbeziehungen (auch bzw. teilweise) in *Kolluvien* und/oder *Alluvien* ‚ablesen' lassen. Wesentliche biogeochemische Flüsse: Kohlenstoff, Phosphor, Schwefel, Stickstoff.

1.3.2 Hintergrundtheorien

Systemtheorie und quantitative Revolution

Die ***Allgemeine Systemtheorie*** geht auf den Biologen Ludwig von Bertalanffy zurück, Übertragung seiner Theorie in die Geomorphologie v.a. durch Chorley 1962 und Chorley u. Kennedy 1971. Seither bildet die Systemtheorie in fast allen Bereichen den theoretischen Rahmen der Geomorphologie. Bereits in den 1970er Jahren Definition der Geographie als Systemforschung: Auch in der Geomorphologie Weltsicht seither geprägt durch das Deutungsmuster System, Systemtheorie als Basistheorie. Darin zumeist die weitgehend mechanisch-kausal geprägte Auffassung vertreten, dass alles durch Ursache-(Wechsel-)Wirkungsbeziehungen (→ I, 1.2.2) erklärt werden kann (Wirth 1979: 101). Allgemeine Systemtheorie wurde bald als geeigneter theoretischer Rahmen für quantitative Arbeiten adaptiert: **Quantifizierung** von *Inputs* und *Outputs* möglich und angestrebt.

Grundlage für wesentliche Entwicklungen in der Geomorphologie wie Sedimentbudgetierung (→ I, 1.3.1) und Prozessgeomorphologie (→ I, 1.4.2) im Allgemeinen. Neuere Systemtheorien aus beispielsweise der Biologie (z. B. Maturana u. Varela 1982) und Physik (z. B. Prigogine u. Stengers 1990) bisher jedoch nur wenig innerhalb der Geomorphologie diskutiert. Eine detaillierte und kritische Auseinandersetzung mit der geomorphologischen Systemtheorie findet sich in Elverfeldt (2012).

Theorie vs. Realität: Oftmals wird in der Geomorphologie vergessen, dass Systemtheorie eben jenes ist: eine Theorie. Damit ist klar: Systeme sind ein Weg, soziale und natürliche, in diesem Fall geomorphologische Phänomene zu **interpretieren**. Systeme ‚sind' somit nicht in der Realität vorhanden, sondern die Systemtheorie wird genutzt, um das wesentliche **Ziel der Wissenschaft** zu verfolgen (→ I, 1,2.1), Ordnung in die Welt zu bringen.

Definitionen: Systeme in der Geomorphologie zugleich extrem vereinfacht und extrem uneinheitlich definiert. Zugleich oftmals überhaupt keiner Definition zugeführt. Dies ist auf zwei zentrale Charakteristika geomorphologischer Forschung zurückzuführen: Einerseits geradezu selbstverständliche und größtenteils unkritische Übernahme der systemtheoretischen Perspektive, andererseits ein **erkenntnistheoretischer Imperativ des Empirismus** (→ I, 1.1.1), d.h. einem bedenklichen Überhang empirischer gegenüber theoretischer geomorphologischer Forschung. In der Konsequenz kaum hinterfragt, warum beinahe sämtliche geomorphologische Phänomene als ‚System' bezeichnet werden, oder welche Beschränkungen es ggf. für systemtheoretische Analysen gibt, und – an der Basis von allem – was ein System im engeren Sinne ist. Eine der gängigsten Definitionen von System in der Geomorphologie als *eine strukturierte und als ein komplexes Ganzes agierende Einheit von Objekten und/oder Attributen, die erkennbare Beziehungen untereinander aufweisen*. Somit klar: Alles kann System sein, zugleich können derart aber die Grenzen eines Systems nicht festgestellt werden, denn letztlich ‚ist alles Wechselwirkung' (→ I, 1.2.2). Dies wird problematisch, wenn beispielsweise *Selbstorganisation* (s.u.) von geomorphologischen Systemen untersucht werden soll: Hierfür Kenntnis der *Systemgrenzen* fundamental, da nur dann zwischen Selbstorganisation und Steuerung durch externe Faktoren (Klima etc.) unterschieden werden kann.

Klassifikation in vier Systemtypen: Morphologisches System (Formsystem), Kaskadensystem, Prozess-Reaktionssystem, und Kontrollsystem. Später zusätzlich Klasse des geomorphogenetischen Systems hinzugekommen.

Wesentliche Charakteristika geomorphologischer Systeme: Offenheit, Verschachtelung (Kopplung verschiedener (Sub-)Systeme, extern steuerbar (von Umwelt determiniert).

Systemtheorien statt Systemtheorie: Bisher hat sich in den Wissenschaften allgemein das große Potential von Systemtheorien gezeigt, die sich je nach Disziplin zum Teil deutlich unterscheiden können. Dieses Potential erscheint jedoch in der Geomorphologie noch nicht voll ausgeschöpft, unter anderem bedingt durch die geringe Perzeption **systemtheoretischer Weiterentwicklungen**. Entscheidend bei den jeweiligen Systemtheorien sind die Ausgangsannahmen und Definitionen, da diese die Potenziale und Grenzen der Analyse festlegen. In den verschiedenen Systemtheorien ist System nicht gleich System, damit sind auch die Analysemöglichkeiten der einzelnen Ansätze variabel. So spricht nichts dagegen, ein System (wie in der Geomorphologie gebräuchlich) über *Inputs*, *Throughputs* und *Outputs* zu beschreiben, wodurch ggf. *Ursache-Wirkungs-Beziehungen* (→ I, 1.2.2) zwischen Inputs und Outputs abgeleitet werden können. Die Dynamik eines Systems bleibt so jedoch unverständlich, ebenso, wie es sich selbst reguliert und organisiert. Für Verständnis hiervon andere systemtheoretische Ansätze nötig, mit Fokus auf innere (Selbst-) Organisation des Systems.

Moderne Systemtheorien aus Physik und Biologie stellen Alternative zum inkonsistenten systemtheoretischen Fundament der Geomorphologie dar. Weiterentwicklung der geomorphologischen Systemtheorie erscheint aus diversen Gründen attraktiv, z. B.:

- Verringerung/Eliminierung theoretischer Diskrepanzen zu aktuellen Selbstorganisations- und Nichtlinearitätskonzepten.
- Abkehr von reduktionistischer Betrachtung von Systemen im Gleichgewicht, stattdessen Betrachtung sich ändernder Strukturen in Raum und Zeit.
- Erhöhte Anschlussfähigkeit zu Nachbardisziplinen.

Komplexität, Nichtlinearität, Selbstorganisation und Chaos

In den 1990er Jahren wesentliche Weiterentwicklung der geomorphologischen allgemeinen Systemtheorie, v.a. ausgelöst durch das ‚23rd Binghamton Symposium in Geomorphology' unter den Gesichtspunkten von *komplexer und nichtlinearer Dynamik*, und schließlich in den 2000er Jahren mit dem 38th Binghamton Symposium zum Thema *Komplexität* in der Geomorphologie. Adressiert viele der Kritikpunkte an klassischer geomorphologischer Systemtheorie, beispielsweise fokussiert das Konzept der Komplexität auf das Gesamtsystem statt auf einzelne Komponenten bzw. Variablen.

Komplexität nicht zu verwechseln mit *Kompliziertheit* (vgl. Reitsma 2003): Ein kompliziertes Phänomen kann prinzipiell über das Studium seiner Komponenten verstanden und definiert werden, wohingegen die Beschreibung der Komponenten komplexes Verhalten nicht erklären und vorhersagen kann. Komplexität jedoch nicht eindeutig definiert (für eine Übersicht siehe Keiler 2011), meist werden eher verschiedene Charakteristika der jeweils gemeinten Komplexität angeführt. Manson unterscheidet **drei Typen von Komplexität**, die jeweils einen anderen theoretischen Hintergrund aufweisen (Manson 2001): Algorithmische, deterministische und aggregierte Komplexität.

Algorithmische Komplexität aus der mathematischen Komplexitäts- und Informationstheorie: Je größer der **Aufwand** für eine mathematische Lösung eines Problems ist, desto komplexer ist es (Komplexitätstheorie) bzw. Komplexität als der einfachste Algorithmus, der das Systemverhalten beschreiben und reproduzieren kann (Informationstheorie).

Deterministische Komplexität, hat ihre Wurzeln in der Chaos- und Katastrophentheorie: Das Zusammenspiel von zwei bis drei **Schlüsselvariablen** ist ausreichend, um ein größtenteils stabiles, aber für Diskontinuitäten anfälliges Systemverhalten zu schaffen. Dabei ist das System im höchsten Maße *sensitiv für die*

Anfangsbedingungen (bereits kleine Änderungen der Anfangsbedingungen können in einem komplett anderen Systemverhalten resultieren). **Attraktoren** (lat. ad trahere = zu sich hin ziehen) entscheidend für das Systemverhalten. Attraktoren sind Systemzustände im *Phasenraum*[14], zu denen sich ein (dynamisches) System trotz chaotischen Verhaltens (s.u.) mit der Zeit hin entwickelt bzw. denen es sich asymptotisch annähert: Die Funktionswerte streben dem Attraktor zu (werden von ihm ‚angezogen'). Oftmals sind mehr als ein Attraktor vorhanden, dann wechseln die Systemzustände zwischen diesen Attraktoren hin und her, wobei sie an jedem beliebigen Punkt der Attraktoren liegen können. Im dreidimensionalen Phasenraum lassen sich **vier Typen von Attraktoren** unterscheiden:

– Konvergieren Systemzustände zu einem Punkt, spricht man von einem *Fixpunktattraktor*. Beispiel: Der Ruhepunkt eines (gedämpften) Pendels.

– Kehrt ein System periodisch in den gleichen Zustand zurück (und damit zum gleichen Punkt in Phasenraum), wird von einem *zyklischen Attraktor* gesprochen. Klassisches Beispiel ist der Raubtier-Beute-Zyklus.

– Bei einer Wechselwirkung von zwei zyklischen Attraktoren entsteht ein sogenannter *Torus-Attraktor*.

– Attraktoren werden als *seltsame Attraktoren* (auch: *chaotischer Attraktor*) bezeichnet, wenn die Systemzustände von den Anfangsbedingungen abhängen und die einzelnen Zustände nicht vorhersagbar sind. Zudem muss die Trajektorie alle Punkte des Attraktors berühren (dadurch kommt es zu einer sogenannten Faltung der Trajektorien). Die zugrundeliegenden Prozesse haben eine nicht ganzzahlige Dimension (was in der fraktalen Struktur der Falten der Trajektorie resultiert). Bekanntestes Beispiel ist der sogenannte **Lorenz-Attraktor**. Seltsame Attraktoren werden genutzt, um deterministisches, zugleich aber nicht-vorhersagbares Verhalten mathematisch zu beschreiben. Deterministisch heißt hier, dass die Systemzustände klar durch den Attraktor determiniert sind (sie sind mit Sicherheit auf dem Attraktor zu finden), nicht-vorhersagbar heißt, dass zugleich nicht prognostiziert werden kann, wo genau auf dem Attraktor sie sich befinden.

Die *deterministische Komplexität* hat vier Hauptcharakteristika:

– deterministische Mathematik bzw. mathematische Attraktoren als Lösungs- und Beschreibungsmöglichkeit,

– das Vorhandensein von *Rückkopplungen*,

– die Sensitivität gegenüber den Ausgangsbedingungen,

[14] Um komplexes und/oder chaotisches Verhalten von rein zufälligen Verteilungen zu unterscheiden, wird der Phasenraum genutzt. Dieser wird aus zeitabhängigen Differenzgleichungen aufgespannt, und darin der Systemzustand zum Zeitpunkt 1 gegen den Systemzustand zum Zeitpunkt 2 (etc.) aufgetragen. Der Pfad (oder auch die Bahn) zwischen diesen beiden Zeitpunkten, den das System dabei zurücklegt, wird als Trajektorie bezeichnet.

– Verständnis des komplexen Verhaltens ist über die Konzepte des deterministischen Chaos und seltsamer Attraktoren möglich.

Der dritte Komplexitätstyp schließlich ist die ***aggregierte Komplexität***: Einzelne Elemente erschaffen in ihrem Zusammenwirken komplexes Systemverhalten. Dieses Systemverhalten ist ein *emergentes Phänomen*, d.h. es ist nicht auf das Verhalten der einzelnen Elemente reduzierbar und kann nicht über das Studium dieser Einzelkomponenten vorhergesagt werden. *Emergenz* setzt eine (Selbst-) Organisation (s.u.) des Systems voraus, und ist daher skalenabhängig. In der Geomorphologie wird Komplexität oftmals in diesem Sinne der aggregierten Komplexität verstanden, d.h. dass die immense Anzahl von Interaktionen innerhalb eines beliebigen Ausschnitts der Erdoberfläche dessen Komplexität bedingt (vgl. beispielsweise FAVIS-MORTLOCK u. DE BOER 2003).

Komplexität und Chaos: Wesentliche Unterschiede zwischen Komplexität einerseits und Chaos andererseits. **Komplexe Systeme** sind nicht-lineare, offene Systeme, die sich und ihre Komponenten ohne externe Ursachen in emergente Strukturen organisieren (*Selbstorganisation*) und eben nicht in chaotisches Verhalten abfallen, sondern sich entwickeln (eine Evolution aufweisen). **Chaos** hingegen ist anzutreffen in geschlossenen, deterministischen, nichtlinearen, dynamischen Systemen, die sensitiv für Anfangsbedingungen sind und auf kleinste Störungen chaotisches Verhalten zeigen können und deren langfristigesVerhalten nicht vorhersagbar ist[15]. Allerdings existiert ebenso wie im Fall der Komplexität keine allgemein anerkannte Definition des Chaos-Begriffs.

Nichtlinearität somit sowohl Voraussetzung für komplexe als auch chaotische Systeme. Dabei gilt, dass alle komplexen oder chaotischen Systeme nichtlinear sind, nicht aber alle nichtlinearen System chaotisch oder komplex.

Diese jüngeren Konzepte stellen in der Geomorphologie beispielsweise die Interpretation von Geoarchiven in Frage, da die gemeinhin angenommene Beziehung zwischen externer Ursache (z. B. Klimaänderung) und Systemreaktion (z. B. Ablagerungsereignis) aufgrund von möglicher Selbstorganisation des Systems nicht mehr zwingend gilt.

1.4 Fachtheoretische Ausrichtungen

Im Wesentlichen zwei ***Ausrichtungen der Geomorphologie*** vorhanden: *Historisch-genetische Geomorphologie* (Klimageomorphologie) und *Prozessgeomorphologie*. Unterschied liegt vor allem in den betrachteten raum-zeitlichen Skalen und in den als wesentlich angenommenen externen Einflussfaktoren. Problem der beiden Sichtweisen: Die unterschiedlichen räumlichen und zeitlichen Skalen können nicht aufeinander bezogen werden, da unterschiedliche Eigenschaften

[15] Damit unterscheidet sich Chaos im wissenschaftlichen Verständnis deutlich von dem umgangssprachlichen Verständnis von Chaos, wo es oftmals als Synonym für Unordnung verstanden und gebraucht wird

auf verschiedenen Skalen wirksam werden. Weitere Ausrichtung, die zurzeit eine Wiederbelebung nach einer Periode eher untergeordneter Rolle durchläuft: *Geomorphometrie*. Hier Betrachtung und Taxonomie der Reliefform im Vordergrund.

1.4.1 Historisch-genetische Geomorphologie (Geomorphogenetik)

Ansatz, der seinen Höhepunkt Ende des 19./Anfang des 20. Jahrhunderts hatte. Bekanntester Vertreter WILLIAM MORRIS DAVIS (1850–1934).

Davis' Erosionszyklus: Konzept der *sukzessiven Einebnung* (*Peneplanation*), Fokus auf Megaskale (→ I, 1.3.1). Betrachtung der Reliefentwicklung unter den Aspekten Geologie, Prozess und Stadium. **Annahme** schneller Hebung, gefolgt von längerer Phase geologischer Ruhe mit dominanter Abtragung (*Denudation*). Reliefentwicklung durchläuft stets drei *Stadien*: *Jugend* (dominante Tiefenerosion, ausgeprägtes Flussnetz), *Reife* (Denudation der Zwischentalscheiden (Interfluvien)) und *Greis* (Bildung einer *Fastebene* (*Peneplain*)). Da in dieser Vorstellung jedes Stadium unausweichlich durchlaufen werden muss, ist eine eindeutige Zuordnung jeder beliebigen Oberflächenform in dieses Schema möglich. Davis' Konzept bestand weitgehend unverändert bis in die Mitte des 20. Jahrhunderts, aber im anglo-amerikanischen Raum wesentlich weiter verbreitet als im (europäischen bzw.) deutschsprachigen Raum, in dem die Penck'sche Schule der Geomorphologie dominierte. Geriet in Bedrängnis durch neuere Erkenntnisse bzgl. Plattentektonik, Datierungsmethoden und Klimavariabilität. **Wesentlicher ‚Herausforderer'**: WALTHER PENCK (1888–1923) und seine Ideen zur *parallelen Hangrückverlagerung* (gleichmäßige Erosion von Ober- und Unterhang), wohingegen Davis progressive Abflachung von Hängen propagierte (stärkere Abtragung des Oberhanges gegenüber dem Unterhang). Gemeinsamkeit: Zeitabhängigkeit, d.h. Annahme des progressiven Wandels mit der Zeit. Letztlich Ablösung dieser Vorstellung durch quantitative Revolution, mechanische Betrachtungen und Gleichgewichtskonzepte (→ I, 1.3.1 & 1.3.2).

Geomorphogenetik heute vor allem vertreten durch Ansätze der ***Klimageomorphologie***. Basierend u.a. auf den Klimaklassifikationen von KÖPPEN, TROLL, wichtigster Vertreter und Begründer JULIUS BÜDEL (1903–1983). Grundlegende Annahme, dass *Reliefentwicklung* im Wesentlichen von klimatischen Verhältnissen (v.a. Humidität und Aridität) abhängig ist. Oberflächenformen als Produkt des Klimas, Annahme einer Kausalkette: Klima kontrolliert Prozesse, Prozesse kontrollieren Form. Daher vor allem **zonale Verbreitung von Oberflächenformen**, die jedoch ggf. durch vergangene klimatische Verhältnisse und ihre entsprechenden Prozessregimes überprägt sein können. Negiert damit die bis dahin dominante, v.a. durch DAVIS propagierte wissenschaftliche Auffassung, die geologische Struktur sei wesentlichster Geofaktor für die Reliefentwicklung. Überwiegend auf der Meso- bis Makroskale angelegt. Kann als geomorphologischer Ausdruck des zu der Zeit vorherrschenden *Klimadeterminismus* angesehen werden, Wiederauftauchen v.a. aufgrund der Diskussion des Klimawandels.

Generelles Problem der Geomorphogenetik: *Formenkonvergenz* oder *Äquifinalität* (*equifinality*), d.h. das Phänomen, dass verschiedene Prozesse bzw. Prozesskombinationen zu ein und derselben resultierenden Form führen können (→ I, 1.2.2).

1.4.2 Prozessgeomorphologie (dynamische Geomorphologie)

Wesentlicher Forschungszweig der Geomorphologie seit der sog. **quantitativen Revolution** (→ I, 1.3.2) Mitte der 1940er und 1950er Jahre durch die bahnbrechenden Arbeiten von HORTON und STRAHLER. Fokus auf *Zusammenhang von Prozess, Form und Material*, daher Untersuchungen überwiegend auf der Mesoskale (→ I, 1.3.1). Basierend auf Messungen. Versuch, auf lokalem oder regionalem Maßstab raumzeitliche Verteilung und Raten von *Denudation* und *Erosion*, *Transport* und *Ablagerung* zu bestimmen. Theoretischer Hintergrund meist implizit durch die Allgemeine Systemtheorie (→ I, 1.3.2) gegeben, Hauptfokus auf Prozess-Reaktions-Systemen. Inzwischen relativ verbreitete Kritik, dass das 20. Jhdt. ein verlorenes Jahr im Sinne von theoretischer Weiterentwicklung und eine reine Phase von Datensammlung und -anhäufung gewesen sei.

1.4.3 Geomorphometrie

Geomorphometrie (→ I, 2.2.1) beinhaltet die quantitative Erfassung und Analyse der Geometrie und Topologie des Reliefs. Betrachtung der Geometrie geomorphologischer Formen auf verschiedenen räumlichen (und damit automatisch auch zeitlichen) *Skalen* (→ I, 1.3.1). Heute Verständnis von Relief als ein *raumzeitlich multiskaliges Phänomen*. Die räumliche Variabilität des Reliefs ist *skalenabhängig*: je größer die Skale, desto variabler. Daher müssen geomorphometrische Analysen auf verschiedenen Skalen ansetzen bzw. sind nur für spezifische Skalen gültig. Das Relief ist hierarchisch gliederbar (*Reliefgeneration, Palimpsest*[16]), d.h. spezifische Oberflächenformen sind jeweils nur auf bestimmten Skalen zu finden, wodurch sie räumlich verschachtelt auftreten (kleine Formen sind in größere ‚eingearbeitet', diese wiederum in noch größere etc.). Raum und Zeit durch Größe und Persistenz der Form verknüpft (→ I, 1.3.2). Ältere Formen werden durch rezente Prozesse überprägt, wirken jedoch wiederum ebenfalls auf das aktuelle Prozessgeschehen ein.

Ziel der Geomorphometrie: semantische[17] Reliefgliederung und quantitative Reliefstrukturanalyse. Eine einheitliche Semantik ist für die fachliche (disziplinäre, aber insbesondere auch interdisziplinäre) Diskussion unabdingbar, da nur dann klar sein kann, wovon gerade gesprochen wird. Beispiele für unklare Semantik durch nicht eindeutige Zuschreibungen sind die Begriffe Hügel, Berg und Gebirge (vgl. RASEMANN 2004).

---

[16] Ein Palimpsest ist ein wiederholt beschriebenes Pergament, wobei die älteren Beschriftungen nicht völlig bereinigt werden konnten und somit teilweise sichtbar blieben.

[17] Die Wissenschaft der Semantik fragt nach der Bedeutung von Zeichen (Wörter, Symbole etc.).

Literatur

CHORLEY, R.J., 1962: Geomorphology and General Systems Theory. Geological Survey Professional Paper. United States Government Printing Office, Washington, 1–10.

CHORLEY, R.J. u. KENNEDY, B.A., 1971: Physical geography – A systems approach. London.

DIKAU, R., 2006: Komplexe Systeme in der Geomorphologie. Mitteilungen der Österreichischen Geographischen Gesellschaft 148, 125–150.

EGNER, H., 2010: Theoretische Geographie. WBG, Darmstadt, 122.

ELVERFELDT, K.v., 2012: Systemtheorie in der Geomorphologie. Problemfelder, erkenntnistheoretische Konsequenzen und praktische Implikationen. Steiner, Stuttgart, 168.

FAVIS-MORTLOCK, D. u. DE BOER, D., 2003: Simple at heart? Landscape as a self-organizing complex system. In: TRUDGILL, S. u. ROY, A. (ed.), Contemporary Meanings in Physical Geography. Arnold, London, 127–172.

FOERSTER, H.v., 2006: Sicht und Einsicht. Versuche zu einer operativen Erkenntnistheorie. Carl-Auer, Heidelberg, 233.

HAINES-YOUNG, R.H. u. PETCH, J.R., 1986: Physical Geography. Its nature and methods. Harper & Row, London u.a., 230.

HARD, G., 1973: Die Geographie. Eine wissenschaftstheoretische Einführung. de Gruyter, Berlin, New York, 318.

HARD, G., 1987: Die Störche und die Kinder, die Orchideen und die Sonne. de Gruyter, Berlin, New York, 22 (hier aus: Hard, G. (2003). Die Störche und die Kinder. Die Orchideen und die Sonne. In: Hard, G., 2003: Dimensionen geographischen Denkens. Aufsätze zur Theorie der Geographie. Osnabrücker Studien zur Geographie 23: 315–327.

INKPEN, R., 2005: Science, Philosophy And Physical Geography. Taylor and Francis, London,

KEILER, M., 2011: Geomorphology and complexity – inseperably connected? Zeitschrift für Geomorphologie, Supplement Band 55(3), 233–257.

MANSON, S.M., 2001: Simplyfying complexity: a review of complexity theory. Geoforum, 32, 405–414.

MATURANA, H.R. u. VARELA, F.J., 1982: Autopoietische Systeme: eine Bestimmung der lebendigen Organisation. In: MATURANA, H.R. (ed.), Erkennen: Die Organisation und Verkörperung von Wirklichkeit. Ausgewählte Arbeiten zur biologischen Epistemologie. Wissenschaftstheorie, Wissenschaft und Philosophie. Vieweg, Braunschweig/Wiesbaden, 170–235.

ORME, A.R., 2002: Shifting paradigms in geomorphology: the fate of research ideas in an educational context. Geomorphology 47(2–4), 325–342.

PARSONS, A.J., 2012: How useful are catchment sediment budgets? Progress in Physical Geography, 36(1), 60–71.

PHILLIPS, J.D., 1999: Earth Surface Systems: Complexity, Order and Scale. Blackwell, Oxford, 180.

PRIGOGINE, I. u. STENGERS, I., 1990: Entwicklung und Irreversibilität. In: NIEDERSEN, U. u. POHLMANN, L. (ed.), Selbstorganisation und Determination. Selbstorganisation. Jahrbuch für Komplexität in den Natur-, Sozial- und Geisteswissenschaften. Duncker & Humblot, Berlin, 3–18.

RASEMANN, S., 2004: Geomorphometrische Struktur eines mesoskaligen alpinen Geosystems. Bonner geographische Abhandlungen. Asgard-Verlag, Sankt Augustin, 240.

REITSMA, F., 2003: A response to simplifying complexity. Geoforum 34, 13–16.

RHOADS, B.L., 1999: Beyond pragmatism: The value of philosophical discourse for physical geography. Annals of the Association of American Geographers 89(4), 760–771.

RHOADS, B.L. u. THORN, C.E. (ed.), 1996: The Scientific Nature of Geomorphology. Proceedings of the 27th Binghamton Symposium in Geomorphology held 27–29 September 1996. Chichester, New York, Brisbane, Toronto, Singapore, 481.

SLAYMAKER, O., 2009: The Future of Geomorphology. Geography Compass 3(1), 329–349.

SLAYMAKER, O., SPENCER, T. u. EMBLETON-HAMANN, C. (ed.), 2009: Geomorphology and Global Environmental Change. Cambridge University Press, New York, 434.

THORN, C.E., 1988: Introduction to Theoretical Geomorphology. Unwyn Hyman, City Boston, 247.

WIRTH, E., 1979: Theoretische Geographie. Grundzüge einer theoretischen Kulturgeographie. Teubner, Stuttgart, 336.

2 Methoden und Arbeitstechniken

Methoden beinhalten geplante Vorgehensweisen, um ein Ziel zu erreichen = eine wissenschaftliche Fragestellung zu beantworten, Hypothesen überprüfen. Methoden bestehen aus mehreren Teilschritten, umfassen den Einsatz von mehr als einer Arbeitstechnik. ***Arbeitstechniken*** sind konkrete und spezifische Werkzeuge (Kondolf u. Piégay 2003).

Die *Methodenwahl* ist abhängig von der eigenen erkenntnistheoretischen Position (→ I, 1.1), logischen Schließverfahren (→ I, 1.2.4), der verwendeten Hintergrundtheorie (→ I, 1.3.2), dem zugrunde liegenden konzeptuellen Modell, der konkreten Fragestellung, Verfügbarkeit der notwendigen Arbeitstechniken.

In der Geomorphologie kommt es zur Anwendung eines **breiten Methodenspektrums**. Ein starker Wandel der Methoden vollzieht sich bei einem Wechsel der dominierende Theorie (z. B. Quantitative Revolution: quantitative Methoden = Messmethoden, Statistik → I, 2.2.2. und 2.2.4) und durch den technischen Fortschritt (Computerleistung ermöglicht numerische Modellierung; Fernerkundung; Datierungstechniken). Entwicklung, Anwendung der Methoden und Arbeitstechniken finden heute in einem inter-/multidisziplinären Umfeld statt.

2.1 Beobachtung und Experimente in der Geomorphologie

Beobachtung und Geländearbeit werden oft als Hauptquellen der Erkenntnisgewinnung in der Geomorphologie bezeichnet (Leser 2009) (im Sinne → I, 1.2). Die lange Tradition des induktiven Empirismus ist in der Geomorphologie weiterhin vorhanden (Rhoads u. Thorn 1996), jedoch werden in der Geomorphologie andere Ansätze (Kritischer Rationalismus, deduktive und abduktive Vorgehensweise, (→ I, 1.1.1)) verstärkt eingesetzt.

2.1.1 Beobachtung – Einführung, Klassifizierung, Messung

Wissenschaftliche ***Beobachtungen*** bestehen aus Wahrnehmungen (abhängig von konzeptionellem und theoretischem Kontext) und Interpretation. Sie sind selektiv, es wird ein bestimmtes geomorphologisches Phänomen aus der Umwelt zur Beobachtung ausgewählt und bezeichnet (Church 2011). Selektive Beobachtung, d.h. explizit gemachte und systematische Beobachtung, ist die Grundlage für Klassifikationen und Messungen.

Klassifikationen werden vielfältig und auf unterschiedliche Weise in der Geomorphologie eingesetzt. Klassen benötigen klar definierte Grenzen und die Klasseneigenschaften müssen alle Elemente einer Klasse gleichermaßen erfüllen.

Dies ist teilweise schwierig für geomorphologische Formen (Formendivergenz bzw. Formenkonvergenz (→ I, 1.2.2), kontinuierliche Veränderung von Formen). Klassifikationen werden der ersten Ebene der Messungen zugeordnet.

Messungen sind eine wesentliche Grundsäule der Geomorphologie, grundsätzlich unterteilt in vier Ebenen (siehe Tabelle 1):

Tabelle 1. Unterschiedliche Skalen für Messungen.

Skale	Eigenschaft	Beispiel
Nominal	Gleichheit/Ungleichheit	Oberflächenformen Bodentypenklassifikation
Ordinal	Rangordnung	Schmidt-Hammer Daten zu Gesteinsfestigkeit, Flussordnungszahl
Intervall	Differenz/relative Additivität	Zeit, Temperatur
Ratio-/Verhältnis	Verhältnisse/absolute Additivität	Länge, Masse, Geschwindigkeit

(nach Church 2011: 124)

Messskalenniveaus sind hierarchisch geordnet, jede höhere Skala schließt die niedrigeren Skalen ein. Intervall- und Verhältnisskala werden als metrisch bezeichnet, daher Auflösung und Präzision der Beobachtung bestimmbar.

Geeignete Messskalen sowie Messmethoden sind solche, die tatsächlich jene Variablen bestimmen, welche Gegenstand der Untersuchung sind (Goudie 1998). Da häufig ein Methodenspektrum verwendet wird, muss eine Reihe gut definierter Regeln eingehalten werden, um widerspruchsfreie, nachvollziehbare Daten zu gewinnen.

Beobachtungen sind **Fehlern** ausgesetzt, keine Messung ist ohne Fehler (= Maß der Unsicherheit, unerklärliche Variabilität bei der Messung). Große Bedeutung, um Unsicherheiten zu bestimmen, haben Kenntnisse zu Präzision der Messung und systematischen Fehlerbereichen (Messinstrumente, Kalibrierung, indirekte Messungen mit Proxy-Daten, Voreingenommenheit des Beobachters) (Cox 2006). Fehler können durch die Probenahmeanordnung (wo, wie, wie häufig, systematisch, zufällig) entstehen und dadurch, dass die Probenahme den geomorphologischen Prozess beeinflusst. Fehler- und Unsicherheitsanalysen zu den verwendeten Methoden werden vermehrt in der Geomorphologie eingesetzt (Wheaton et al. 2010, Wilcock 2001).

2.1.2 Experimente in der Geomorphologie

Experimente dienen dazu, zuvor formulierte Hypothesen zu testen. Experimente sind speziell konstruierte Abläufe der Beobachtung isolierter Phänomene, beeinflussende Faktoren auf das Phänomen werden kontrolliert. Beobachtungen während des Experiments finden mittels formalisierten Ablaufplans von Messungen statt. Diese Messungen sind reproduzierbar, es besteht ein Plan zur Analyse der Messdaten und zum Management der Daten (Church 1984). Diese Vorgaben sind umsetzbar in Laborexperimenten, jedoch nicht in Feldexperimenten (Slaymaker 1991).

Wenige geomorphologische Arbeiten qualifizieren sich als ‚korrekte' Experimente. Einflussfaktoren, die Experimente erschweren: Wetter/Klima (Langzeitwirkung), räumlich-zeitliche Auflösung des Experiments im Vergleich zu der des untersuchten Phänomens, hohe Variabilität der Materialeigenschaften.

Mögliche **Typisierung von Experimenten** in der Geomorphologie (Church 2011):

‚Klassische' Experimente im Feld beinhalten einen direkten Eingriff in die natürlichen Rahmenbedingungen, um kontrollierte Ergebnisse zu erhalten, lokal begrenzt.

> **Beispiel:** Mackay (1997) entwässerte einen kleinen See an der arktischen Küste Kanadas, um die langfristige Permafrostentwicklung im zuvor ungefroren Untergrund des Sees zu beobachten. Zusätzlich wurden die damit verbunden geomorphologischen Effekte erfasst und die Ergebnisse zu der Situation vor dem Eingriff verglichen.

Umfangreiche Experimente finden auch hinsichtlich spontaner Prozesse statt, bei welchen z. B. Hanginstabilitäten im Fokus stehen und eine Rutschung mittels Beregnung künstlich ausgelöst wird, um vielfältige Parameter mit unterschiedlichen Sensoren erfassen zu können.

‚Gepaarte' Experimente im Feld erlauben einen Vergleich zwischen zwei oder mehreren gleichartigen Einheiten, die für eine Studie gewählt wurden, wobei mindestens eine Einheit nicht manipuliert wird und als Referenzeinheit dient. Eine Variation wäre, Einheiten zu wählen, die einen starken Kontrast in einigen speziellen Eigenschaften aufweisen. Die Einheiten können von Plot-Größe[18] bis zu Einzugsgebieten reichen. Der einschränkende Einfluss der Witterungsverhältnisse auf das Experiment kann so überwunden werden, jedoch bestehen die Kritikpunkte der nicht zu kontrollierenden Einflussfaktoren, der fragwürdigen Übertragbarkeit der Ergebnisse und der nicht ohne weiteres möglichen Exploration auf andere Skalen. Die Studien zu gepaarten Experimenten umspannen Themen der Bodenerosion, Effekte von Landnutzungsänderungen auf Abfluss und Sedimenttransport, ökologische Fragestellungen (z. B. Liu et al. 2012).

Mit ***‚statistischen' Experimenten*** im Feld wird versucht, durch eine Vielzahl von Studien (meist auf Plot-Größe), in welchen die gleiche Manipulation angewendet wurde, die natürliche Variabilität zu kontrollieren und statistisch gültige Aussagen abzuleiten. Diese Strategie zum Aufbau von Experimenten wird häufig in Untersuchungen im Zusammenhang mit Bodenerosion eingesetzt (Bagarello et al. 2010).

[18] Plot-Größe umfassen Flächen von wenigen Metern.

‚Unbeabsichtigte‘ Experimente sind Ereignisse, welche geomorphologische Veränderungen hervorrufen, die jedoch nicht als geomorphologische Experimente geplant wurden. Diese unbeabsichtigten Experimente (z. B. Abholzung, ingenieur-technische Verbauungen) erlauben langfristige Beobachtungen, die zu aussagekräftigen geomorphologischen Schlussfolgerungen führen können. Es ist jedoch selten, dass umfassende Informationen vorhanden sind, welche eine Interpretation im Sinne eines Experiments zulassen.

Mittels *‚skalierten physikalischen‘ Experimenten* wird versucht, das gewünschte System in einer maßstabgetreuen Versuchsanordnung abzubilden, um Prozesse effizienter zu untersuchen. Bei Berücksichtigung der Vorgaben für Experimente fällt dieser Typus in die Kategorie ‚korrekte‘ Experimente. Die geeignete Skalierung der geomorphologischen Prozesse und des Materials stellt für die meisten Anwendungen ein signifikantes Problem dar (Church 2011). Zu diesem Typus von Experimenten zählen auch geotechnische Testverfahren zu Studien von Materialeigenschaften unter kontrollierten Bedingungen (z. B. Verwitterung, Temperaturveränderungen, Belastungen).

Analogie-Experimente sind Experimente im Labor (Becken, Kanäle im Ausmaß von wenigen m), welche Analogien zwischen dem Experiment und dem Landschaftssystem zulassen. Diese Experimente zählen zu den kosten- und zeitschonenden Methoden im Vergleich zu den oben genannten Feldexperimenten und sind weit verbreitet in der Geomorphologie. Analogie-Experimente produzieren räumliche Strukturen und Kinematiken, die vergleichbar sind mit den geomorphologischen Systemen trotz der Unterschiede von räumlichen und zeitlichen Skalen, Materialeigenschaften und der Anzahl der aktiven Prozesse (Paola et al. 2009). Die Ergebnisse dienen zur Bildung von Hypothesen, zur Erklärung von Systemen in anderen Skalen und werden in numerische Modelle übertragen sowie mit Felddaten verglichen. Diese Laborexperimente werden verstärkt in der Geomorphologie eingesetzt, besonders im Bereich der fluvialen, litoralen und äolischen Geomorphologie (siehe für unterschiedliche Laboreinrichtungen http://www.safl.umn.edu/facilities; https://morpho.ipgp.fr/OSS/Facilities).

Numerische Experimente müssen den Vorgaben für Experimente entsprechen, dienen der Überprüfung des theoretischen Verständnisses und produzieren Ergebnisse, die mit passenden Felddaten oder Daten von anderen Experimenten verglichen werden können (z. B. Dünen – Baas 2007, Bifurkation – Hardy et al. 2011, allgemein – Murray 2007, Landschaftsentwicklung – Van De Wiel u. Coulthard 2010). Sie haben den Vorteil, dass externe Rahmenbedingungen absolut kontrolliert werden können und Sensitivitätsanalysen möglich sind.

Die meisten Experimente in der Geomorphologie dienen dem besseren Verständnis des Prozessablaufes, Hypothesen zu stützen oder diese zu schärfen. Sie können allgemein charakterisiert werden mit Momentaufnahmen, realistischen Bedingungen, integrierten Reaktionen und umfassenden Kriterien. Experimente, die darauf abzielen, bestehende Resultate zu bestätigen oder zu widerlegen, wie skalierte Experimente, sind durch Prozesssequenzen, kontrollierte Bedingungen, individuelle Reaktionen und Mechanismen gekennzeichnet (CHURCH 2011).

Selektive Beobachtung und deren systematische Organisation mittels Klassifikationen, Messungen und Experimenten stehen immer in einem konzeptionellen und theoretischen Kontext. Die **Herausforderungen** für die wissenschaftliche Beobachtung in der Geomorphologie sind die räumlich-zeitlichen Dimensionen der Prozesse und der Formenbildung. Direkte Beobachtungen bieten nur einen kleinen zeitlichen (und räumlichen) Ausschnitt, weshalb geochemische und geophysikalische Arbeitstechniken, neben Experimente und Modelle eine bedeutende Rolle in der geomorphologischen Forschung einnehmen. Skalierung und Interpretation der durch Beobachtungen gewonnen Daten sind essentielle und herausfordernde Themen im Kontext der eingesetzten Methoden in der Geomorphologie.

2.2 Arbeitsmethoden und -techniken[19]

Geomorphologische Forschung beinhaltet drei wesentliche Bestandteile, die in enger Wechselwirkung stehen: Theoretisches Arbeiten, Beobachtungen und Messungen sowie Modellierungen. Um Fragestellungen zu beantworten und Hypothesen zu überprüfen, umfasst das vielfältige Methodenspektrum in der Geomorphologie Methoden der Datensammlung (Auswertung bereits existierender Datenbestände), Datengewinnung (Feld- und Labormethoden) und Analyse des Datenmaterials sowie Modellierung. Oftmals sind **Kombinationen von unterschiedlichen Methoden und Arbeitstechniken** notwendig, um Fragestellungen zu beantworten.

Beispiel: Um eine Prozessanalyse und -beurteilung für eine ausgewählte Massenbewegung durchzuführen, bietet die Auswertung von Ereignisaufzeichnungen, die geomorphologische Kartierung und Bewegungsmessungen (in-situ[20] und über Fernerkundung) eine wesentliche Grundlage. Sämtliche Daten werden in einem Geographischen Informationssystem zusammengeführt und Informationen wie Neigung, Exposition oder mögliche Bewegungsrichtungen anhand eines digitalen Geländemodels abgeleitet. Ergänzend mit Ergebnissen von Untergrunderkundungen (Bohrungen, geophysikalische Methoden) können empirisch oder physikalisch basierte Modelle erstellt werden, die eine Prognose der Bewegung ermöglichen. Material-spezifische Eigenschaften dieser Massenbewegung werden mittels Laboranalysen und -experimenten gewonnen und sind Eingabeparameter für die Modelle. Mit kontinuierlichen Messreihen oder Wiederholungen von Messungen (Monitoring) wird ein besseres Prozessverständnis aufgebaut und Modelle können kalibriert und angepasst werden.

[19] Das vielfältige Methodenspektrum der Geomorphologie kann nicht in diesem Kapitel abgedeckt werden, es ist ein sehr kurzer Überblick mit vereinzelten Erklärungen. Weiterführende Hinweise in der aufgeführten Literatur.

[20] in situ, lat. für „am (Ursprungs-) Ort", „am Platz", „an Ort und Stelle"

Aufwendige Verfahren und technische Spezialkenntnisse einzelner Methoden führen zu einer **Spezialisierung** innerhalb der Geomorphologie.

2.2.1 Auswertung bestehender Daten

Literaturanalyse und historische Quellen

Literaturrecherche und Auswertung stehen am Beginn jeder geomorphologischen Arbeit. Je nach Fragestellung steht die Suche nach methodischen bzw. regionalspezifischen Kenntnissen/Arbeiten in Vordergrund. Weitere Informationsquellen können amtliche Datensammlungen (Dokumentationen, Jahrbücher, Gesetzesvorlagen), Archive und regionale und lokale Chroniken sein.

Aufzeichnungen von historischen (Extrem-)Ereignissen können eine wichtige Informationsquelle bieten. Die Analyse von Information aus Archiven und Bildmaterial (Fotografien, Zeichnungen, Gemälde) haben eine besondere Stellung für Fragen der Naturgefahren- und Risikobeurteilung, Rekonstruktion der Klima- und Witterungsverhältnisse, und Gletscherausdehnung (vgl. z. B. Glaser 2008, Nussbaumer et al. 2007). Zu beachten ist, dass diese Informationen kontextabhängig erstellt wurden, was bei in der Interpretation für die eigene Fragestellung berücksichtigt werden muss.

Karten

Wichtige Grundlagen für geomorphologische Fragen bieten ***topgraphische und thematische Karten***. Topographische Karten geben Aufschluss (aufgrund des Verlaufs und Abstands der Isohypsen[21]) über Formen, Neigungsverhältnisse und weitere geomorphometrische Kriterien (*Geomorphometrie*, s.u., → I, 1.3.3). Thematische Informationen umfassen Wetter- und Klima-, Geologie-, Boden-, Vegetations- und Forstkarten, welche oft mit Erläuterungen vorhanden sind, sowie Nutzungskarten und Übersichtspläne zur Raumordnung. Informationen liegen oft in digitaler Form zur Integration in ein *Geographisches Informationssystem* (GIS, → I, 2.2.4) vor.

Für das *Kartenlesen* müssen unterschiedliche geodätische Grundlagen (Projektion, Referenz- und Bezugsmeridiane, Maßstab, Erstellungszeitpunkt der Karte) und Legenden berücksichtigt werden. Mittels *Karteninterpretation* wird in Bezug zur Fragestellung Information auswertet (Kartenelemente und ihre Beziehung zueinander) (vgl. Hüttermann 2001). Erste Informationen, wie Neigung, Formen, Gewässerdichte, technische Verbauungen können aus der topographischen Karte für eine weitere Geländebeurteilung und Analysen extrahiert werden.

Digitale Geländemodelle

Digitale Geländemodelle (DGMs) sind numerische Beschreibungen der Erdoberfläche (Topographie) und somit eine wesentliche Grundlage für geomor-

---

[21] griech.: isos = gleich; hypsos = Höhe, Anhöhe; bezeichnen benachbarte Punkte gleicher Höhe; Höhenlinien oder Höhenschichtlinien

phologische Arbeiten, z. B. *Geomorphometrie* (s.u.), Einzugsgebietsanalysen, *Kartierung* (→ I, 2.2.2), *Modellierung* (→ I, 2.2.4), räumliche Analysen. Kenntnisse der Metadaten und zur Erstellung des DGMs sind Voraussetzung, um Unsicherheiten der weiterführenden Analysen abschätzen zu können. DGMs werden oftmals durch Behörden zur Verfügung gestellt, jedoch ist oft aufgrund von Datenverfügbarkeit, Kostengründen und Anforderungen an die Auflösung der Daten häufig die individuelle Erstellung eines DGMs für das Untersuchungsgebiet notwendig.

Um Geländemodelle zu erzeugen, werden Punktinformationen zu den Koordinaten (x, y) und der Höhe (z) mittels Rasterzellen- oder TIN-Format[22] zu einer Oberfläche interpoliert. **Auflösung** der Geländemodelle ist von der Dichte und Qualität der Punktinformation abhängig (fein – Dezimeter bis 1 m; grob – über 5 km). Daten für DGMs können durch *geodätische Vermessungen* mit Theodoliten (→ I, 2.2.2) oder mittels *differentialem GPS*[23] im Gelände, von bestehenden *topographischen Karten* (digitalisieren, semi-automatisches Scannen der Karten und Umwandlung der gescannten Rasterdaten in Vektordaten) oder durch *Fernerkundungsmethoden* (s.u., fotogrammetrische[24] Stereobildauswertung, Interferometrie (Radar), Laserscanning) erzeugt werden. Fehler im DGM umfassen Artefakte (erkennbar durch fehlende oder unrealistische Werte), systematische und zufällige Fehler, die mit entsprechenden Verfahren reduziert werden können (HENGL u. REUTER 2009).

Fernerkundung

Fernerkundungsdaten sind Abbildungen der Erdoberfläche, welche mittels Kameras fotografisch oder mit speziellen Sensoren elektronisch in bestimmten elektromagnetischen Wellenbereichen gewonnen werden. Datengewinnung erfolgt meist mit flugzeug- oder satellitengetragen Systemen. Grundsätzliche Unterscheidung in *passive und aktive Fernerkundungssysteme*. Passive Systeme zeichnen das reflektierte Sonnenlicht oder emittierte Strahlung der Oberfläche auf (Einschränkung: Aufnahme nur tagsüber, Einfluss der Wolken), aktive Systeme senden Strahlung aus und zeichnen deren reflektieren Anteil auf (Radar-Systeme, Einsatz auch bei Nacht, geringe atmosphärische Störungen).

Die technischen Eigenschaften der Aufnahmegeräte bestimmen die mögliche Verwendung der Daten, wichtigste Auswertekriterien sind *spektrale Signaturmerkmale und geometrische Merkmale* (spektrale, geometrische, zeitliche Auflösung[25] sowie Maßstab und metrische Genauigkeit) (ALBERTZ 2007). Aufgrund der

[22] TIN = Triangulated Irregular Network

[23] GPS = Global Positioning System

[24] Fotogrammetrie ist ein Mess- und Auswerteverfahren, um aus Fotografien und genauen Messbildern (spezielle Messkameras) die räumliche Lage oder dreidimensionale Form zu bestimmen.

[25] Spektrale Auflösung: Unterscheidbarkeit von Strahlung in unterschiedlichen Wellenlängenbereichen (von sichtbaren Licht (VIS = Visible Spectra) über das Nahe (NIR) bis Thermischen Infrarot (TIR) und Mikrowellenbereich (SAR)). Zeitliche Auflösung: Frequenz, mit der Aufnahmen von selben Gebiet erzielt werden. Geometrische bzw. räumliche Auflösung: entsprechend der verwendeten Systeme können Objekte mit einer Grösse von 1 km^2 bzw. 1 m bis Dezimeter-Bereich erkannt werden.

technischen Entwicklung können Sensor-Informationen in 1 m **Auflösung** weltweit sowie topographische Informationen in einer mittleren bis hohen Auflösung bereitgestellt werden (Gregory u. Goudie 2011).

Die Analyse und Interpretation der Fernerkundungsdaten ermöglicht Untersuchungen der Landoberfläche für weite Flächen auf unterschiedlichem Detaillierungsgrad, die Bearbeitung der digitalen Fernerkundungsdaten erfolgt meist mittels *GIS* (→ I, 2.2.4). Für Geomorphologie hauptsächlicher **Nutzen** ist die Lokalisierung/Verteilung von Oberflächenformen, Erkenntnisse zu Aufbau der Oberfläche und Charakterisierung des oberflächennahen Bereichs, Erstellung von DGMs sowie für Monitoring (Smith u. Pain 2009).

Luftbildfotografie und -analyse: Qualitative Interpretation mittels analogen oder digitalen Stereoluftbildern. Luftbilder bilden Grundlage für *Kartierung* geomorphologischer Formen (→ I, 2.2.2); quantitative fotogrammetrische Auswertung zur Erstellung von *DGMs* (s.o.), *geomorphometrische* Analysen (s.u.). *Orthofotos* entstehen durch Entzerrung der Luftbilder und werden georeferenziert.

Satellitendaten: Zur Kartierung der Wasser- bzw. Landoberfläche wird das spezifische Reflexions- und Emissionsverhalten verschiedener Oberflächen genutzt. Für die *Klassifikation* werden entsprechende Spektralabschnitte der erfassten Wellenlängen herangezogen. Ableitung aus hochauflösenden Daten zu Land- und Vegetationsbedeckung, Landnutzung sowie Ausbreitung von Überschwemmungen, *Monitoring* von Permafrostdegradation, *Messung* von Abflüssen, Feststellung von *Massenbewegungen*, Variation der Schneebedeckung (→ I, 2.2.2). *Fotogrammetrische Aufnahmen* zur Erstellung von DGMs vermehrt mit Satelliten erstellt (hochauflösende farbempfindliche Kameras, z. B. ASTER[26], SPOT5, IKONOS, HRSC).

InSAR[27] (***Radarinterferometrie***) nutzt Mikrowellenstrahlung zur Gewinnung von Bildern. Ermöglicht die Erstellung von hochaufgelösten DGMs mittels Phasenunterschied zwischen zwei Aufnahmen in leicht verschobenen Positionen. Luft- oder satellitengestützte Radaraufnahmen werden angewandt zur Ermittlung von Veränderungen durch Erdbeben, bei aktiven Vulkanen, Rutschungen, periglaziale Bewegungen (Blockgletscher, Solifluktion), Naturgefahrenbeurteilung; bodengestützte Systeme zur Überwachung von aktuellen Bewegungsraten bei Massenbewegungen.

Laserscanning/LIDAR[28] ***– ALS/TLS***: Instrumente senden Laserpulse aus und erfassen Reflexion, aufgrund Laufzeit, Lichtgeschwindigkeit und Streuung wird 3-D-Information (Punktwolke) berechnet. Kombiniert mit *GPS* können hochaufgelöste digitale Gelände- und Oberflächenmodelle erstellt werden. Anwendungen vielfältig in der Geomorphologie z. B. für Gletschermonitoring, Massenbewe-

[26] Namen von Instrumenten (ASTER = Advanced Spaceborne Thermal Emission and Reflection Radiometer, HRSC = High Resolution Stereo Camera) oder Satellitenträgersystemen.

[27] InSAR = Interferometic Synthetic Aperture Radar

[28] LIDAR = Light Detection and Ranging, ALS/TLS = Airborne bzw. Terrestrisches Laser Scanning

gungen, Erosion und Ablagerungen im fluvialen System, Küstenveränderungen, geomorphologische *Kartierungen* (→ I, 2.2.2).

Methoden der Fernerkundung werden für Kartierung und Interpretation der Oberfläche von Merkur, Mars und Venus eingesetzt. Eine weite Verbreitung aufgrund des einfachen Zugangs haben auch web-basierte Grundlagen – Google Earth.

Geomorphometrie

Die ***Geomorphometrie*** (→ I, 1.3.3) ist die quantitative Analyse der Oberfläche (Relief/Gelände) basierend auf DGMs (s.o.) (HENGL u. REUTER 2009) und befasst sich mit der Ableitung geometrisch-topologischer Merkmale (Parameter) der kontinuierlichen Oberfläche, wie Neigung, Exposition, Wölbung und deren Wechselbeziehungen (***allgemeine Geomorphometrie***). Für definierte und unterscheidbare Objekte bzw. Oberflächenformen (z. B. Einzugsgebiete, Rundhöcker, Sturzkegel, Dünen, Karren) steht die Beschreibung spezifischer morphometrischer Eigenschaften und multivariater Charakteristika der Formen im Vordergrund (***spezifische Geomorphometrie***) (GEBHARDT et al. 2007).

Geomorphometrische Analysen erlauben grundsätzlich den Vergleich von Gebieten, Hinweise auf Unterschiede, die einer Erklärung bedürfen, Auswahl repräsentativer Standorte, Untersuchung der Übertragbarkeit gewonnener Erkenntnisse auf andere Gebiete, Vorhersagen von Prozessraten und Abflüssen, Klassifikationen von Oberflächenformen, Aufzeigen von Verbreitungsmustern (GOUDIE 1998). Bedeutend sind morphometrische Untersuchungen des Einzugsgebiets (Abgrenzung des Einzugsgebiets, Einzugsgebietsgröße, Ordnungszahl), des Gewässernetzes (Fließrichtung, Flussnetzwerk, Gewässerdichte, Taldichte), des Flussabschnittes (Gefälle, Knickpunkte, Laufmuster).

Geomorphometrische Analysen umfassen die Erstellung von DGMs von entsprechenden Höhenangaben, die Bereinigung von Fehlern und Artefakten, die Ableitung der Geländeparameter und Objekte und die Anwendung und Interpretation der resultierenden Parameter und Objekte. Die Ergebnisse können entsprechend gewählter Kriterien abhängig von der Fragestellung gruppiert werden und weiteren Analyseschritten (*Kartierung, Modellierung*) unterzogen werden (HÜTTERMANN 2001). Ableitungen werden von verwendeten Algorithmen, Auflösung der Raster, Maßstab und der Qualität des DGMs beeinflusst.

Grundlegende Parameter werden unterschieden in lokale (Berechnung in einem begrenzten Feld um eine Rasterzelle) und regionale Parameter (Relationen zwischen Zellen) (vgl. Tabelle 2). Für die Ableitung werden *geometrische und (geo)statistische Konzepte* (→ I, 2.2.4) verwendet (siehe OLAYA 2009) sowie multiple Verfahrensschritte (gewonnene Grundparameter werden zur Ableitung neuer Parameter herangezogen, z. B. *relatives Relief* = Höhenunterschied im Gebiet bezogen auf die Länge des Einzugsgebietes). Für die *Klassifikation von Formen oder Formelementen* können semi-automatische und automatische Vorgehensweisen verwendet werden. Linien, Spitzen, Kanten im Gelände sind grundlegenden Informationen für diese Klassifikation von Form und Formelementen, deren Größe und Ausdehnung Rückschlüsse auf potentiell vorhandener Energie für geomorphologische und hydrologische Prozesse zulässt.

Tabelle 2. Grundlegende Parameter in der Geomorphometrie.

Geländeparameter	Typ	Erlaubt Rückschlüsse auf …
Hangneigung	Lokal	Fließgeschwindigkeit
Exposition	Lokal	Fließrichtung
Vertikale Wölbung	Lokal	Ersten Akkumulationsmechanismus
Horizontale Wölbung	Lokal	Zweiten Akkumulationsmechanismus
Einzugsgebiet	Regional	Magnitude des Abflusses
Hypsometrie	Regional	Verteilung der Höhenwerte
Einzugsgebietshöhe/-neigung	Regional	Abflusscharakteristika
Insolation	Regional/ Lokal	Intensität der direkten Solareinstrahlung
Visuelle Exposition	Regional	Ausdehnung des sichtbaren Bereichs
Rauigkeit	Lokal	Geländekomplexität

nach (Olaya 2009: 142)

2.2.2 Feldmethoden

Werden Kartierungen und Messungen im Gelände durchgeführt, müssen Standortwahl, Auswahlverfahren für Probenahmen, Anzahl der Messungen, Lagerung der Proben, Speicherung der Ergebnisse, Auswertemöglichkeiten, Logistik für den Geländeaufenthalt sorgfältig geplant werden (für Feldexperimente → I, 2.1.2)

Geomorphologische Kartierung

Eine ***geomorphologische Karte*** beinhaltet eine systematisch erfasste Information zur *Geomorphographie* (Formenbeschreibung, Material), *Geomorphogenese* (Prozesse, die zu diesen Formen führen) und aktuellen *Geomorphodynamik* (→ I, 1.4). Jeder dieser Aspekte kann allein oder in Kombination auf einer geomorphologischen Karte dargestellt werden.

Geomorphologische Karten werden für **angewandte Fragestellungen** herangezogen, z. B. regionale Geländeaufnahmen als Grundlage für Raumplanungsfragen und Umweltverträglichkeitsstudien (1:25.000), allgemeine Erhebungen oder Gefahrenbeurteilung (1:50.000–1:10.000), spezifische großmaßstäbige Untersuchungen zur Abgrenzung und Charakterisierung von Formen (Bauvorhaben, 1:500).

Für die Darstellung der beschriebenen bzw. interpretierten Phänomene in der Geomorphologischen Karte stehen unterschiedliche *Legendensysteme* (Symbole) zur Verfügung (z. B. Geomorphologische Karte der Bundesrepublik Deutschland GMK 25 (Barsch u. Liedtke 1980, Leser u. Stäblein 1975) oder der Symbolbaukasten zur Kartierung der Phänomene für Naturgefahrenbeurteilung (Kienholz u. Krummenacher 1995). Es besteht keine standardisierte Methode oder allgemein akzeptierte Legende für die geomorphologische Kartierung (Übersicht siehe Smith et al. 2011).

Vor einer der Kartierung im Feld muss die Abgrenzung des Untersuchungsgebiets, die Kartierungsgrundlage, das zu verwendende Legendensystem feststehen. Kartierungen mittels Auswertungen von *Fernerkundungsdaten* (Luftbild-, Satellitenbild-Interpretation, → I, 2.2.1) sowie anhand hochauflösender *DGMs* (ALS-Daten, Hillshade) im *GIS* (→ I, 2.2.4) werden in der **Prä-Geländephase** vorgenommen. Topographische und Orthofoto-Karten sowie Vorkartierungen dienen im Gelände als Kartierungsgrundlage. In der **Feldkartierung** sind die Überprüfung und Ergänzung der Vorkartierung, sowie Feldnotizen und Fotografien inkludiert. Die **Nachbearbeitung** beinhaltet die Ausarbeitung der kartographischen Darstellung, Integration aller gewonnen Daten in einem *GIS* sowie den Kartierungsbericht (evtl. als Datenbank im GIS).

Die traditionelle Feldaufnahme und *‚symbol-basierte' Kartierungen* werden ergänzt durch digitale Techniken, die auf *GIS-basierter, objekt-orientierte und mehrere Skalen umfassender geomorphologische Kartierung* basieren unter Anwendung von semi-automatischen und automatischen Verfahren (Hengl u. Reuter 2009, Smith et al. 2011).

Prozessmessung

Vermessung im Feld

Zur Erfassung der Dimension von Objekten (Formen, Quer- und Längsprofile) im Gelände können *Zollstöcke, Maßbänder* oder für größere Entfernungen einfache Methoden (Schrittmaß) sowie Vermessungsgeräte eingesetzt werden. Häufig Verwendung von *GPS-Geräten*. Handgeräte erreichen Genauigkeiten der Lageinformation von 5–50 m, der Höheninformation von 1–30 m abhängig von Position und Konfiguration der erreichten Satelliten (Gebhardt et al. 2007). Verbesserung durch regional zu ergänzenden Korrekturfaktor. *Geodätische Vermessungsgeräte* weisen eine höhere Genauigkeit auf, bedeuten jedoch bei bestimmten Situationen (z. B. Flussstrecken) einen höheren Aufwand, da der Zielpunkt (Spiegelprisma) direkt vom Messgerät angepeilt werden muss. *Lasergestützte Entfernungsmesser* benötigen keine Signalisierung des Zielpunkts und ermöglichen eine Vermessung über größere Distanzen. *Laserscanner* (TLS, → I, 2.2.1) erlauben eine vollautomatische dreidimensionale Aufnahme des gewünschten Ausschnitts. Hangneigungen werden mittels *Klinometer*, Höhenunterschiede mittels *barometrischer Höhenmessung* erfasst.

Monitoring – Erfassung von Reliefänderungen, kontinuierliche Messungen

Monitoring von Prozessen beinhaltet eine systematische Beobachtung oder Überwachung von Prozessen mittels technischer Instrumente und dient der Gewinnung von Daten und Erkenntnissen aus wissenschaftlicher Sicht (Abfluss, Sedimenttransport, Temperatur im Permafrost, Bewegungsraten) oder zur Warnung bei Überschreiten eines Schwellenwerts (Hangbewegungen, Erosion). *Datalogger* erfassen physikalische Messdaten (z. B. Temperatur) mittels Sensoren über eine Zeitspanne für bestimmte Zeitabstände. **Mehrfache Vermessungskampanien** sowie Auswertung von hochauflösenden *DGM*-Daten (→ I, 2.2.1, *LIDAR*) zu unterschiedlichen Zeitpunkten ermöglicht Veränderungen festzustellen (z. B. Bewegungsraten, Küstenerosion, Volumenveränderungen durch Erosion bzw. Akkumulation von Material im Gerinne (Schürch et al. 2011).

Fluviale Prozesse

Fließgeschwindigkeit und Abfluss sind wesentliche Kennzahlen für fluviale Prozesse (→ II, Kap. 7). Abschätzung der ***Fließgeschwindigkeit*** mittels eines Schwimmkörpers (Zeit für eine bestimmte Strecke). Direkte Messungen innerhalb eines Gerinnes erfolgen über mechanische (*Messflügel*) oder elektromagnetische Strömungsmesser; gleichzeitige Messung in unterschiedlichen Tiefen über *Ultraschall-Doppler-(Profil-)Strömungsmesser* (auch für Abflussmessung), die Geschwindigkeit wird über die Aussendung von Schallwellen und deren Streuung durch Partikel gemessen. Berührungslose Messung der Fließgeschwindigkeit nach dem *Radar-Doppler*prinzip anhand des Wellenbildes an der Wasseroberfläche. Die Berechnung des ***Abflusses*** mittels *Geschwindigkeits-Flächen-Methode* bezieht sich auf die Abflussgleichung. Im Feld Erhebung eines detaillierten Querprofils und mehrerer Geschwindigkeit-Punktmessungen. Durch Integration der Punktmessung über die durchflossene Fläche wird der Abfluss berechnet. Berechnungen des Abflusses erfolgen über vorhandene *Pegel- und Wasserstandsanzeiger*, *Messbauten* (Messwehre, Überfallrinnen) mittels Eichkurven für den vorgegeben Querschnitt sowie mittels *Tracer*[29] basierend auf dem Verhältnis der Eingabemenge des Tracers zu der gemessenen Konzentration in einer bestimmten Entfernung zum Eingabepunkt.

Kenntnisse zu ***Sedimenttransport*** in Flüssen werden durch Messungen der *Boden- und Schwebfracht* gewonnen, Schwierigkeiten durch die Variabilität des Sedimenttransports innerhalb des betrachteten Flussquerschnitts sowie in der Zeit. Um sohlennahe Sedimente eines Querschnitts innerhalb eines bestimmten Zeitraums zu bestimmen, werden *Geschiebe-/Geröllfallen* (Gruben, wasserdurchlässige Körbe) installiert. Fallen beeinflussen jedoch das Strömungsverhalten. Verbreitetes Entnahmegerät für punktförmige Messungen: *Helley-Smith-Sampler*, hierfür sind ausreichende Messungen im gesamten Querschnitt nötig. Weitere Möglichkeiten: *Geophone* (Unterwassermikrophone), hierbei werden Schwingungsimpulse aufgezeichnet, die das Geschiebe beim Passieren einer Stahlplatte verursacht, Anzahl der Impulse und Durchfluss erlauben Rückschluss auf die Transportmenge. Messung der *Schwebstofffracht* erfolgt durch die Bestimmung

[29] Tracer = Substanz, die auch in geringen Mengen messtechnisch erfasst werden kann und natürlich nicht in dieser Konzentration vorkommt.

der *Schwebstoffkonzentration* (Gewicht der Trockensubstanz zu Abfluss). Proben werden als Sediment-Wasser-Gemisch manuell oder durch automatische Sammler entnommen, es bestehen Unterschiede in der Konzentration in unterschiedlichen Tiefen sowie durch Turbulenzen. *Tracer* (Sedimente (Sand, Steine, Blöcke) markiert mittels Farbe, fluoreszierende Stoffe, natürliche oder künstliche magnetische, radioaktive Substanzen oder Radiosender) erlauben Rückschlüsse auf Herkunft der Sedimente oder auf Bewegungswege (Distanz, Einfluss der Korngröße) und Akkumulationsverhalten. Wichtige Informationen liefert abgelagertes Material, welches hinsichtlich *Korngröße bzw. Korngrößenverteilung (Linienzahlanalyse), Kornform, Sortierung und Lagerung* untersucht wird. Für die Probenahme stehen unterschiedliche Verfahren zur Verfügung. Die Beprobung des Sohlenmaterials im Wasser erfolgt mit Greifern und Baggern oder Kernbohrungen, bei denen die Probe mit Stickstoff eingefroren wird (vgl. HUBBARD u. GLASSER 2005, KONDOLF u. PIÉGAY 2003).

Glaziale Prozesse

Glazialmorphologische Untersuchungen befassen sich mit der aktuellen ***Morphodynamik*** und mit Analysen glazialer Erosions- und Akkumulationsformen (→ III, Kap. 2). *Probenahmen von Eis* an Gletschern für physikalische und chemische Laboranalysen erfolgen mit Axt, Hammer, Meißel, Sägen oder durch *Eiskernbohrungen* (flach- bis tiefgründig) entsprechend der Fragestellung und der verfügbaren bzw. einsetzbaren Geräte. Ergänzend zu oben beschrieben Methoden für fluviale Prozesse werden für Untersuchungen des Schmelzwassers Tracer eingesetzt, um die *intra- bzw. subglazialen Abflusswege* zu eruieren. Eisschichtung, Eisdynamik, hydrostatischer Druck wird mittels Sonden und Dataloggern (Kamera, Neigungsmesser, Inklinometer (s.u.)) in Bohrlöchern, die durch *Heißwasser-Eisbohrung* erzeugt werden, gemessen. Zur Erstellung von *Massenbilanzen* werden Akkumulation (Schneeschächte mit Messung von Dichte und Wasserwerten des Schnees und Schneehöhenverteilung) und Ablation (Pegelstangen) gemessen und über die Fläche interpoliert. Beschreibung und Analyse *glazialer Sedimente* ist ein wesentliche Schwerpunkt für folgende Charakteristika: Lithologie, Korngrößenanalysen, Textur, Lagerung, Sedimentstruktur. Diese Information klassifiziert nach vorgegebenen Schemata erlaubt eine Interpretation hinsichtlich der ablaufenden und abgelaufenen Prozesse (Erosion, Transport, Akkumulation) (vgl. HUBBARD u. GLASSER 2005).

Periglaziale Prozesse und Permafrost

Wichtiges Charakteristikum für periglaziale Prozesse (→ II, Kap. 5) ist die Messung der ***Permafrosttemperatur***. Dies erfolgt mit Messungen in Bohrlöchern (*Thermistor* – Messung der widerstandsabhängigen Temperatur, Messungen mit mehreren Sensoren) oder mit *Datalogger* an Bodenoberfläche sowie mit *BTS-Messungen* (Basis Temperatur der Schneedecke) (vgl. MATSUOKA u. HUMLUM 2003). Für weitere Messungen siehe Hangprozesse und Massenbewegungen und Erkundung des Untergrundes.

Hangprozesse und Massenbewegungen

Hangprozesse und -bewegungen weisen eine Abhängigkeit von der Hangneigung auf (→ II, Kap. 4). Messung der ***Bewegungsvorgänge*** an der Oberfläche erfolgt durch punkt- und linienhafte *Markierungen* (farbliche Kennzeichnung von Blöcken, Holzpfähle, Stangen, Reflektoren für die Erfassung durch *Fernerkundungsinstrumenten*, → I, 2.2.1) auf bewegter Masse und Fixpunkten auf unbewegter Masse, durch *Vermessung* (s.o.) kann die Geschwindigkeit festgestellt werden. Bewegungen im Untergrund können durch Deformations-, geophysikalische, hydrologische Messsysteme in Bohrlöchern erfasst werden. *Inklinometer* sind Neigungsmesssonden, die Verschiebungen in unterschiedlichen Tiefen erfassen, Sondenstücke sind durch Pendelgelenke verbunden. Erfassung von Kluft- bzw. Porenwasserdruck mittels *Piezometer* (einfachste Form = Steighöhe des Wasserspiegels im Bohrloch). *Extensometer* messen Verformungen (Dehnungen) entlang einer Längsachse und können an der Oberfläche (z. B. Risse, Spalten) sowie im Untergrund eingesetzt werden. Diese Messungen geben Auskunft über Bewegungsabgrenzung, -geschwindigkeit, Veränderung des Prozessverhaltens und mögliche Stabilitätsschwankungen.

Der ***Boden- bzw. Sedimentabtrag*** kann mit diversen *Sediment- bzw. Schuttfangkästen* abgeschätzt werden, die durch den Oberflächenabfluss abgetragen Partikel werden in Gefäßen aufgefangen (an der Oberfläche angebracht oder über Rohre und Rinnen oder in ein Messgerinne geleitet). Für Abtragsmessungen durch Sturzprozesse werden *Netze* verwendet. Sedimente in Fangkästen und -netzen werden regelmäßig gemessen und geleert (Gewicht, Volumen, Korngröße) oder mittels automatischen Messeinrichtungen erfasst.

Litorale Prozesse

Prozesse der Brandungszone sind charakteristisch für die Küstenformung (→ III, Kap. 3). Messungen von ***Wellenbewegungen***, hierbei werden Wellenhöhen und -perioden (*Wellenstange, Wellendrähte, Druckwandler, Ultraschallmessgeräte*) getrennt von der Wellenrichtung betrachtet; des Wellenauflaufs und -rücklaufs sowie von Grundwasserstand und -bewegung und des ***Sedimenttransports*** in der Brandungszone mittels verschiedener *Tracer*.

Äolische Prozesse

Die Entstehung äolischer Formen (→ II, Kap. 6) wird geprägt durch die vorherrschenden ***Windverhältnisse*** über vegetationslosen oder kaum vegetationsbedeckten Oberflächen, daher sind meteorologische Messungen, besonders der Windgeschwindigkeit und Windrichtung, zentral. Zur Messung steht eine Vielzahl unterschiedlicher Messgeräte zur Verfügung. Um die ***Erodierbarkeit*** von Böden abzuschätzen, werden Faktoren der *Vegetationsdecke* und *Bodeneigenschaft* (Größe, Form, Dichte der Partikel; mechanische Stabilität, Bodenwassergehalt) berücksichtigt. Installation von *Auffangbehältern* für Messung der Boden- und Springfracht, welche jedoch die Luftströmung beeinflussen und somit die Ergebnisse nur eine Annäherung darstellen. Des Weiteren werden Auffangbehälter für Staubablagerungen und Schwebstaub eingesetzt.

Untergrunderkundungen

Sondierung und Bohrung

Bohrungen geben Aufschluss über lithologische und strukturelle Verhältnisse, Mächtigkeit und Volumen der unterschiedlichen Einheiten, Korngrößenverteilung, hinsichtlich Rutschungen auch Anzahl, Tiefenlage von Bewegungszonen, hydrologischer Verhältnisse.

Bei *Rammsondierungen* wird eine Sonde mit Muskelkraft oder elektrischem Bohrhammer mit genormter gleichbleibender Schlagkraft (Fallhöhe) in den Untergrund gerammt. Eindringwiderstand erlaubt Aussagen zur Lagerungsdichte.

Die *Rammkernbohrung* erfolgt mittels Rammkernrohr, welches mit Rammschlägen in das Lockermaterial getrieben wird, es erlaubt Probenahme des vollständigen Kerns. Material kann in einer Vorort-Analyse (Schichtung, Korngrößenverteilung, usw.) angesprochen werden sowie später im Labor analysiert werden.

Aufschlüsse (Einblick in die Sedimentstruktur des Untergrundes, z. B. Kiesgruben, Uferanschnitt, Steilküsten, Baugruben oder Schürfungen) ermöglichen Beobachtungen bestimmter Merkmale von Sedimentkörpern und Rückschlüsse auf Prozesse, die zu dieser Ablagerung führten (beachte Nichtlinearität → I, 1.3.2). Hierzu werden *Größe, Form und Orientierung der Partikel, Dichtelagerung* sowie *petrographische Zusammensetzung* untersucht. Ermöglicht Unterscheidung von Sedimentschichten. Veränderungen in den Ablagerungen deuten meist auf Veränderungen im Einzugsgebiet, klimatischer Verhältnisse oder des Prozessverhaltens hin. Für die Interpretation sind genaue Lage und Position des Aufschlusses sowie der Probeentnahme für weitere Analysen notwendig. Große Bedeutung in der Fluvial- und Glazialgeomorphologie sowie generell in der Quartärforschung (Hubbard u. Glasser 2005, Smith et al. 2006, Walker u. Bell 2004).

Geophysikalische Methoden zur Erfassung des oberflächennahen Untergrundes haben durch die technische Entwicklung und die Möglichkeiten der Datenauswertung an Bedeutung in der Geomorphologie gewonnen. Ziel ist es, mit *indirekten Messungen* (Wellengeschwindigkeit, scheinbare Widerstände) Informationen zu geophysikalischen Eigenschaften des Untergrundes (Dichte, Leitfähigkeiten) zu erhalten. Die Visualisierung der Messung erfolgt mit Spezialsoftware, den geophysikalischen Messdaten werden durch Interpretation Eigenschaften zugeordnet (Art des Materials, Schichtverläufe, interne Strukturen, Dimension). Dies sind Hinweise auf, jedoch kein direkter Nachweis für die tatsächlichen Gegebenheiten des Untergrundes (Schrott u. Sass 2008, Van Dam 2012).

Geoelektrik (*Electrical Resistivity*): Grundlage für dieses Messprinzip ist die unterschiedliche *elektrische Leitfähigkeit* von Mineralien sowie von Wasser (Boden-, Kluft-, Grundwasser). Es wird über zwei Elektroden ein Stromfeld im

Untergrund initiiert und mit zwei weiteren Elektroden wird der Potentialverlauf gemessen. Dies ermöglicht die Ermittlung der räumlichen Verteilung der Leitfähigkeit bzw. des *spezifischen Widerstandes*, welcher unter anderem beeinflusst wird von Textureigenschaften, Wassersättigung und Temperatur. Die 1 D- oder 2 D-Profile (ERT – Electric Resistivity Tomography) der Messungen werden bei Untersuchungen von Massenbewegungen, Ablagerungen, glazialen Formen, in der Karstforschung und zur Abbildung von Wassereinschlüssen verwendet.

Georadar (*Ground Penetrating Radar, GPR*): Die physikalische Grundlage der Georadarmethode beruht auf dem elektromagnetischen Phänomen. Mittels Dipolantennen werden *elektromagnetische Wellen* in den oberflächennahen Untergrund ausgestrahlt und wieder empfangen. Materialänderungen im Untergrund bewirken *Reflexionen* und lassen Rückschlüsse auf die Beschaffenheit des Untergrunds zu. Messungen werden in 2 D-Querschnitt dargestellt und die ersichtlichen Kontraste lassen z. B. auf Textureigenschaften oder Wassergehalt schließen. Anwendungen zur Untersuchung von Deltaablagerungen, äolischen und glazialen Formen, Mooren und Grundwasserkörpern.

Seismik: Mit externen Impulsen werden elastische Wellen im Untergrund erzeugt. Anhand der Wellengeschwindigkeit, -ausbreitung und der Brechung (*Refraktoren*), welche mit *Geophonen* als kritisch refraktierte seismische Wellen an der Oberfläche gemessen werden, kann auf Materialeigenschaften und Tiefenlage der Refraktoren geschlossen werden. Visualisierung erfolgt in 2 D- oder 3 D-Profilen. Die Anwendung erfolgt, um Sedimentmächtigkeiten oder die Lage der Auftauschicht im Permafrost zu bestimmen sowie um Eislinsen in Moränen und Blockgletschern zu erkennen. Neben Refraktionsseismik wird in der Geomorphologie Reflexionsseismik, seismische Tomographie sowie hybride Seismik eingesetzt.

Die möglichen **Eindringtiefen der Messungen** (5–40 m) sowie die **Auflösung** der gewonnen Daten sind abhängig von der Messkonfiguration sowie von der Eigenschaft des Untergrundes. Die Ergebnisse sind stark beeinflusst durch die Handhabung der Arbeitstechniken, Parameterwahl, Datensammlung und Interpretation. Es wird eine Kombination der verschiedenen geophysikalischen Arbeitstechniken bzw. mit anderen Methoden (z. B. Bohrungen) empfohlen, um einer Fehlinterpretation vorzubeugen.

2.2.3 Labormethoden

Zur Beantwortung geomorphologischer Fragestellungen sind *physikalische und chemische Analysen* und Datengewinnung mittels Labormethoden erforderlich. Ein Schwerpunkt liegt hierbei auf Untersuchungen der Materialeigenschaften, Methoden zur Altersbestimmung und Experimenten im Labor (→ I, 2.1.2). Probenahme erfolgt im Gelände, für die Analyse und Auswertung werden unterschiedliche Labortechniken verwendet.

Materialeigenschaften

Sediment und Böden sind *Korrelate*[30], die bodenkundlich und sedimentologisch untersucht werden. Die Analyse des Materials erlaubt **Interpretation** zu Genese, Belastbarkeit und Stabilität oder Verwitterungstätigkeit. Die wichtigsten physikalischen und chemischen Laboruntersuchungen sind durch normierte Verfahren der Probevorbehandlung, -aufbereitung und der Messung standardisiert.

- ***Physikalische Analyseverfahren***: Die ***Korngrößenanalyse*** beinhaltet ergänzend zur *Fingerprobe* (diagnostisches Verfahren der Feinfraktion (Ton, Schluff, Sand) im Gelände) die Sieb- und Sedimentationsanalysen mit entsprechender Probeaufbereitung. Bei der Siebanalyse wird zwischen *Trockensiebungen* (> 2 mm Korndurchmesser) und *Nasssiebung* unterschieden. Sedimentationsanalyse (Schluff- und Tongehalt) kann unter anderen mittels *Pipettmethode* oder *Laserbeugung* (Laser-Particle-Sizer) festgestellt werden. Die ***Kornform*** wird neben einer visuellen Beurteilung über Achsenverhältnis und Rundungsindex ermittelt. Weitere wichtige Parameter sind *Dichte* (Volumen-Masseverhältnis, Pyknometer), *Wasserleitfähigkeit* (Permeameter), und *Wassergehalt* (Gewichtsverlust Trocknung).
- ***Chemische Analyseverfahren*** umfassen im Wesentlichen die Bestimmung des *pH-Werts* (Glaselektrode und pH-Meter), des *Karbonatgehalts* (Scheibler-Apparatur), der *organischen Substanz* (Glühverlust, Elementaranalysator für gebunden Kohlenstoff) und *potentieller Schadstoffe* (Spurenanalytik – Atomabsorptions-, Optisches Emissions-, Massenspektrometer).
- ***Materialfestigkeit***: Zur Feststellung der Festigkeit werden im Labor *Triaxialversuche* zur Bestimmung der Kohäsion und des Reibungswinkels, direkte *Scherversuche* mittels Kasten- oder Kreisringschergeräten und Messungen mit dem *Ödometer* (Konsolidierung des Materials) durchgeführt.

Altersbestimmung und Datierung

Geochronologische Verfahren und Methoden werden zur Rekonstruktion der Landschaftsentwicklung oder des Paläo-Klimas eingesetzt. **Ziel** ist, das Alter von Ereignissen, deren Dauer und/oder Akkumulations-/Erosionsraten unterschiedlicher Prozesse zu bestimmen sowie Informationen zu vorherrschenden Umweltbedingungen abzuleiten (beachte Nichtlinearität → I, 1.3.2).

Verschiedene Methoden der Altersdatierung von Oberflächen oder Sedimenten werden generell in *relative* (zu einem Bezugspunkt oder/und in Relation zueinander (jünger/älter)) und in *absolute bzw. numerische Bestimmungsmethoden* unterteilt. Unterschiedliche Datierungsverfahren müssen entsprechend der Fragestellung, des verfügbaren Materials zur Datierung (Menge, Art), des abgedeckten Altersbereiches (siehe Tabelle 3) und der potentiellen Spannweite der Unsicher-

---

[30] Entstanden durch abgelaufene und ablaufende geomorphologische Prozesse und Bodenprozesse, Eigenschaften erlauben Rückschluss auf diese Prozesse.

heiten ausgewählt werden. Einzelne Techniken können bzw. sollten kombiniert werden, um Unsicherheiten der Altersbestimmung zu reduzieren.

- ***Relative Datierungsverfahren:*** Stratigraphische Beziehungen zwischen Oberflächenformen oder innerhalb von Ablagerungssequenzen sind einfache und weit verbreitete Methoden. Weitere Methoden basieren auf zeitabhängigen chemischen oder biologischen Prozessen. In Kombination mit absoluten Datierungsverfahren können Geochronologien sowie Korrelationen aufgebaut werden. Hierzu zählen *biostratigraphische Methoden* (z. B. Pollen-, Diatomeenanalysen), *Pedo- und Lithostratigraphie* (z. B. Löss-Paläoboden-Stratigraphie), *Tephrochronologie*, *Sauerstoff-Isotopenstratigraphie*, *Verwitterungsrinden*, *Lichenometrie* und *Paläomagnetik* (→ I, 3.4.3).
- ***Absolute bzw. numerische Datierungsverfahren:*** Viele der numerischen Datierungstechniken basieren auf radioaktiven Isotopen, die sich auf den zeitabhängigen Prozess des radioaktiven Zerfalls bzw. Zerfallsreihen (radiometrische Methoden), der Akkumulation von kosmogenen Nukliden im Material an der Erdoberfläche oder der Akkumulation von Strahlungsschäden (dosimetrische Methoden) stützen. Zusätzlich Methoden, die aufgrund jahrgenauer zeitlicher Auflösung eine Zählung des Alters ermöglichen. Hierzu zählen die Kalium-Argon-Datierungsmethode, verschiedene Uranreihen-Verfahren, Radiocarbonmethode (^{14}C), kosmogene Nuklide, Lumineszenzdatierungsverfahren (TL, OSL), Elektronen-Spin-Resonanzdatierung (ESR), Spaltspurendatierung (Fission Track), Dendrochronologie, Warvenchronologie und Eislagenzählung.

Durch **technische Weiterentwicklung** von Analysegeräten (z. B. Massenspektrometer) wurden Datierungsmethoden verbessert und können für Fragestellungen in der Geomorphologie eingesetzt werden. Beispiele hierfür sind:

Sauerstoff-Isotopen-Stratigraphie beruht auf Änderungen des Verhältnisses von ^{18}O zu ^{16}O, wobei ^{16}O-Isotop bei der Verdunstung bevorzugt wird und in Kaltzeiten im Eis der Landmassen gebunden ist, das ^{18}O-Isotop reichert sich im Meerwasser an. Die Methode wird unter anderem bei polaren Eisablagerungen, kalkschaligen Organismen in Tiefseetonen angewandt unter der Annahme dass die untersten Schichten die ältesten sind und ermöglicht eine Aufstellung von Paläotemperaturkurven. Weitere Anwendung: Korallen, Speläotheme (Tropfsteine, Sinter).

Kosmogene Nuklide sind extrem seltene, meist radioaktive Isotope, die durch kosmische Strahlung entstehen. Dieser geochemische Fingerabdruck und dessen Konzentration ermöglicht Datierung von Material und Oberflächen sowie Bestimmung von Erosions- und Sedimentationsraten (Cockburn u. Summerfield 2004, Refsnider et al. 2008).

Lumineszenzdatierungsverfahren messen die Strahlungsschädigung in Kristallgittern, die durch natürlich auftretende ionisierende Strahlung entstehen. Das Alter wird mittels des Verhältnisses der gespeicherten Strahlendosis (Paläodosis) zur aktuellen natürlichen Strahlungsdosis berechnet. Die Paläodosis wird durch Sonnenlicht auf ‚Null' gestellt, daher wird die Zeit gemessen, die seit der letzten Exposition zum Tageslicht vergangen ist. Diese Verfahren werden auf viele Ablagerungsbereiche angewandt, insbesondere für äolische Sedimente (LIAN u. ROBERTS 2006, STOKES 1999).

Tabelle 3. Absolute Datierungsmethoden in der Geomorphologie mit der entsprechenden Altersgruppe für die Anwendung (verändert nach CHURCH 2010).

Methode	Altersgruppe	Kommentar	Einführung*
Radioisotope			
^{14}C	100 a–50 ka		1950
U/U, U/Th, U/Pb	300 a–350 ka	Oberes Alterslimit hängt von der Isotopenkombination ab	1950
$^{40}K/^{40}Ar$	100 ka–3 Ma		1960
$^{40}Ar/^{39}Ar$	10 ka–1 Ga		1970
Strahlungsbelastung			
^{3}He	1 ka–3 Ma	Kosmische Nuklide	2000
^{10}Be	3 ka–4 Ma	Kosmische Nuklide	1990
^{21}Ne	7 ka–~10 Ma	Kosmische Nuklide	2000
^{26}Al	5 ka–2 Ma	Kosmische Nuklide	1990
^{36}Cl	5 ka–1 Ma	Kosmische Nuklide	1980
TL	100 a–800 ka	Thermolumineszenz	1980
OSL	0–300 ka	Optisch stimulierte Lumineszenz	1990
Spaltspurendatierung	100 a–3 Ma		1970
Jährliches Wachstum			
Dendrochronologie	0–~10 ka	Oberes Alterslimit ist vom Kontext abhängig	1920
Warvenchronologie	0–~20 ka	Oberes Alterslimit ist vom Kontext abhängig	1880
Eisstratigraphie	0–~100 ka	Oberes Alterslimit ist vom Kontext abhängig	1960

* Dekade in welcher die generelle Nutzung dieser Methode in geomorphologischem Kontext begann. Teilweise wurde die Methode bereits vor diesem Datum veröffentlicht.

2.2.4 Datenanalyse und Modellierung

Verfügbarkeit quantitativer Daten sowie Computertechnik fördern die Entwicklung von Methoden und Techniken im Zusammenhang mit *Geographischen Informationssystemen* und *Modellierung* bzw. verstärkt den Einsatz *statistischer Methoden* in der Geomorphologie. Die aufgeführten Methoden stehen im engen Zusammenhang und bilden Voraussetzungen für weitere Arbeitsschritte.

Geographische Informationssysteme (GIS)

GIS ist ein System von Hardware und Software zur Speicherung und Weiterverarbeitung georeferenzierter Informationen sowie deren Visualisierung. GIS besteht aus Daten und Modulen zur Erfassung, Speicherung, Verarbeitung (Analyse, räumliche Abfragen, mathematische Berechnung) und Darstellung. Räumliche Daten werden in Raster- oder Vektorformat erfasst, große Bedeutung für geomorphologisches Arbeiten haben hierbei *Digitale Geländemodelle* (DGM, → I, 2.2.1).

GIS ist ein ideales Werkzeug, um geomorphologische Formen zu untersuchen, computer-gestützt *Geomorphometrie* (→ I, 2.2.1) zu erfassen, geomorphologische Muster festzustellen (Hengl u. Reuter 2009), die Topographie zu visualisieren (Hillshade, 3 D-Abbildungen, dynamische Bildverarbeitung – Flüge). GIS wird verstärkt für *Prozessmodellierung* (s.u.) eingesetzt und zur Analyse der Zusammenhänge zwischen Prozesse und Form.

Generell **vier Klassen der Anwendung/Analysestufen** von GIS in der Geomorphologie (Klinkenberg et al. 2004). Eine Anwendung umfasst mehrere Ebenen der GIS-Analyse.

- ***Vermessung der Oberflächenformen*** (Länge, Fläche, Volumen) mit Automatisierung oder semi-automatischen Methoden basierend auf *DGM*, wie Rutschungen pro Fläche, Gewässerdichte, Knickzonen Extraktion. Mittels GIS sind *Klassifikationen*, Analysen für große Flächen in hoher Auflösung möglich; es können für *statistische Analysen* (s.u.) mehrere morphometrische Parameter extrahiert werden. Die *Geomorphometrie* hat sich durch GIS zu einer bedeutenden Analysemethode in der Geomorphologie entwickelt und bietet eine wesentliche Grundlage für weitere Arbeitsschritte.
- ***Kartierung***: GIS ermöglicht einfache, schnelle Produktion und Aktualisierung von *geomorphologischen Karten* (→ I, 2.2.2) sowie Analysefunktionen (verschneiden, überlagern, räumliche Abfragen). GIS in Kombination mit *Fernerkundung* (→ I, 2.2.1) ist gut geeignet für Kartierungen schwerzugänglicher und großflächiger Regionen.
- ***Prozess-Monitoring***: Integration verschiedener räumlicher Daten zu unterschiedlichen Zeitpunkten (alte Karten (digitalisiert), aktuelle Karten, Fernerkundungsdaten, lokale Aufnahmen (→ I, 2.2.1 und 2.2.2)) erlaubt z. B. die Analyse von *Denudations- und Akkumulationsraten*, *Sedimenthaushalt und*

-flüssen (→ I, 1.3.1), Veränderung 3-dimensionaler Formen. Schwierigkeiten entstehen bei unterschiedlicher Datenqualität und Auflösung.

– ***Prozess- und Landschaftsentwicklungsmodelle*** (s.u.) werden durch die räumlich expliziten Abbildungen im DGM und der Datenverarbeitungsmöglichkeit im GIS in der Geomorphologie eingesetzt z. B. für Analysen der Bodenerosion, Massenbewegungen (Ablöse-, Transport- und Auslaufgebiet), Naturgefahrenprozesse inklusive Auswirkungen (Risiko), Managemententscheidungen, Landschaftsentwicklung (Magliulo et al. 2008).

GIS bietet eine Plattform zur *Datenverwaltung und Automatisierung* verschiedener Analyseschritte. Integrierte Benutzeroberflächen ermöglichen die Anwendung von Analysen und Modellierungen z. B. mittels zellularer Automaten im GIS ohne spezielle Modellierungskenntnisse.

Bei der Anwendung von GIS in der Geomorphologie muss berücksichtigt werden, dass sich DGM-**Unsicherheiten und Fehler** in den Lage- und Höheangaben in abgeleiteten topographischen Indizes fortsetzten, die Qualität der Eingabedaten sehr unterschiedlich sein kann und limitierend wirkt, Unsicherheiten der Analysetechniken und Modelle detaillierter Untersuchungen benötigen, unterschiedliche technische Alternativen und Abfolgen der Arbeitsschritte die Ergebnisse beeinflussen (Remondo u. Oguchi 2009).

Statistik

Statistische Verfahren werden vermehrt aufgrund der Verfügbarkeit quantitativer Daten in der Geomorphologie angewandt, meist werden verschiedene statistische Verfahren kombiniert. Häufige Verwendung in der Geomorphologie findet die *deskriptive Statistik* (Tendenz, Streuung, Korrelationen) sowie *Wahrscheinlichkeitsansätze* (z. B. Eintretenswahrscheinlichkeiten).

Untersuchungen in der Geomorphologie umfassen Objekte auf unterschiedlichen Skalen (z. B. in der Fluvialgeomorphologie von Rippeln im Gerinne, der Gerinneform, Tälern und Einzugsgebieten bis zu Kontinenten). Diese Objekte sind mehrdimensional, weisen räumliche und zeitliche Veränderungen auf und werden durch Attribute mit kontinuierlichen und nominalen Werten charakterisiert.

Die ***Statistik*** ermöglicht mittels mathematischen Techniken numerische Daten zu sammeln, charakterisieren, zusammenzufassen, klassifizieren, Unterschiede zwischen Gruppen zu testen und Prognosen bereitzustellen. Die statistischen Analysen werden zur Interpretation von Datenmengen und der Variabilität dieser Daten verwendet. Statistische Verfahren werden in allen Teilbereichen der Geomorphologie eingesetzt. Verfahren müssen entsprechend der vorhanden Daten und Fragestellungen ausgewählt werden.

Statistische Methoden in der Geomorphologie dienen der Überprüfung der Qualität von Daten und Stichproben, der Abgrenzung von Formen und Prozessen anhand spezifischer Charakteristika, der Modellierung (s.u.) unterschiedlicher Aspekte und ermöglichen Vergleiche.

Entsprechend der Zielsetzung und der Datencharakteristik (quantitativ, qualitativ, Anzahl der Variablen (univariat, bivariat, mulitvariat)) können verschiedene statistische Techniken verwendet werden. **Zielsetzungen** in der Geomorphologie umfassen nach KONDOLF u. PIÉGAY (2003):

- ***Beschreibung (deskriptive Statistik)***, welche eine Aufbereitung und Vereinfachung (Reduzierung der Kennzahlen) umfasst. Diese beinhaltet für einzelne Variable die Beschreibung mittels *Mittelwert, Median, Standardabweichung, Perzentil* usw. und für umfangreiche Datensätze Verfahren der multivariaten Statistik wie beispielsweise *Hauptkomponentenanalyse* (Hauptkomponenten sind neue unabhängige Variable, welche Korrelationen von gemessen Daten zusammenfassen), *Korrespondenzanalyse, Clusteranalysen* (hierarchische Klassifikation) zur Strukturierung und Vereinfachung der Daten.

- ***Unterschiede (Zusammenhänge) zwischen Variablen erfassen (Inferenzstatistik)***, wobei die Charakteristika von Stichproben auf die Grundgesamtheit erweitert werden. Die Verfahren basieren auf Test- und wahrscheinlichkeitstheoretischen Schätzverfahren, z. B. *t-Test, Varianzanalyse,* χ^2*-Test, Korrelationen, Rangkorrelationskoeffizient*.

- ***Deterministische und stochastische Modellierung*** (s.u.). Für *deterministische Modelle* werden durch Regressionsanalysen hergeleitete Beziehungen zwischen unabhängigen Variablen verwendet. Diese Beziehung kann zur Prognose von Variable x verwendet werden wenn der dazugehörige Wert von Variable y vorliegt. Es werden *lineare und multivariate Regressionsanalysen* eingesetzt, selten *kanonische Korrelationen* (Abhängigkeiten zweier Gruppen von Variablen). Stochastische Techniken sind nützlich für Modelle, welche kategoriale Variable als Ergebnis beinhalten sowie um Verteilungen und Wiederkehrzeiten vorauszuberechnen. *Logistische Regression* kann zur Modellierung der Verteilung diskreter abhängiger Variablen eingesetzt werden. *Markow-Ketten* finden Verwendung um zufällige Zustandsänderungen eines Systems zu modellieren (z. B. Kaskadeneffekte bzw. Sedimentbudget (→ I, 1.3.1) in einem Einzugsgebiet).

- ***Analyse räumlicher und zeitlicher Strukturen (Zeitreihen und Geostatistik)*** und das Erkennen von Mustern werden unterstützt von folgenden statistischen Methoden: Analyse von *Fraktalen*, *Autorkorrelation*, *Fourier-Analyse, Schwellenwertverfahren*.

- ***Signifikanzniveau (Statistische Signifikanz)***, die Signifikanz von Zusammenhängen wird mit unterschiedlichen Tests zur Abschätzung der Irrtumswahrscheinlichkeit überprüft (Nullhypothese).

Statistische Methoden weisen ein **breites Spektrum** in der Geomorphologie auf, z. B. geomorphometrische Analyse von Formen, für Bodenerosion (BAGARELLO et al. 2010), Naturgefahren (Guns u. Vanacker 2012, Magliulo et al. 2008, Malamud et al. 2004, Malamud u. Turcotte 2006), fluviale Geomorphologie (Kondolf u. Piégay 2003), Gletscher (Richards et al. 2000).

Die Anwendung von statistischen Methoden in der Geomorphologie hat den **Vorteil**, dass Subjektivität reduziert wird, Annahmen eliminiert, der Vergleich zwischen verschiedenen räumlichen und zeitlichen umfangreichen Datensätzen ermöglicht, neue Beziehungen aufgestellt und Vorhersagen abgeleitet werden. Derzeit dominieren in der Geomorphologie Anwendungen linearer Regressionen, die oftmals als ‚black-box' empirische Ansätze kritisiert werden. Weitere **Kritikpunkte** betreffen den Interpretationsspielraum in der Anwendung, die Fehlermöglichkeit beim Studiendesign und die Auswahl des statistischen Ansatzes.

Modellierung

Ein ***Modell*** ist im weitesten Sinne eine Abstraktion der ‚Realität' (→ I, 1.2.3). In der Geomorphologie meist eine Abstraktion vom Verhalten geomorphologischer Systeme, von Systemkomponenten oder Prozessen. Modelle basieren auf Vereinfachungen, die nur jene Komponenten enthalten, welche als wesentlich für die zu untersuchende Fragestellung gesehen werden. Unterschiedliche Modelle existieren, diese sind von den Zielen der Studie, der erforderlichen räumlichen und zeitlichen Auflösung und den vorhanden Ressourcen abhängig.

Modelle werden mit unterschiedlichen Motivationen eingesetzt, die einer klaren Definition bedürfen. Mögliche **übergeordnete Ziele** umfassen:

- Unterstützung der Forschungsaktivitäten – Modellierung ermöglicht eine Verbindung zwischen Beobachtungen (Feldanalysen → I, 2.2.2, Experimenten → I, 2.1.2) und Theorie herzustellen, und Hypothesen zu testen (→ I, 1.2.3).
- Erkenntnisgewinn, besseres Verständnis – das Design des Modells erfordert einen hohen Grad an Abstraktion und Formalisierung, führt unterschiedliche Ideen der Problemstellung zusammen und erlaubt numerische Experimente.
- Simulationen und Vor-/Nachhersage geomorphologischer Systeme oder Prozesse
- Virtuelles Labor (numerische Experimente; → 2.1.2)

Modelle werden hierarchisch in konzeptuelle, physische und mathematische Modelle klassifiziert. ***Konzeptuelle Modelle*** bezeichnen ein abstraktes Modell eines Systems, Darstellung der wesentlichen Komponenten, Prozesse und Funktionen in einen Diagramm oder mittels Symbolsprache. Konzeptuelle Modelle sind Grundlagen für physische und mathematische Modelle. ***Physische Modelle*** = skalierte physikalische Experimente (→ I, 2.1.2). ***Mathematische Modelle*** präsentieren Zustände und Raten der Veränderung über formal ausgedrückte mathematische Regeln.

Es existiert keine universell gültige Kategorisierung von Modellen. Eine weitere Unterteilung der mathematischen Modelle kann nach bestimmten Kriterien erfolgen. Die meisten Modelle sind eine Kombination aus diesen **Kategorien** (MULLIGAN u. WAINWRIGHT 2004).

- ***Zugrundeliegende Konzeption***: Empirische, konzeptuelle oder physikalisch basierte Modelle
- ***Detailliertheit der Prozessabbildung***: Black-Box, White-Box und Grey-Box Modelle
- ***Einbindung der mathematischen Gleichung***: analytische, numerische oder kombinierte Modelle
- ***Verwendete Mathematik***: deterministische, stochastische oder kombinierte Modelle
- ***Räumlicher Ansatz und Dimension***: Blockmodelle, semi-gegliederte und gegliederte Modelle (Bezug auf diskrete Einheiten = Raster, TIN), 1 D-, 2 D-, 3 D- oder kombinierte Modelle
- ***Zeitliche Dimension***: statische, dynamische oder kombinierte Modelle

Empirische Modelle beschreiben beobachtetes Verhalten zwischen Variablen aufgrund zahlreicher Beobachtungen (Statistik, s.o.), ohne eine Aussage zu den Prozessen bereitzustellen. Die Beziehung der Variablen wird mit einfachen mathematischen Funktionen ausgedrückt. In der Geomorphologie sind unterschiedliche empirische Modelle verbreitet, hierzu zählen z. B. die *hydraulische Geometrie*, die *Allgemeine Boden-Abtrags-Gleichung* (ABAG/USLE), *Fahrböschung* und *Schattenwinkel* (Sturzprozesse sowie andere Massenbewegungen) zur Berechnung von Auslaufreichweiten.

Mathematisch-konzeptuelle Modelle bestehen aus empirischen Modellteilen, die basierend auf einem grundsätzlichen Prozessverständnis kombiniert werden, z. B. Kombination von Modellen zur Berechnung des Abflusses bestehend aus Oberflächen-, Zwischen- und Basisabfluss, *Manning-Strickler Gleichung* zur Berechnung der Fließgeschwindigkeit. Verwendung sehr häufig mit räumlichem Bezug auf Einzugsgebiete.

Physikalisch basierte Modelle sind deduktiv von physikalischen Grundprinzipien abgeleitet und sind konsistent mit Beobachtungen (BEVEN 2002). Modelle erfüllen selten beide Forderungen, in Teilbereichen meist ergänzt mit empirischen Werten/Modellen. Eine Kalibrierung des Modells mit Beobachtungen ist notwendig.

Zusätzliche Unterscheidung in der Geomorphologie in ***Prozess- bzw. Massen- und Energiehaushaltsmodelle***. Zentral für viele Prozessmodelle sind der Massenerhaltungssatz, Sedimentflüsse und Rückkopplungseffekte. Viele Prozessmodelle in der Geomorphologie sind *deterministisch*, d.h. das Modell produziert bei einer bestimmten Eingabe immer das gleiche Resultat. *Stochastische Modelle* berücksichtigen Unsicherheiten durch die Eingabe von Zufallsvariablen (Stürme, Auslösung von Rutschungen). Anwendung für spezifische Prozesse (entwicklungs- und ereignisbasiert) sowie langfristige *Hang- bzw. umfassende Landschaftsentwicklungsmodelle* (Tucker u. Hancock 2010).

Weitere Modelltypen außerhalb dieser Kategorisierung sind *künstliche neuronale Netze* (Artificial Neural Networks (ANN)) (z. B. Melchiorre et al. 2008) und *Reduced Complexity Models* (RCM) (Brasington u. Richards 2007).

Empirische und konzeptuelle Modelle sind maßstabsabhängig – entsprechend der verwendeten Grundlagen zur Erstellung der Beziehungen – sowie nicht generell übertragbar. Deren einfache Anwendung hat in der Geomorphologie zu einer **weiten Verbreitung** geführt. *Physikalisch basierte Modelle* sind stark abhängig von der Umsetzung physikalischer Prozesse in Gleichungen, können anspruchsvoll hinsichtlich Datenquantität und -qualität sowie Computerleistung sein, bieten eine größere Einsicht in das Prozessverhalten, ermöglichen Sensitivitätsanalysen und Prognosen. Grundsätzlich sind Modelle durch die zugrundeliegenden Annahmen, dem (noch) fehlenden Verständnis für Prozesse sowie unterschiedliche Arten von **Unsicherheiten** limitiert (Gregory u. Goudie 2011).

Literatur

Albertz, J., 2007: Einführung in die Fernerkundung. Grundlagen und Interpretation von Luft- und Satellitenbildern. Wissenschaftliche Buchgesellschaft, Darmstadt, 254.

Baas, A.C.W., 2007: Complex systems in aeolian geomorphology. Geomorphology 91(3–4), 311.

Bagarello, V., Di Stefano, C., Ferro, V. u. Pampalone, V., 2010: Statistical distribution of soil loss and sediment yield at Sparacia experimental area, Sicily. CATENA 82(1), 45–52.

Barsch, D. u. Liedtke, H. (ed.), 1980: Methoden und Anwendbarkeit geomorphologischer Detailkarten. Berliner Geographische Abhandlungen 31. Berlin, 104.

Barsch, H., Billwitz, K. u. Bork, H.-R. (ed.), 2000: Arbeitsmethoden in Physiogeographie und Geoökologie. Klett-Perthes, Gotha, 612.

Beven, K., 2002: Towards an alternative blueprint for a physically based digitally simulated hydrologic response modelling system. Hydrological Processes 16(2), 189–206.

Brasington, J. u. Richards, K., 2007: Reduced-complexity, physically-based geomorphological modelling for catchment and river management. Geomorphology 90(3–4), 171–177.

Church, M., 1984: On experimental method in geomorphology. In: Burt, T.P. u. Walling, D.E. (ed.), Catchment Experiment in Fluvial Geomorphology. Geobooks, Norwich, 563–580.

Church, M., 2010: The trajectory of geomorphology. Progress in Physical Geography 34(3), 265–286.

Church, M., 2011: Observations and Experiments. In: Gregory, K.J. u. Goudie, A.S. (ed.), The SAGE Handbook of Geomorphology. SAGE, Los Angeles, 121–153.

Cockburn, H.A.P. u. Summerfield, M.A., 2004: Geomorphological applications of cosmogenic isotope analysis. Progress in Physical Geography 28(1), 1–42.

Cox, N.J., 2006: Assessing agreement of measurements and predictions in geomorphology. Geomorphology 76(3–4), 332–346.

Davidson-Arnott, R., 2009: Introduction to Coastal Processes and Geomorphology Cambridge University Press, Cambridge, 456.

Gebhardt, H., Glaser, R., Radtke, U. u. Reuber, P. (ed.), 2007: Geographie: Physische Geographie und Humangeographie. Spektrum, Heidelberg, 1096.

Glaser, R., 2008: Klimageschichte Mitteleuropas. 1200 Jahre Wetter, Klima, Katastrophen. Primus Verlag, Darmstadt,

Goudie, A.S., 1998: Geomorphologie: Ein Methodenhandbuch für Studium und Praxis. Springer, Berlin,

Gregory, K.J. u. Goudie, A.S. (ed.), 2011: The SAGE Handbook of Geomorphology. SAGE, Los Angeles, 648.

Guns, M. u. Vanacker, V., 2012: Logistic regression applied to natural hazards: rare event logistic regression with replications. Nat. Hazards Earth Syst. Sci. 12(6), 1937–1947.

Hardy, R.J., Lane, S.N. u. Yu, D., 2011: Flow structures at an idealized bifurcation: a numerical experiment. Earth Surface Processes and Landforms 36(15), 2083–2096.

Hengl, T. u. Reuter, H.I. (ed.), 2009: Geomorphometry – Concepts, software, applications. Developments in Soil Science, 33. Elsevier, Amsterdamm, 765.

Hubbard, B. u. Glasser, N.F., 2005: Field Techniques in Glaciology and Glacial Geomorphology. Wiley-Blackwell, Chister, 412.

Hüttermann, A., 2001: Karteninterpretation in Stichworten, Teil 1 – Geographische Interpretation toptograpischer Karten. Hirt's Stichwortbücher. Schweizerbart, Stuttgart,

Kienholz, H. u. Krummenacher, B., 1995: Symbolbaukasten zur Kartierung der Phänomene. Mitteilungen des Bundesamtes für Wasserwirtschaft, 6. Bundesamt für Wasserwirtschaft, Bundesamt für Umwelt, Wald und Landschaft, Bern,

Klinkenberg, B., Schiefer, E. u. Ham, D., 2004: GIS. In: Goudie, A.S. (ed.), Encyclopedia of Geomorphology. Routledge, London, New York, 441–444.

Kondolf, G.M. u. Piégay, H. (ed.), 2003: Tools in Fluvial Geomorphorphology. John Wiley & Sons, Chichester, 688.

Leser, H., 2009: Geomorphologie. Das Geographische Seminar. Westermann, 400.

Leser, H. u. Stäblein, G. (ed.), 1975: Geomorphologische Kartierung – Richtlinien zur Herstellung geomorphologischer Karten 1:25 000. Berliner Geographische Abhandlungen, Sonderheft. Berlin, 39.

Lian, O.B. u. Roberts, R.G., 2006: Dating the Quaternary: progress in luminescence dating of sediments. Quaternary Science Reviews 25(19–20), 2449–2468.

Liu, Y., Fu, B., Lü, Y., Wang, Z. u. Gao, G., 2012: Hydrological responses and soil erosion potential of abandoned cropland in the Loess Plateau, China. Geomorphology 138(1), 404–414.

Mackay, J.R., 1997: A full-scale field experiment (1978–1995) on the growth of permafrost by means of lake drainage, western Arctic coast: a discussion of the method and some results. Canadian Journal of Earth Sciences 34(1), 17–33.

Magliulo, P., Di Lisio, A., Russo, F. u. Zelano, A., 2008: Geomorphology and landslide susceptibility assessment using GIS and bivariate statistics: a case study in southern Italy. Natural Hazards 47(3), 411–435.

MALAMUD, B.D., TURCOTTE, D.L., GUZZETTI, F. u. REICHENBACH, P., 2004: Landslide inventories and their statistical properties. Earth Surface Processes and Landforms 29(6), 687–711.

MALAMUD, B.D. u. TURCOTTE, D.L., 2006: The applicability of power-law frequency statistics to floods. Journal of Hydrology 322(1–4), 168–180.

MATSUOKA, N. u. HUMLUM, O., 2003: Monitoring periglacial processes: new methodology and technology. Permafrost and Periglacial Processes 14(4), 299–303.

MELCHIORRE, C., MATTEUCCI, M., AZZONI, A. u. ZANCHI, A., 2008: Artificial neural networks and cluster analysis in landslide susceptibility zonation. Geomorphology 94(3–4), 379–400.

MULLIGAN, M. u. WAINWRIGHT, J., 2004: Modelling and model building. In: WAINWRIGHT, J. u. MULLIGAN, M. (ed.), Environmental modelling. Finding simplicity in complexity. John Wiley, Chichester, 7–73.

MURRAY, A.B., 2007: Reducing model complexity for explanation and prediction. Geomorphology 90(3–4), 178–191.

NUSSBAUMER, S.U., ZUMBÜHL, H.J. u. STEINER, D., 2007: Fluctuations of the „Mer de Glace" (Mont Blanc area, France) AD 1500–2050: an interdisciplinary approach using new historical data and neural network simulations. Zeitschrift für Gletscherkunde und Glazialgeologie 40, 1–182.

OLAYA, V., 2009: Basic Land-Surface Parameters. In: HENGL, T. u. REUTER, H.I. (ed.), Geomorphometry – Concepts, software, applications. Elsevier, Amsterdam, 141–169.

PAOLA, C., STRAUB, K., MOHRIG, D. u. REINHARDT, L., 2009: The "unreasonable effectiveness" of stratigraphic and geomorphic experiments. Earth-Science Reviews 97(1–4), 1–43.

REFSNIDER, K.A., LAABS, B.J.C., PLUMMER, M.A., MICKELSON, D.M., SINGER, B.S. u. CAFFEE, M.W., 2008: Last glacial maximum climate inferences from cosmogenic dating and glacier modeling of the western Uinta ice field, Uinta Mountains, Utah. Quaternary Research 69(1), 130–144.

REMONDO, J. u. OGUCHI, T., 2009: GIS and SDA applications in geomorphology. Geomorphology 111(1–2), 1–3.

RHOADS, B. u. THORN, C., 1996: Toward a philosophy of geomorphology. In: RHOADS, B. u. THORN, C. (ed.), The scientific nature of geomorphology. Wiley, Chichister, 115–143.

RICHARDS, A., PHIPPS, P. u. LUCAS, N., 2000: Possible evidence for underlying nonlinear dynamics in steep-faced glaciodeltaic progradational successions. Earth Surface Processes and Landforms 25, 1181–1200.

SCHROTT, L. u. SASS, O., 2008: Application of field geophysics in geomorphology: Advances and limitations exemplified by case studies. Geomorphology 93(1–2), 55–73.

SCHÜRCH, P., DENSMORE, A.L., ROSSER, N.J., LIM, M. u. MCARDELL, B.W., 2011: Detection of surface change in complex topography using terrestrial laser scanning: application to the Illgraben debris-flow channel. Earth Surface Processes and Landforms 36(14), 1847–1859.

SELBY, M.J., 1993: Hillslope materials and processes. Oxford University Press, Oxford, 451.

SLAYMAKER, O. (ed.), 1991: Field Experiments and Measurement Programs in Geomorphology. Balkema, Rotterdam, 224.

SMITH, G.H.S., BEST, J.L., BRISTOW, C.S., PETTS, G.E. u. JARVIS, I. (ed.), 2006: Braided Rivers: Process, Deposits, Ecology and Management. International Association of Sedimentologists Series, 36. Blackwell, Oxford, 396.

SMITH, M.J. u. PAIN, C.F., 2009: Applications of remote sensing in geomorphology. Progress in Physical Geography 33(4), 568–582.

Smith, M.J., Paron, P. u. Griffiths, J.S. (ed.), 2011: Geomorphological Mapping: Techniques and Applications. Developments in Earth Surface Processes, 15. Elsevier, Oxford, 250.

Stokes, S., 1999: Luminescence dating applications in geomorphological research. Geomorphology 29(1–2), 153–171.

Tucker, G.E. u. Hancock, G.R., 2010: Modelling landscape evolution. Earth Surface Processes and Landforms 35(1), 28–50.

Van Dam, R.L., 2012: Landform characterization using geophysics – Recent advances, applications, and emerging tools. Geomorphology 137(1), 57–73.

Van De Wiel, M.J. u. Coulthard, T.J., 2010: Self-organized criticality in river basins: Challenging sedimentary records of environmental change. Geology, 38(1), 87.

Wagner, G.A., 1995: Altersbestimmung von jungen Gesteinen und Artefakten. Enke, Stuttgart, 277.

Walker, M., 2005: Quaternary Dating Methods. Wiley, Chichester, 304.

Walker, M. u. Bell, M., 2004: Late Quaternary Environmental Change: Physical and Human Perspectives. Pearson, Harlow, 376.

Wheaton, J., Brasington, J., Darby, S. u. Sear, D., 2010: Accounting for Uncertainty in DEMs from Repeat Topographic Surveys: Improved Sediment Budgets. Earth Surface Processes and Landforms 35(2), 136–156.

Wilcock, P.R., 2001: Toward a practical method for estimating sediment-transport rates in gravel-bed rivers. Earth Surface Processes and Landforms 26(13), 1395–1408.

3 Endogene Prozesse: Grundlagen aus Tektonik und Geophysik

Unterscheidung zwischen *endogenen* und *exogenen* Kräften bzw. endogener und exogener Dynamik.

Endogen[31], „innenbürtig“: Bezeichnung für Vorgänge und Erscheinungen, die ihren Sitz und Ursprung im Erdinneren haben. Dazu gehören z. B. Verformung und Verstellung von Gesteinspaketen, langdauernde Hebung und Senkung der Erdoberfläche, Wanderung der Kontinente, Ozean- und Gebirgsbildung, Erdbeben und Vulkanismus.

Exogen[32], „außenbürtig“: Bezeichnung für Vorgänge, die von außen her auf die Erdkruste wirken. Exogene Kräfte, wie Wasser, Wind, Temperaturgegensätze und Schwerkraft, gestalten das in seinen Großformen endogen angelegte Relief um.

Allergrößte Formenanlagen der Erdoberfläche, wie Konfiguration (Anordnung) der Kontinente und Ozeane, Position und Gestalt der großen Kettengebirgsgürtel und der interkontinentalen Grabenbruchsysteme, der erdumspannenden submarinen „Gebirgszüge“ und der Maximal-Depressionen in den Tiefseerinnen rein endogenen Ursprungs. Diese allergrößten Formenanlagen daher Gegenstand (→ I, 4) des vorliegenden Bandes I, welcher *endogener Dynamik* gewidmet ist.

Innerhalb dieser, die Grundzüge des Erdreliefs bestimmenden Größtstrukturen ist Gestalt des Festlandes jedoch ein Ergebnis des ständigen Kampfes zwischen endogenen und exogenen Kräften, d.h. des Widerspiels zwischen tektonischen Bewegungen, Verwitterung, Abtragung und Sedimentation. Kein Teil des subaerischen[33] Geländes in ursprünglicher, unveränderter endogen geschaffener Rohform erhalten. Bereits während Entstehung beginnt exogene Umformung durch Zusammenwirken unterschiedlicher Abtragungsprozesse. Selbst submarine Formenwelt ist in den Randzonen der Ozeane einem „Regen“ aus kontinentalen Abtragungsprodukten ausgesetzt und daher exogen beeinflusst.

Zur Kennzeichnung von überwiegend exogen oder überwiegend endogen bestimmten Formen des subaerischen Abtragungsreliefs zwei Begriffe nützlich, nämlich *Skulpturform* und *Strukturform*. Skulpturformen sind weitgehend unabhängig vom Untergrund, während Strukturformen in Anlage und Weiterbildung wesentlich von Tektonik oder Gesteinsart vorgezeichnet sind. Am stärksten ist endogene Prägung bei allen vulkanischen Formen, diese daher als letztes Kapitel in Band I behandelt. Strukturformen jedoch in allen Relieftypen zu finden, kommen daher auch in den Bänden II und III zur Sprache. Am häufigsten dem fluvialen Abtragungsrelief zu Eigen. Innerer Bau kann Großanlage des gesamten

[31] griech. endon = innen, darinnen; genes = bürtig, stammend

[32] griech. exo = außen, draußen

[33] unter freier Luft entstanden

Gewässer-oder Talnetzes bestimmen (→ II, 4.2), Talasymmetrien (→ II, 4.4) und Stufen im Längsprofil von Tälern (→ II, 4.6) verursachen; Gesteinsunterschiede führen zur Herauspräparierung von Härtlingen – gelegentlich sogar in Reliefumkehr, d.h. tektonisch tiefliegende Krustenteile (Gräben, Synklinalen) werden aufgrund ihres morphologisch widerständigeren Gesteins zu orographischen Vollformen (→ II, 6). Schließlich ist Beziehung zwischen Oberflächenform und innerem Bau bei Schichtstufen, Schichttafeln und Schichtkämmen sogar landschaftsprägend (→ II, 5.10 und 5.11).

Durch endogene Vorgänge erzeugte Erscheinungen eigentlicher Untersuchungsgegenstand der Tektonik[34] und Geophysik. Soweit dadurch aber Formen der Erdoberfläche gebildet oder angelegt werden, muss sich auch Geomorphologie damit beschäftigen. Dies setzt eine Reihe von Grundkenntnissen über Gesteine, tektonische Strukturen und dynamische Vorgänge im Erdinneren voraus. Haupttypen der Gesteine und ihre morphologische Widerständigkeit werden in Band II, 1.1 behandelt, Grundlagen der Tektonik und Geophysik in Band I, siehe die folgenden Kapitel.

3.1 Die wichtigsten tektonischen Strukturen

Jede Lokalität der Erdoberfläche ist in einer oder in mehreren Epochen der Erdgeschichte von tektonischen Spannungen erfasst worden. Diese können zur Ausbildung von Trennflächen im Gestein führen und sich als Klüftung, Spaltenbildung oder Schieferung äußern. Zusammen mit Gefügemerkmalen, die aus der spezifischen Gesteinsentwicklung stammen (wie z. B. Absonderungsklüfte, Schichtung) bilden sie wichtige Leitbahnen der Verwitterung (und werden daher in Zusammenhang mit dieser behandelt (→ II, 1.2). Tektonische Kräfte meist jedoch von viel größerer Auswirkung: generieren Bewegungen, welche Lagerungsverhältnisse der Gesteine völlig abändern, zur *Lagerungsstörung*, *Dislokation* führen.

Dislokationen am auffälligsten bei den Schichtgesteinen, da sie dort von Schichtfugen nachgezeichnet werden. Wird ein Schichtstoß aus der Ursprungslage aufgekippt, so geht er aus der *horizontalen* oder *söhligen* Stellung über die geneigte in die *senkrechte* oder *saigere*[35] und schließlich bei Drehung über 90° hinaus in die *überkippte* Lagerung über. Bei Aufrichtung bis zur Senkrechten bleibt ursprüngliche Sequenz vom unten liegenden Älteren (dem *Liegenden*) zum oben folgenden Jüngeren (dem *Hangenden*) gewahrt: die Lagerung ist ***normal***. In überkippten Schichten ruht älteres Gestein auf jüngerem, die Lagerung ist ***invers***.

Je nachdem, ob Dislokation mehr als Biegen oder mehr als Brechen im Gestein zum Ausdruck kommt, werden *biegende (Falten-)* und *brechende (Bruch-) Tektonik* unterschieden.

---

[34] griech. tektonikos = die Baukunst betreffend

[35] söhlig und saigere = Ausdrücke aus der Bergmannssprache

3.1.1 Faltentektonik

Falten kommen in allen Größenordnungen, vom Zentimeter- bis zum Kilometerbereich vor. Entstehen durch Raumeinengung der Kruste und sind im Wesentlichen auf geschichtete Gesteine beschränkt. Je stärker die seitliche Einengung, desto höher und steiler die Wellenberge und -täler der verbogenen Schichtplatten.

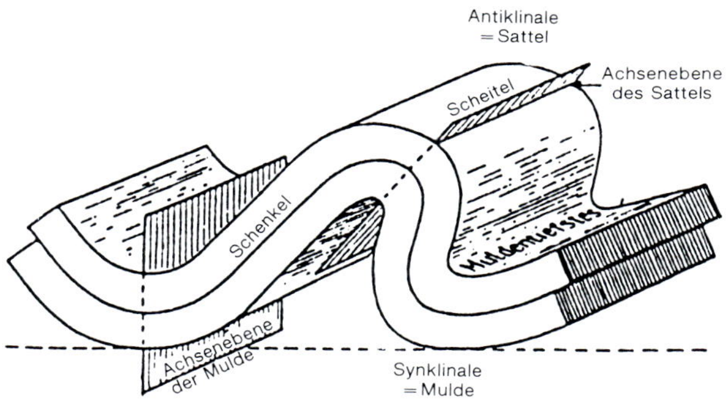

Abb. 1: Figur und Teile einer Falte

Aus Abb. 1 Bezeichnungen für die Faltenelemente zu entnehmen: Einbiegungen heißen *Mulden* oder ***Synklinalen***, Aufwölbungen Sättel oder ***Antiklinalen***. Der *Faltenscheitel (Faltenachse)* markiert das Umbiegen der beiden *Faltenschenkel (Faltenflügel)* am höchsten Punkt des Sattels bzw. tiefsten Punkt der Mulde. Legt man die Scheitel aller an Falte beteiligten Schichten in eine Ebene, so erhält man die *Achsenebene*. *Stehende* oder aufrechte Falten (linke Mulde in Abb. 1) besitzen eine senkrechte Achsenebene, die zugleich Symmetrieebene ist. Legt sich Achsenebene nach einer Richtung über, spricht man von *vergenten* Falten bzw. von *Vergenz* (Sattel und rechte Mulde in Abb. 1).

Bei sehr starker seitlicher Einengung entstehen vergente Parallelfalten, bei denen die stärkst gekrümmten Schichten im Faltenkern brechen und übereinander gleiten. Bei weiterer Einengung breitet sich Bruchfläche aus und gesamter tieferer Faltenschenkel wird überfahren. Hier verwischen sich Grenzen zwischen Falten- und Bruchtektonik, denn solche Vorgänge sind Teil der Bewegungsaufteilung in großen Deckenüberschiebungen. Deren Mechanik im Einzelnen sehr komplex und keinesfalls als ungestörter Vormarsch einer intakten Schichtfolge auf großer, einheitlicher Bewegungsfläche vorzustellen. (Zu „Überschiebung" und „Decke" siehe auch Bruchtektonik.)

3.1.2 Bruchtektonik

Wird bei Krustenbewegungen die Biege-, Zug- oder Scherfestigkeit der Gesteine überbeansprucht, so kommt es zum **Bruch**; auch die Bezeichnungen **Verwerfung** und **Störung** in diesem Sinne gebraucht. Erkenntlich daran, dass Schollen beiderseits der Verwerfung nicht mehr zusammenpassen, d.h. Schichtfugen setzen ab, oder es liegen ganz verschiedene Gesteine nebeneinander. Vertikaler Verschiebungsbetrag, die *Sprunghöhe*, kann von wenigen Millimetern auf über 1000 m wachsen. Umfeld der Verwerfungsbahnen häufig durch mehr oder minder breite *Mylonitzonen* gekennzeichnet. Sind Zerrüttungszonen, in denen Gestein durch Mikrorisse und Mikrobrüche fragmentiert wurde. An Verwerfungsbahn selbst werden diese Gesteinsbruchstücke bei Schollenverschiebungen gerollt und zugerundet. Dabei kann Verwerfungsbahn zu *Harnisch* gestriemt und poliert werden.

Schichtpakete längs Verwerfungslinien in der Regel nicht glatt durchgeschnitten, sondern gegeneinander umgebogen, „geschleppt". Führt Dislokation nicht zu völliger Zerreißung des Schichtverbandes, sondern sinken die Schichten nur mit starker Beugung ab, um dann horizontal weiterzustreichen, spricht man von ***Flexur*** (Abb. 2 a und b). Flexur- und Bruchstufen treten häufig vergesellschaftet auf, d.h. gehen örtlich ineinander über.

Nach der Höhenlage der beiden versetzten Schollen unterscheidet man **Hochscholle** von **Tiefscholle**. Dies sagt nichts über tatsächlichen Bewegungsablauf aus, denn dafür gibt es mehrere Möglichkeiten, z. B.:

- Eine Scholle bleibt in ursprünglicher Lage, die andere wird gehoben oder gesenkt.
- Beide Schollen erfahren Bewegung in entgegengesetzter Richtung.
- Zwei Schollen werden um ungleiche Beträge in gleicher Richtung versetzt.

Vertikalverschiebungen an einer einzigen Verwerfungslinie verhältnismäßig selten. Im Bereich der großen Schwächezonen der Erde treten meist parallel zueinander und fiedrig verlaufende Bruchsysteme auf; dadurch Zerlegung der Erdoberfläche in gleichsinnig gerichtete Streifen von Hoch- und Tiefschollen.

Zur Kennzeichnung des Versetzungsmusters der Schollen dienen folgende tektonische Begriffe: Bei ***Abschiebungen***, die Ausdruck von Zerrungsvorgängen in Erdkruste sind, fällt Bruchfläche steil zur abgesunkenen Scholle hin ein (alle Einzelbrüche in den Abb. 2 b bis f sind Abschiebungen). Die aus Einengungsvorgängen resultierenden ***Aufschiebungen*** vollziehen sich hingegen an Verwerfungen, die unter gehobene Scholle hin einfallen. Ist dabei Neigung der Bruchfläche flacher als 45°, so spricht man nicht mehr von Auf-, sondern von ***Überschiebung***. Decken sind Gesteinsmassen, die auf fast horizontalen Überschiebungsbahnen über große Distanzen bewegt wurden: sind dadurch von ursprünglichem Entstehungsraum losgelöst und "bedecken" fremde Unterlage.

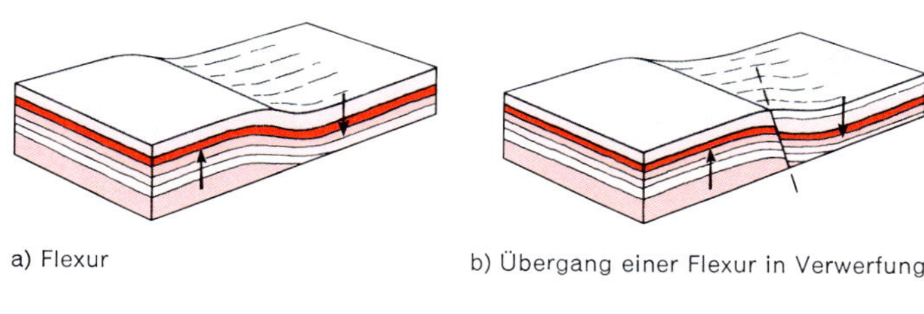

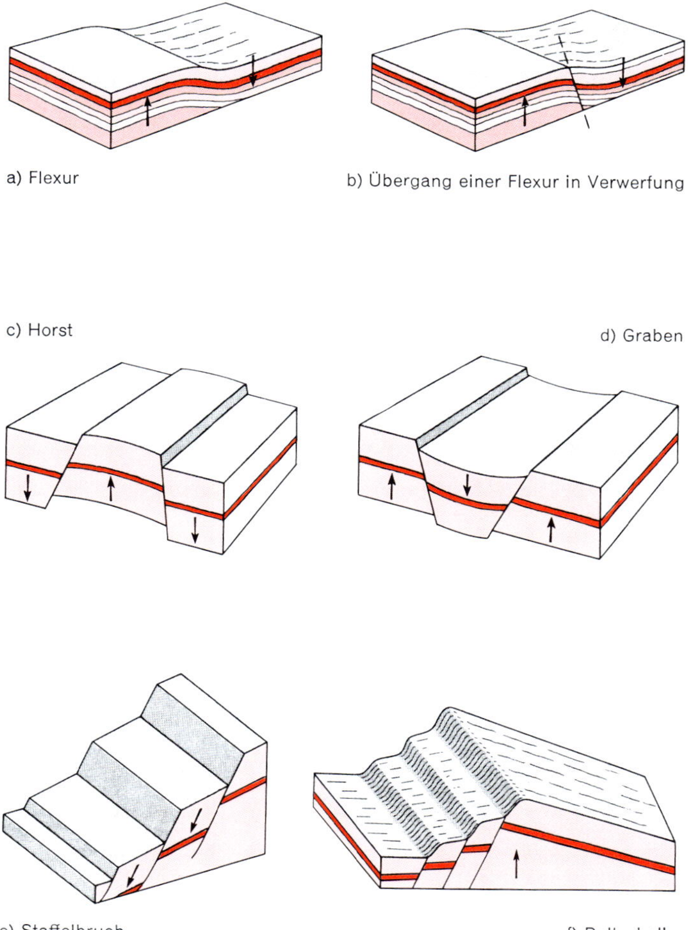

a) Flexur

b) Übergang einer Flexur in Verwerfung

c) Horst

d) Graben

e) Staffelbruch

f) Pultscholle

Abb. 2: Strukturformen der Bruchtektonik

Verwerfungen treten gerne gesellig auf: Beim Staffelbruch vollzieht sich Übergang vom gehobenen zum gesunkenen Flügel einer großen Abschiebung über eine Bruchtreppe (Abb. 2 e). Eine Hochscholle zwischen zwei Tiefschollen wird

Horst genannt (Abb. 2 c), eine Tiefscholle zwischen zwei Hochschollen Graben (Abb. 2 d). Einseitig gehobene Horste heißen Pultschollen (Abb. 2 f). Erfolgt Verstellung der beiden Schollen ohne Vertikalkomponente, d.h. rein horizontal, so spricht man von ***Seiten- oder Blattverschiebung***. Landstufen, die sich an Verwerfungen knüpfen, werden als Bruchstufen bezeichnet. Junge Bruchstufen durch ungewöhnlich geradlinige, über viele Kilometer hinziehende Steilhänge recht auffällig. Mit zunehmendem Alter jedoch von Tälern zerfranst und undeutlicher; außerdem zurückverlegt, so dass Steilhänge nicht mehr mit eigentlicher Bruchlinie identisch sind.

Bruchtektonik typisch für gealterte, eingerumpfte Orogene, welche noch nicht Endstadium des zur Gänze abgetragenen, konsolidierten Kratons erreicht haben (→ I, 4.5.3).

> **Beispiel:** Strukturtyp der Bruchschollentektonik voll entwickelt in den aus der variskischen Gebirgsbildung hervorgegangenen **Mittelgebirgen West- und Mitteleuropas.** Ihr Relief wird durch ein Mosaik aus gehobenen, abgesunkenen und gekippten Schollen bestimmt. Gehobene Reliefteile bilden Schollengebirge (Harz, Rheinisches Schiefergebirge), Pultschollen (Erzgebirge) und Randhorste (Schwarzwald, Vogesen), abgesunkene Partien bilden Senken (Hessische Senke) oder Becken und Kessel (Neuwieder Becken, Glatzer Kessel). Großzügigstes Element in diesem Haufwerk aus Schollen ist der Oberrheingraben als Teilstück eines kontinentalen Grabenbruchsystems (→ I, 4.3.2).

3.2 Das Schwerefeld der Erde

3.2.1 Schwerkraft und Schwerebeschleunigung

Durch Gegenwart einer (ortsfesten) Masse wird auf eine bewegliche Probemasse im umgebenden Raum eine Anziehungskraft ausgeübt. Diese Massenanziehung oder ***Gravitation*** wirkt auf Probemasse in Form einer Beschleunigung und wird daher in m/s^2 angegeben. Gravitationsbeschleunigung einer perfekt kugelförmigen und nicht rotierenden Erde wäre auf gesamter Erdoberfläche gleich und zu berechnen aus GM_E/R^2 (M_E = Masse der Erde, R = Radius der Erde, G ist eine Konstante, die sogenannte Gravitationskonstante). Erde rotiert jedoch und durch Rotation entsteht nach außen gerichtete Fliehkraft, welche Anziehungskraft der Erde auf Probemasse vermindert. Fliehkraft erreicht am Äquator ihren Höchstwert und verschwindet an (Rotations)Polen. Aus Kombination von Gravitation und Fliehkraft ergibt sich Schwerkraft. Ihre Wirkung auf Probemasse ist die Schwerebeschleunigung mit Symbol „g". Als Einheit für g wird in Erinnerung an G. GALILEI, welcher Schwerebeschleunigung als erster gemessen hat, das Gal bzw. mGal verwendet. 1 Gal ist Beschleunigung von 1 cm/s^2, ein Milligal (mGal) ist ein Tausendstel Gal. Die Schwerewerte der Erde liegen zwischen 978 Gal am Äquator und 983,3 Gal an den Polen.

Im Großen ist g von Masse der Erde bestimmt. Bei Massenunregelmäßigkeiten in Erdkruste und Erdmantel muss sich auch g ändern. Schweremessungen fördern somit Massenunregelmäßigkeiten zutage, welche ihrerseits anzeigen, dass endogene Prozesse am Werk sind oder bis vor kurzem waren. Um zu wissen, dass ein „abnormaler" Schwerewert gemessen wurde, braucht man jedoch einen „Normalwert" für g, mit dem er verglichen werden kann.

3.2.2 Die Figur der Erde: Geoid und Referenzellipsoid

Frage nach „Normalschwere" wirft zugleich Frage nach Figur der Erde auf, denn auch diese von Schwerkraft bestimmt. Naturprinzip, dass physikalische Systeme, die sich selbst überlassen sind, den Zustand stabilen Gleichgewichts anstreben, wenn auch nicht erreichen.

Die Gleichgewichtsfigur im Schwerefeld der Erde kann unmittelbar nur vom Meeresspiegel eingenommen werden, da Wasser als Flüssigkeit frei beweglich ist, während feste Materie nur langsam den einwirkenden Kräften nachgibt. Denkt man sich die Ozeane quer durch Kontinente hindurch in einem Netz von Kanälen verbunden, wäre Höhe der Wasseroberfläche in diesem weltumspannenden System an jedem Punkt nur von dort herrschender Schwerkraft bestimmt. Käme es zu einer lokalen Änderung von g, würde sich Wasser sofort verteilen, bis Oberfläche auf neues Schwerefeld eingestellt ist. Der resultierende Wasserspiegel bildet, physikalisch gesehen, eine Äquipotentialfläche. Erdfigur, die sich aus (erdumspannender) Fläche des mittleren Meeresspiegelniveaus ergibt, wird ***Geoid*** genannt. Geoid jedoch zusammen mit g von Massenunregelmäßigkeiten im Erdinneren beeinflusst. Auch hier Notwendigkeit, eine „Normalfigur" der Erde zu definieren, mit welcher Geoid verglichen werden kann.

Von Internationaler Union für Geodäsie und Geophysik als ideale Erdfigur das Referenzellipsoid entworfen. Dies ist eine symmetrische mathematische Figur, welche in ihrer Gestalt gute Übereinstimmung mit wirklicher Abplattung der „Erdkugel" zeigt. Referenzellipsoid ist aber nicht nur geometrische Fläche, sondern zugleich physikalische Äquipotentialfläche in optimaler Anpassung an das tatsächliche Schwerefeld der Erde. Die zugeordneten Schwerewerte liefern einen Normalwert für g. Referenzellipsoid sagt uns somit, wie Figur der Erde und ihr Schwerefeld im Idealfall aussehen müssten, also im Falle eines quasiflüssigen Zustands ohne störende Massenunregelmäßigkeiten.

Abweichungen des Geoides von Figur des Referenzellipsoids werden Geoidundulationen genannt, Abweichungen der gemessenen Schwere von Normalschwere Schwereanomalien.

3.2.3 Geoidundulationen

Abb. 3 zeigt in 5-m-Intervallen Höhenlinien des Geoides über bzw. unter Referenzellipsoid. Geoidundulationen halten sich – mit Ausnahme eines Gebietes

Abb. 3: Höhen des Geoides über bzw. unter dem Referenzellipsoid

im nördlichen Indischen Ozean – innerhalb von ± 100 m. Größte Deformation in Form einer Einbeulung von –108 m südlich Indiens zeigt ein hochgelegenes Massendefizit im Erdinneren an, dessen Größe etwa Hälfte der sichtbaren Gebirgsmasse des Himalajas ausmacht. Aufbeulungen des Geoides werden durch Massenüberschuss ausgelöst, weltweit größte (82 m) nördlich von Australien zu finden. Geoidundulationen nicht nur für Rückschlüsse auf endogene Prozesse wichtig, sondern von größtem Interesse für Bestimmung quartärer Meeresspiegelschwankungen (→ III, 3.3.1.1). Im Rahmen der exogenen geomorphologischen Prozesse ist Geoid als globale Erosionsbasis bedeutsam.

Gestalt des Geoides früher mühsam aus Schweremessungen abgeleitet und nur in groben Zügen bekannt. Änderung im Satellitenzeitalter: Bahn der künstlichen Satelliten wird durch Unregelmäßigkeiten in Masseverteilung des Erdinneren gestört. Mathematische Auswertung der Bahndaten zusammen mit den direkten Radarhöhenmessungen der Satelliten GEOS3, SEASAT und GEOSAT lieferten sehr genaues Bild vom Geoid. Direkte Höhenmessungen (Satellitenaltimetrie) erfolgen dabei durch Laufzeitmessung eines vom Satelliten ausgesandten und an Meeresoberfläche reflektierten Radarimpulses.

3.2.4 Schwereanomalien und ihre Interpretation

Feinere Strukturen der Massenunregelmäßigkeiten bleiben ohne messbare Wirkung auf Oberfläche des Geoides, verursachen aber noch deutliche Schwankungen in Schwerewerten an Erdoberfläche. Bevor gemessene Schwerewerte verwendet werden können, sind eine Reihe von Korrekturen, sogenannte Schwerereduktionen, notwendig. Da g mit zunehmendem Abstand vom Erdzentrum geringer wird, sind Werte verschieden hoch gelegener Messstationen nicht unmittelbar vergleichbar. Im Zuge der Schwerereduktion werden sie auf ein gemeinsames Bezugsniveau umgerechnet. Als solches dient in der Regel das Niveau des Meeresspiegels (präziser gesagt: des Referenzellipsoids).

Freiluftreduktion berücksichtigt Höhenlage des Messpunktes über Bezugsfläche, wobei Raum zwischen Messpunkt und Bezugsfläche massefrei gedacht wird. Ausmaß der Schwereminderung mit Abstand vom Zentrum der Erde leicht auszurechnen. Addiert man entsprechenden Betrag zum Messwert, so erhält man die Freiluftschwere. Freiluftschwere minus Normalschwere ergibt Freiluftanomalie.

Bouguersche[36] ***Reduktion trägt*** der Tatsache Rechnung, dass sich zwischen Messpunkt und Bezugsfläche Masse (Gestein) befindet. Liegt der Messpunkt in ebenem Gelände, so berechnet man Massenanziehung der Gesteinsplatte zwischen Messpunkt und Bezugsniveau. Dieser Betrag, abgezogen von Freiluftschwere, ergibt die *Bouguersche Schwere*.

[36] P. Bouguer, 1698–1758, franz. Geodät, entwickelte Verfahren um Massenanziehung von Gebirgen zu ermitteln und gilt als Wegbereiter für Lehre der Isostasie.

Liegt Messpunkt jedoch in stark reliefiertem Gelände, so ist im Zuge der Bouguerschen Reduktion auch Gravitationswirkung des benachbarten Reliefs zu berücksichtigen, da Masse von angrenzenden Bergen ebenso wie „fehlende“ Masse von angrenzenden Tälern als Störfaktor auf g wirkt. In diesem Fall wird am Messwert zunächst Geländekorrektur angebracht, d.h. man berichtigt auf jenen Wert, der sich ergeben würde, wäre Gelände im Höhenniveau des Messpunktes eingeebnet. Anschließend erfolgt normale Bouguersche Reduktion. Bouguersche Schwere minus Normalschwere ergibt Bouguersche Anomalie (→ Abb. 4.)

Bei Berechnung beider Anomalien wird also Messpunkt in das Bezugsniveau geschoben. Unterschied: Bei Bouguerscher Anomalie werden gleichzeitig alle Massen zwischen Erdoberfläche und Bezugsniveau entfernt, gleichsam abgehobelt; bei Freiluftanomalie bleiben sie unangetastet. Bouguersche Anomalie gibt somit Auskunft über Massenbilanz in der Tiefe unter Meeresniveau, Freiluftanomalie dagegen über Gesamtmassenbilanz direkt unter dem Messpunkt. Positive Anomalien bedeuten Massenüberschuss, negative Anomalien ein Massendefizit gegenüber der Referenzerde.

Interpretation von Schwereanomalien nicht immer leicht, denn Schwereanomalie kann grundsätzlich durch eine Vielzahl verschiedener Masseverteilungen verursacht werden. Gestalt und Tiefenlage des „Störkörpers“ mit zu geringer oder zu

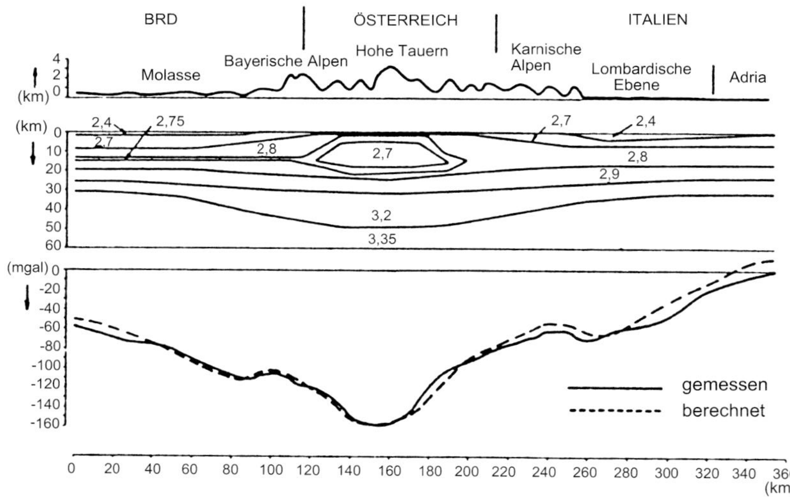

Abb. 4: Bouguersche Anomalien und Gesteinsdichte in einem Profilschnitt durch die Ostalpen

hoher Dichte wird ermittelt, indem man gemessenes Schwerefeld mit demjenigen von Modellkörpern unterschiedlicher Gestalt, Dichte, Größe und Tiefenlage vergleicht. Auswahl zwischen den „passenden" Modellkörpern durch geologische und andere geophysikalische (vor allem seismische) Beobachtungs- und Messergebnisse.

Beispiel: Abb. 4 zeigt Interpretation der negativen Bouguersche Anomalie im Falle der Ostalpen. Für Bereich der zentralen, höchsten Gebirgsteile –150 mGal festzustellen. Im Vergleich zu bayerischem und italienischem Vorland reichen unter Hohen Tauern spezifisch leichte Gesteine (Dichte 2,7) bis in große Tiefe. Dieser Tiefenwulst ist der „Störkörper". Bestätigung durch seismische Untersuchungen: Kruste-Mantel-Grenze erscheint viel tiefer als normal.

3.2.5 Isostasie

Abb. 4 führt ein Phänomen vor Augen, das keineswegs auf Alpen beschränkt ist: Massen topographisch sichtbarer Erhebungen finden ihre Entsprechung in einem Massendefizit in der Tiefe. Bouguersche Anomalie in den Alpen zeigt klare Korrelation mit der Topographie. Mittlere Meereshöhen von 2000–3000 m korrespondieren mit mittleren Bouguersche Anomalien von etwa –150 mGal. Dagegen sind entsprechende Werte der Freiluftschwere mit ± 10 mGal fast normal. Dies bedeutet aber, dass auch Gesamtmassenbilanz im Alpenbereich etwa normal ist.

Erklärung für dieses Phänomen ist, dass die im Mittel leichtere, feste Erdrinde oder Lithosphäre (→ I, 3.5) auf einem plastisch fließfähigen, dichteren Substratum, der Asthenosphäre, schwimmt und mit dieser weitgehend im Schwimmgleichgewicht steht, ähnlich dem Eisberg oder dem Floß im Wasser. Dies ist die Lehre von der Isostasie[37].

Physik des Schwimmgleichgewichts fußt auf Archimedischem Prinzip: Ein schwimmender Körper verdrängt ein Gleiches seines Gewichts. Gewicht (= Volumen × Dichte) bestimmt, wie tief Schwimmkörper in Flüssigkeit eintaucht und gleichzeitig wie hoch er über Flüssigkeitsoberfläche emporragt. Übertragung dieses Prinzips auf Höhenunterschiede im Erdrelief durch zwei Modelle: Airy bestimmt jeweilige Aufraghöhe der Erdrinde durch Veränderung ihres Volumens (ihrer Dicke) unter Konstanthaltung der Dichte, Pratt im Wesentlichen durch Veränderungen ihrer Dichte (→ Abb. 5 B).

Isostasie ist Normalzustand der Erdoberfläche. Herrscht irgendwo isostatisches Ungleichgewicht, so wird isostatischer Ausgleich erzwungen, das heißt zur Wiederherstellung des Schwimmgleichgewichts wird vertikale Position der Lithosphäre in Eintauchtiefe und Aufraghöhe über Null berichtigt, wobei Korrekturbeträge von Dichte und Dicke dieser Lithosphäre abhängen. Veränderungen in vertikaler Position der Lithosphäre dabei kompensiert durch seitliches

[37] griech. isos = gleich; stásis = Stand

Einströmen oder Ausströmen von Material der Asthenosphäre. Bis vor kurzem angenommen, dass nicht Lithosphäre auf Asthenosphäre, sondern Erdkruste auf Erdmantel ihre vertikale Position ausgleicht. Heute weiß man, dass auch Mantelpartie der Lithosphäre am isostatischen Ausgleich teilnimmt. Ausgelöst werden die Ausgleichsbewegungen der Gesamtlithosphäre jedoch in den allermeisten Fällen durch Zu- oder Abnahme ihrer Krustenpartie (→ Abb. 18).

Bestätigung und Verfeinerung des Isostasie-Konzepts durch seismische Erkundungen der Kruste/Mantel-Grenze. Im Mittel zeigt sich klare Beziehung zwischen Geländehöhe und Erdkrustendicke: je höher die Topographie, desto tiefer die Kruste/Mantel-Grenze. Zum Beispiel wird Hochland von Tibet mit ausgedehnten Flächen in über 6000 m Höhe von 60 km mächtiger Kruste getragen. Im Großen und Ganzen somit bessere Beschreibung der Erdsituation durch das Airy-Modell. Ist jedoch vollständigkeitshalber mit Pratt-Modell zu kombinieren, da Dichteunterschiede der Erdkruste ohne Zweifel vorhanden sind. Kontinentale Kruste ragt höher auf als ozeanische, da sie nicht nur dicker, sondern auch spezifisch leichter (geringere Dichte) als ozeanische ist (→ I, 4.1, Unterschiede zwischen ozeanischer und kontinentaler Kruste erläutert in Kap. 3.5).

Isostatische Ausgleichsbewegungen werden u. a. durch Bildung und Abtragung eines Gebirges oder durch Auf- und Abbau eines kaltzeitlichen Eisschildes ausgelöst.

Gebirgsbildung führt auf verschiedene Arten (→ I, 4.5.2) zur Verdickung der spezifisch leichten Krustengesteine, allerdings erfolgt Zuwachs in der Tiefe. Das heißt, Dicke der Kruste (damit Dicke der Lithosphäre) nimmt nach unten hin zu und gelangt unter Auftrieb, da zunehmende Eintauchtiefe entsprechende Aufraghöhe erfordern würde. Mit Abklingen der gebirgsbildenden tektonischen Kräfte kommt es daher zu langanhaltender ausgleichender Hebung. Gleichzeitig mit Hebung setzt jedoch Abtragung ein, welche aufsteigendes Krustenpaket wieder verkürzt und neuerlichen Ausgleich erzwingt.

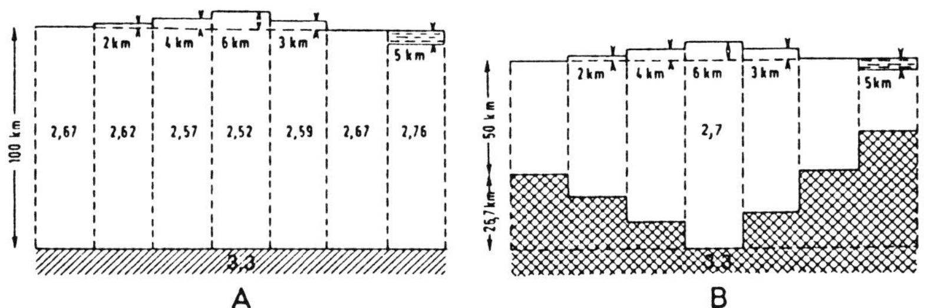

Abb. 5: Erklärung der Isostasie nach J.H. Pratt (A) und G. Airy (B)

Aus Abb. 5 B zu entnehmen, dass das Resultat dieses Ausgleichs weitere Hebung ist: Kürzere Lithosphärensäule hat zwar in Gleichgewichtsposition etwas geringere Aufraghöhe als längere, muss aber insgesamt um einiges höher aufschwimmen. Hebung und Abtragung eines Gebirges bedingen sich somit gegenseitig und setzen sich solange fort, bis Abtragung durch Beseitigung des Höhenunterschiedes zum Erliegen kommt.

Zusätzliche Auflast eines jungen Eisschildes wird ausgeglichen, indem sich Lithosphärenplatte regional leicht nach unten durchwölbt und entsprechenden Gewichtsanteil der Asthenosphäre seitlich verdrängt. Bei Abschmelzen des Eisschildes umgekehrter Ausgleich erforderlich, da Oberfläche der Lithosphäre nun eingedellt, während Unterfläche in Bezug auf ihr Gewicht zu tief in Asthenosphäre taucht. Resultat ist Anhebung, gekoppelt mit einem Rückströmen der Asthenosphäre.

> **Beispiel:** Noch vor 10 000 Jahren hatte Skandinavien, ähnlich wie Grönland heute, eine 2–2,5 km mächtige Eislast zu tragen. Relativ raschem Abschmelzen am Ende der Eiszeit konnte isostatischer Ausgleich nur stark verzögert folgen. Etwa 270 m Anhebung bisher stattgefunden (Abb. 6). Hebungsprozess läuft derzeit mit Rate von knapp 1 cm/Jahr im Zentrum des Hebungsgebietes ab. Bis zum vollständigen Ausgleich des noch vorhandenen Massendefizits (derzeitige Freiluftanomalie: –50 mGal) ist noch mit weiteren 20 m Hebung zu rechnen.

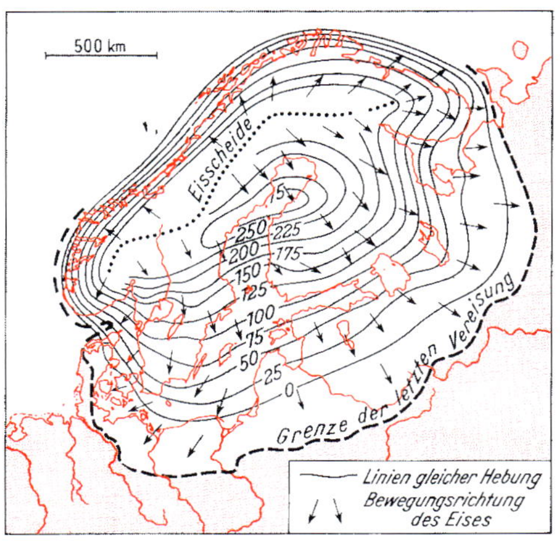

Abb. 6: Isostatische Anhebung Skandinaviens in Metern seit der letzten Vereisung

3.3 Seismologie

Seismologie[38] = Erdbebenkunde. Jedes Jahr werden mehr als 150 000 Erdbeben von dem internationalen Netz seismischer Beobachtungsstationen aufgezeichnet und mit Hilfe von Computern analysiert.

Hypozentrum[39]: in Tiefen bis zu 700 km gelegener Erdbebenherd,

Epizentrum[40]: senkrecht darüber an der Erdoberfläche liegender Punkt mit stärkster Auswirkung der Erschütterungen.

Vom geowissenschaftlichen Standpunkt sind Erdbeben in zweifacher Hinsicht von Bedeutung:

– Vorgang im Hypozentrum ist spontaner Ausdruck aktiver Tektonik und erlaubt quantitative Aussagen über Ort, Stärke, Zeitablauf und räumliche Orientierung von Verschiebungen und Deformationen in der Erdrinde.

– Erdbeben sind energiereiche Quellen von Wellen, die den ganzen Erdkörper durchstrahlen und dadurch Informationen über den Aufbau des Erdinneren vermitteln. Ein Großteil unseres Wissens über das Erdinnere stammt von den Seismologen.

3.3.1 Erdbebenwellen

Bodenerschütterungen während eines Erdbebens auf den Durchgang elastischer Wellen zurückzuführen, welche vom Erdbebenherd abgestrahlt werden. Zwei Grundtypen von elastischen Wellen zu unterscheiden: Oberflächenwellen und Raumwellen.

Oberflächenwellen setzen sich nur an der Erdoberfläche fort, können nicht in die Tiefe eindringen. Wichtigste Erdbebenwellen dieser Art nach bekannten Physikern benannt: Rayleighwelle und Lovewelle. Bodenschwingungen beim Durchgang der Rayleighwelle gleichen der Wirkung einer Wellengruppe, die über Wasserspiegel läuft. Lovewellen, auch Querwellen genannt, äußern sich in Querschwingungen parallel zur Oberfläche. Zerstörungen eines Erdbebens zum großen Teil von den Oberflächenwellen verursacht. Oberflächenwellen sind umso ausgeprägter, je seichter der Erdbebenherd liegt.

Raumwellen breiten sich von ihrer Quelle in alle Raumrichtungen des Gesteins aus. Bilden die eigentliche Grundlage für Erdbebenforschung, insbesondere für Analyse der endogenen Vorgänge und der Tiefenstruktur des Erdinneren.

[38] griech. seismos = Erdbeben

[39] griech. hypo- = unter

[40] griech. ep-, epi- = hin(auf)

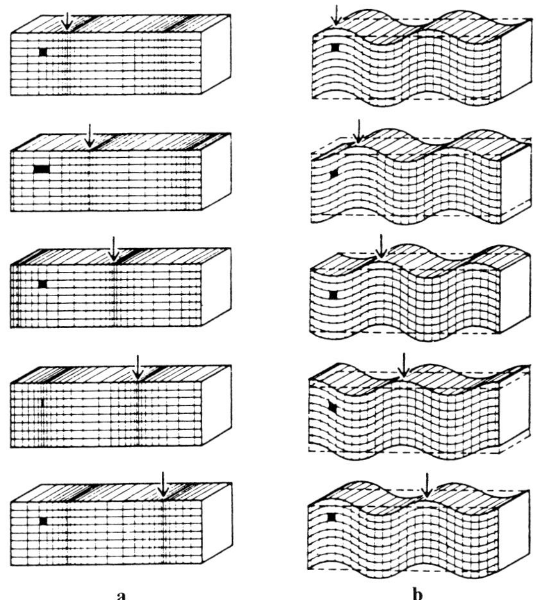

Abb. 7: Bewegungsbild der P-Welle (a) und der S-Welle (b)

Abb. 7 zeigt die aufeinanderfolgenden Stadien in der Verbiegung eines Bodenpartikels beim Wellendurchgang, einmal für die *P-Welle* und einmal für die *S-Welle*.

- P-Welle (Abb. 7 a) ist die schnellere der beiden Raumwellen, dementsprechend wird sie als *Primär*-(P-)Welle bezeichnet. Gestein wird bei ihrer Ausbreitung abwechselnd zusammengedrückt und gedehnt. P-Welle bei ihrer Ankunft an der Erdoberfläche als Stoß oder als Zug wahrgenommen.
- S-Welle (Abb. 7 b) trifft als zweite ein, daher *Sekundär-(*S-)Welle genannt. Schert das Gestein bei der Ausbreitung, wobei jede Schwingungsrichtung, die senkrecht zur Fortpflanzungsrichtung steht, möglich ist. S-Welle verursacht die schaukelnden Bewegungen während eines Erdbebens.

Registrierung der Erdbebenwellen durch Erdbebenwarten mit Hilfe hochempfindlicher selbstschreibender Seismometer. Abb. 8 zeigt vergrößerten Ausschnitt aus Erdbebenaufzeichnung eines Seismometers, welcher Seismogramm genannt

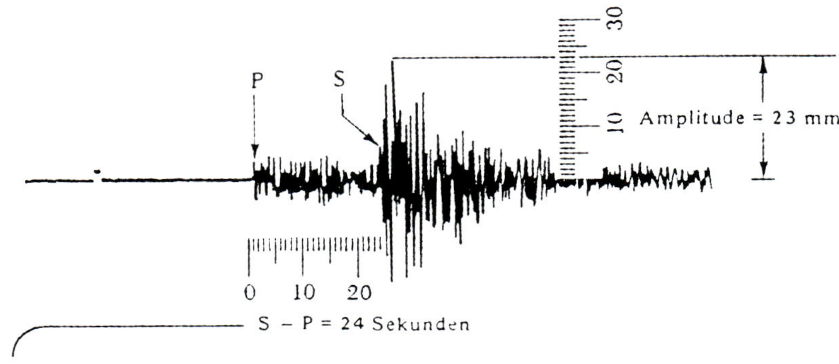

Abb. 8: Vergrößerter Ausschnitt aus einem Seismogramm

wird. Das Einsetzen der Bodenerschütterung versetzt glatte Spur des Schreibers in unregelmäßige Zickzacklinie, wobei große Auslenkungen oder Änderungen von Breite und Dichte der Ausschläge die Ankunft einer neuen Wellenart dokumentieren. Im gegenständlichen Fall trifft S-Welle 24 Sekunden nach P-Welle ein, welche etwa um den Faktor 1,7 schneller ist.

Je größer Entfernung des Seismometers vom Epizentrum, desto länger Zeitabstand zwischen Eintreffen von P- und S-Welle. Daraus wird Herdentfernung ermittelt. Aus den Aufzeichnungen mehrerer Stationen in nächstem Schritt genaue Position des Epizentrums festlegbar. Seismogramm bildet weiters Grundlage für Bestimmung der Magnitude (→ I, 3.3.2), der abgestrahlten Gesamtenergie und der Lage der Bewegungsfläche, an welcher Erdbeben entstanden ist (→ I, 3.3.7).

3.3.2 Stärke von Erdbeben

Bebenstärke je nach Ermittlung entweder als *Erdbebenintensität* oder als *Erdbebenmagnitude* ausgewiesen.

In Europa erfolgt Erhebung der Intensität mit Hilfe der von Medvedev, Sponheuer und Karnik 1964 ausgearbeiteten *MSK-Intensitätsskala*. Diese im Wesentlichen eine Aktualisierung der älteren Mercalli-Skala; unterscheidet sich nur unwesentlich von der in den USA gebräuchlichen „modified Mercalli scale“. Erste Schäden treten bei Intensitäten von V-VI auf, Wahrnehmungsgrenze liegt bei Intensitäten von I–III. Einstufung des Erdbebens erfolgt durch Fragebogenaktionen, bei denen Wahrnehmungen der Bevölkerung und Gebäudeschäden (inklusive des ursprünglichen Bauzustandes) erhoben werden. MSK-Skala bietet Vorteil, dass auch historische Beben aufgrund von Beschreibungen in ihrer Stärke eingestuft werden können.

Demgegenüber steht Festlegung der Bebenstärke auf sogenannter *Richter-Skala*, welche von C.F. Richter am Seismologischen Laboratorium in Pasadena (Kalifornien) entwickelt wurde. Erdbebenstärke wird aus Seismogrammen ermittelt, und zwar aus Maximalausschlag und Herdentfernung der Station. So berechnete Größe von C.F. Richter Magnitude benannt. Skala selbst logarithmisch aufgebaut – jede Stufe bedeutet somit Erhöhung der Energie um das 30fache – und nach oben offen. Größte Weltbeben bisher Wert von etwa 9,5 erreicht, Erdbeben bis Magnitude 4 meist nicht spürbar. Zahl der Beben wächst zu kleineren Magnituden hin außerordentlich stark an, d.h. 99 % aller Erdbeben vom Menschen nicht wahrnehmbar und ohne Auswirkungen auf Relief der Erde.

3.3.3 Entstehung von Erdbeben

Erdbeben haben fast immer tektonische Ursachen, d.h. sind Ausdruck instabiler Bruch- und Verschiebungsvorgänge in spröder Erdrinde als Folge sich anstauender Spannungen.

Sonderformen umfassen die seltenen Einsturzbeben, welche dem Zusammenbruch unterirdischer Hohlräume folgen. Sind von schwächstem Zerstörungsgrad und im Auftreten an leicht lösliche Kalk-, Salz- und Gipslager gebunden. Auch echte vulkanische Beben, verursacht z. B. durch explosiven Vulkanismus (→ I, 5.3), entweder sehr selten oder lokal begrenzt und schwach. Beben infolge nuklearer Explosionen generieren keine Love- und Rayleighwellen, sind daher in weltweit aufgezeichneten Seismogrammen leicht zu erkennen.

Scherbruchhypothese beschreibt Vorgänge im Herd vor und während eines tektonischen Bebens. Erdbeben entstehen an Grenzflächen von zwei Krustenteilen,

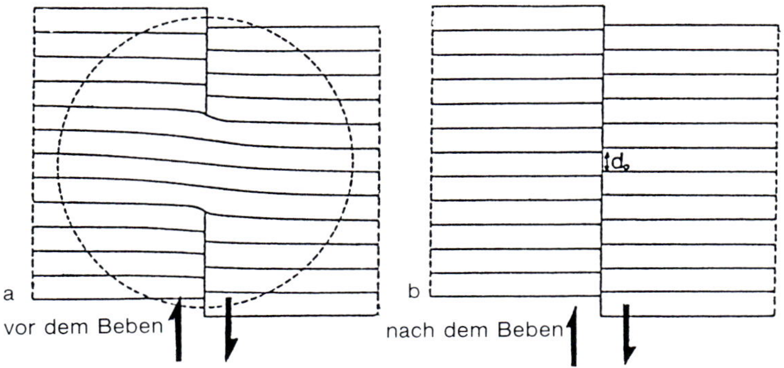

Abb. 9: Schema zur Erläuterung der Scherbruchhypothese (d_o = Versetzungsbetrag)

die unterschiedlichem Bewegungsimpuls folgen. Das ist an allen Plattengrenzen der Fall. In Abb. 9 drängt linker Block nach oben, rechter Block nach unten.

Geometrische Unebenheiten der Trennflächen, die sich ineinander verzahnen, oder verstärkte Reibung bei fehlenden Schmierschichten bis ausgeheilten Klüften lassen gegenüberliegende Flächen aneinander haften und blockieren kontinuierliche Bewegung (Mittelteil der Abb. 9 a). Folge ist, dass im umgebenden Gestein (markiert durch Kreislinie) Verformungen und starke Spannungen entstehen. Blockierte Trennfläche ist Bereich stärkster Spannungen. Hier Anwachsen von Mikrorissen zu größeren Scherklüften und fortschreitende Mylonitisierung (Zerrüttung) des Gesteins bis Widerstand so stark herabgesetzt, dass Bruch eintritt. Der Bruch ist das Erdbeben: im Moment seines Eintretens wird ein Teil der zuvor angesammelten Verformungsenergie in elastische Wellenenergie umgesetzt. Gleichzeitig schnellen die freiwerdenden Ränder der beiden Krustenblöcke in neue „entspannte" Positionen (Abb. 9 b: d_o = Versetzungsbetrag).

3.3.4 Erdbebengebiete

Erdbeben werden nach Tiefe ihres Hypozentrums eingeteilt in:

- ***Flachbeben*** bis 60 km Tiefe
- ***mitteltiefe Beben*** bis 300 km Tiefe
- ***Tiefbeben*** über 300 km Tiefe (max. um 700 km)

Mitteltiefe Beben und Tiefbeben sind seltener und in ihrem Auftreten auf Nachbarschaft von Tiefseerinnen konzentriert. Zeigen dabei auffällige Anordnung: Flache Herde unter Tiefseerinne steigen in Richtung zum Kontinent oder Inselbogen zu mitteltiefen und schließlich tiefen Positionen ab. Im Profilschnitt ergibt sich schräge, mit rund 45° Kruste und oberen Mantel durchteufende Erdbebenzone, die nach dem kalifornischen Seismologen H. Benioff benannt wurde. Zunächst nicht deutbar, bildete Phänomen der *Benioff*-Zone schließlich „Eckstein" bei der ersten Formulierung der plattentektonischen Hypothese (→ I, 4.2.1). Im Lichte dieser durch die Relativbewegungen zwischen Oberplatte und abtauchender Unterplatte erklärt.

Globale Verbreitung der Erdbebengebiete ebenfalls im Kontext der Plattentektonik zu sehen. Bebenherde konzentrieren sich auf Scharnierzonen zwischen den Platten; trägt man sie in Weltkarten ein, so treten Plattengrenzen auffällig hervor (Abb. 10). Rund 80 % der seismischen Energie werden in zirkumpazifischer Umrandungszone freigesetzt, d.h. im Bereich der pazifischen und indonesischen Inselbögen, der Anden und der großen Scherzonen von Kalifornien und Alaska. Etwa 15 % der Energie entfallen auf alpidisch-himalajischen Gebirgsgürtel, welcher vom Mittelmeer über Anatolien, Iran, Himalaja bis nach Indonesien zieht und nach China ausstrahlt. Weitere 3–5 % in Erdbebenherden ausgelöst, die sich wie Perlenschnüre längs der mittelozeanischen Rücken aufreihen.

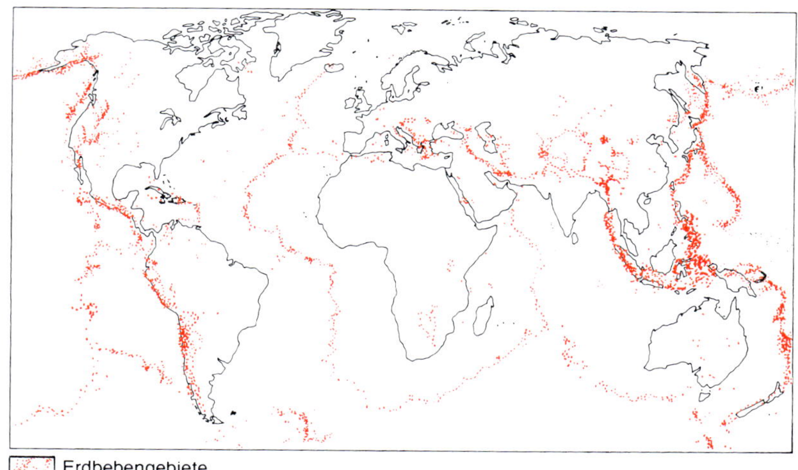

Abb. 10: Die Erdbebengebiete der Erde

3.3.5 Auswirkungen von Erdbeben

Eintritt einer **Erdbebenkatastrophe** nicht nur an Energie des Bebens gebunden, sondern zugleich an Bevölkerungsdichte des betroffenen Gebietes. Von großen Weltbeben in unbesiedelten Regionen nimmt Öffentlichkeit kaum Notiz.

> **Beispiel:** Liste der katastrophalsten Beben der Geschichte angeführt von zwei Erdbeben in China aus den Jahren 1556 (erste Stelle) und 1976 (zweite Stelle). Am 28. Juli 1976 Millionenstadt Tangshan buchstäblich dem Erdboden gleichgemacht. Zahl der Todesopfer betrug 750.000, die Magnitude des Katastrophenbebens 8,2. Dagegen wies Alaska-Beben vom 27. März 1964 Magnitude von 8,3–8,6 auf. Da große Teile des Schüttergebietes unbesiedelt, nur 114 Menschenleben zu beklagen.

Ausmaß der Gebäudeschäden auch von Art des Untergrundes abhängig. Lockersedimente verstärken Erschütterungen: sandig-schluffiges Material kann regelrecht verflüssigt werden; setzungsempfindliche Tone werden unregelmäßig zusammengerüttelt.

> **Beispiel:** Bei häufigen Erdbeben in Valparaiso (Chile) zeigte sich, dass auf Schwemmland gelegene Unterstadt regelmäßig stärkere Zerstörungen erlitt als auf halbkreisförmiger Gebirgsumrahmung gelegene Stadtteile, deren Häuser meist unbeschädigt blieben.

Zu den Folgeerscheinungen schwerer Beben gehören: a) Bergstürze und Rutschungen, b) vertikale und horizontale Massenversetzungen an Verwerfungslinien und c) Erdbebenflutwellen, sogenannte Tsunamis.

Rutschungen verbreitetste Begleiterscheinung. Im Schüttergebiet des Erdbebens von Friaul (1976) mehr als 1000 Rutschungen kartiert. Auslösung von großen Bergstürzen der Vergangenheit (wie etwa Dobratsch-Bergsturz bei Villach durch Beben des Jahres 1348) nur in seltenen Fällen nachweisbar. Jedoch viele gut dokumentierte Beispiele der Gegenwart.

Während Erdbebens in Montana (USA), August 1959, stürzte linke Talflanke der Madison River-Schlucht ein. 50 Mill. t Fels- und Gesteinsschutt erfüllten Talboden bis zum gegenüberliegenden Hang. Bergsturzmassen bildeten 1200 m lange, 50–150 m hohe Barre, hinter der sich innerhalb einer Woche 370 Mill. m³ Wasser des Madison River zu 27 m tiefem See aufstauten. Eine Ausbruchskatastrophe konnte durch Öffnung des Bergsturzdammes gebannt werden.

Massenversetzungen an seismisch hoch aktiver Plattengrenze zwischen nordamerikanischer und pazifischer Platte prägen Erscheinungsbild der 600 km langen St. Andreas Verwerfung in Kalifornien. Ist schnurgerades, durch Geländestufen und langgestreckte Seen im Landschaftsbild deutlich hervortretendes Lineament. Spontane Horizontalversetzung betrug beim San-Francisco-Beben (1906, Magnitude 8,3) 7 m, betraf Abschnitt von 400 km Länge.

Stärkste, je beobachtete Verstellungen der Erdoberfläche bei Alaska-Beben, 1964. Großräumige Boden-Anhebungen und -Absenkungen betrafen ein Gebiet von insgesamt 500 000 km². Boden im Hafen von Seward fiel um 100–110 m ab, während sich innerhalb des Stadtgebietes von Anchorage 3–15 m hohe Verwerfungen und 10 m tiefe Erdspalten bildeten.

Tsunamis werden durch Seebeben ausgelöst. Als Folge der Erschütterung des Wasserkörpers entstehen lange Wasserwellen, die sich mit hoher Geschwindigkeit ausbreiten. Werden bei Erreichen der Küste durch verringerte Wassertiefe abgebremst, Wellenabstand verkürzt sich, dafür baut sich Höhe auf. Gehen als Brecher oder Wasserwand auf Küste nieder, wobei Stirnhöhen von 5–20 m auftreten können. Besonders heimgesucht sind pazifische Küstengebiete. Vor allem in Japan sind manche Tsunamis zerstörerischer als Erdbeben selbst. Zahl der Todesopfer im pazifischen Raum durch Internationalen Tsunami Warndienst (Zentrale auf Hawaii) gering, Sachschäden und lokale Veränderungen des Küstenreliefs jedoch enorm.

Einer der spektakulärsten Tsunamis entstand beim Sumatra-Andamanen-Beben am 26. Dezember 2004. Das Beben hatte eine Magnitude von 9,1 im Epizentrum rund 85 km vor der Küste NW-Sumatras. Schäden durch Tsunami in Küstenregionen des Golf von Bengalen, der Andamensee, Südasiens und Teilen Ostafrikas. Durch den Tsunami und seine Folgen, kamen etwa 230 000 Menschen ums Leben; 1,7 Mill. Küstenbewohner wurden obdachlos. Im Nachhinein viel Kritik am fehlenden

Tsunami-Frühwarnsystem. Seit 2005 Kooperation Deutschlands mit Indonesien – GITEWS (German Indonesian Tsunami Early Warning System) – Betrieb seit 11. November 2008.

3.3.6 Erdbebenvorhersage

Chinesische Seismologie macht 15 erfolgreiche Vorhersagen geltend. Dabei starke Stützung auf abnormales Tierverhalten, da Tiere vermutlich feine Abänderungen in physikalischen Eigenschaften des Untergrundes spüren.

Amerikanische Seismologie baut auf Beobachtung und Messung von Vorläuferphänomenen, die an Spannungsaufbau und Auflockerung des Gesteinsgefüges gebunden sind. Dazu gehören z. B. Veränderungen des Grundwasserstandes, Änderungen der elektrischen Leitfähigkeit des Gesteins, Erhöhung der Radonemission, Geländeverstellungen im mm-Bereich, schwache Vorbeben. Problem: Jedes Beben hat andere charakteristische Vorläufer.

Heute gewisse Ernüchterung bezüglich der Möglichkeit, Zeit, Ort und Stärke eines Erdbebens in naher Zukunft vorhersagen zu können. Einfacher ist Bestimmung von sicheren Erdbebenkandidaten entlang der Plattengrenzen. Sind gekennzeichnet durch sogenannte Seismische Lücken, d.h. wiesen längere Zeit keine (größeren) Beben auf.

3.3.7 Erkundung der Tiefe durch seismische Wellen

Seismologie bedeutendstes Instrument der Geophysik zur Erhellung endogener Vorgänge und Tiefenstruktur der Erde.

Seismogramm-Auswertung mit ***Methode*** der ***Herdflächenlösung*** gibt Auskunft über genaue Lage der Bewegungsfläche (Plattengrenze) und über Bewegungsrichtung der beiden Krustenblöcke (Platten). Ankunft der P-Welle an Erdoberfläche entweder als Stoß oder Zug wahrgenommen (→ I, 3.3.1). Seismologe spricht von kompressiver (Stoß) oder dilatativer (Zug) Bewegung des Ersteinsatzes; entsprechend beginnt Erdbebenspur im Seismogramm entweder mit Ausschlag nach oben oder mit Ausschlag nach unten. Markiert man Art des Ersteinsatzes für möglichst viele Punkte (Beobachtungsstationen) im Umkreis des Epizentrums, so entsteht regelmäßiges Muster aus vier Quadranten mit abwechselnd kompressivem oder dilatativem Ersteinsatz der P-Welle (Abb. 11). Eine der beiden Abgrenzungslinien in diesem Muster markiert Lage der Bruchfläche.

Doppeldeutigkeit des Resultats meist mit zusätzlichen geologischen Informationen auflösbar. Bewegung der an Bruchfläche versetzten Blöcke erfolgte in Richtung zum Quadranten mit kompressivem Ersteinsatz.

Lehre vom Schalenbau der Erde aus seismischen Daten abgeleitet. Informationen über Struktur des Erdinneren beruhen auf folgenden Eigenschaften der Erdbebenwellen:

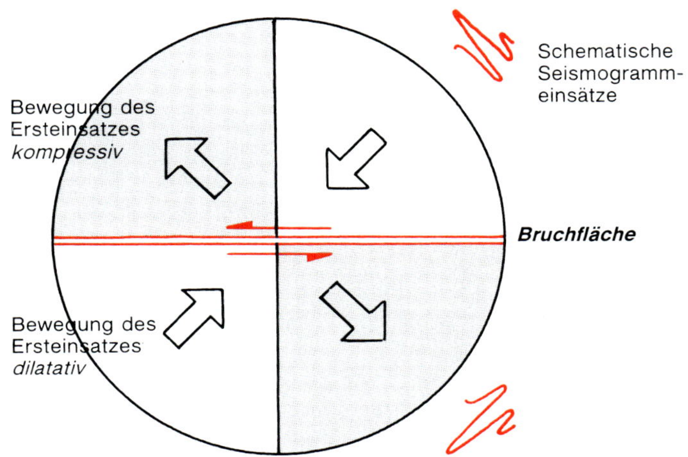

Abb. 11: Schema zur Erläuterung der Methode der Herdflächenlösung

- Seismische Raumwellen mit Lichtwellen vergleichbar. Genau wie Lichtwellen von Spiegel reflektiert oder beim Durchgang von Luft in Wasser gebeugt werden, erfahren seismische Wellen an Grenze zwischen zwei unterschiedlichen Substanzen Refraktion (Beugung) oder Reflexion.
- Ausbreitungsgeschwindigkeit der Raumwellen abhängig von Dichte, Temperatur und elastischen Eigenschaften des Gesteins. Abrupte Änderung der Wellengeschwindigkeit – seismische Diskontinuität genannt – zeigt somit Beginn eines andersartigen Mediums an.
- S-Wellen können sich in Flüssigkeiten nicht fortpflanzen.

Interpretation der Wellenwege und -geschwindigkeiten im Erdinneren eigenes Forschungsgebiet. Als einfacheres Beispiel Grundzüge der Ableitung der Kern/Mantel-Grenze in Abb. 12 demonstriert. Zeichnung zeigt Weg der P-und S-Wellen vom Bebenherd durch den Erdkörper. Seismische Beobachtungsstationen im sogenannten *Kernschatten* empfangen keine P-Wellen. Kann nur so erklärt werden, dass P-Welle im Erdinneren an einer Grenzfläche (= Kern/Mantel Grenze) gebeugt, d.h. zur Tiefe hin abgelenkt und ihr Weg zur Erdoberfläche unterbrochen wurde. Aus Abb. 12 ist auch ersichtlich, dass große Bereiche der dem Bebenherd gegenüberliegenden Erdhalbkugel keine S-Wellen empfangen. Diese können Erdkern offensichtlich nicht durchdringen. Daraus zu schließen, dass äußerer Erdkern flüssig ist.

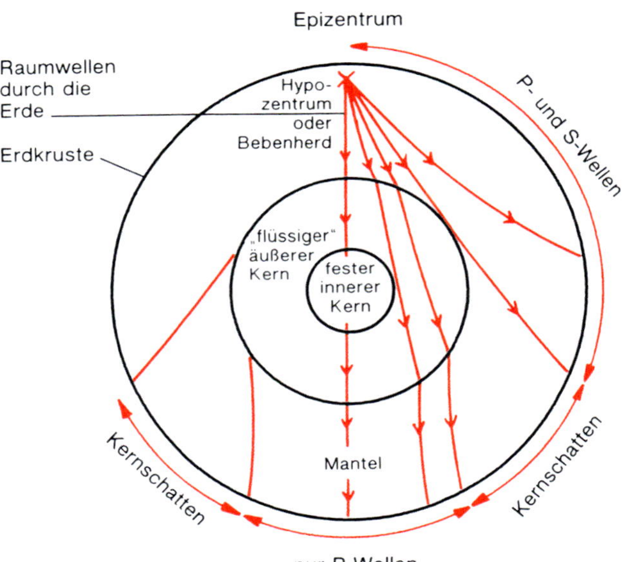

Abb. 12: Der Weg seismischer Wellen durch das Erdinnere

Besonders wichtige Information liefert Tiefenverlauf der seismischen Wellengeschwindigkeit (Abb. 18). Dieser wird aus Wegzeiten der Wellen zu den Stationen rund um die Erde errechnet.

Modernste Untersuchungstechnik ist die ***seismische Tomographie***. Mit Daten von unzähligen seismischen Wellen, welche Erdkörper von allen Seiten durchdringen, wird Schnittbild des Erdkörpers konstruiert. Computer staffeln diese Schnittbilder hintereinander und bauen ein dreidimensionales Bild auf. Analyse der Mantelkonvektion (→ I, 4.2.4 und 5.1.2) dadurch entscheidend erleichtert.

3.4 Das Magnetfeld der Erde

3.4.1 Eigenschaften des Magnetfeldes der Erde

In erster Annäherung ist erdmagnetisches Feld ein Dipolfeld (Abb. 13). Es kann dargestellt werden, indem man sich einen Stabmagneten im Zentrum der Erde denkt. Dabei zu beachten, dass geomagnetischer Pol, welcher sich heute in Nord-

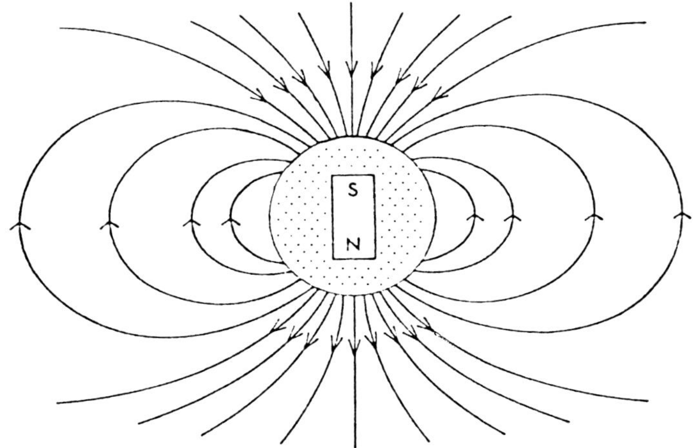

Abb. 13: Das Feld eines magnetischen Dipols

hemisphäre befindet in Wirklichkeit ein Südpol ist, da er die Nordpole von Magneten wie zum Beispiel der Kompassnadel, anzieht. Gegenwärtig ist Längsachse dieses fiktiven Stabmagneten in einem Winkel von 11,5 Grad zur Rotationsachse der Erde gekippt und die beiden magnetischen Pole befinden sich in den Positionen 79° N, 71° W und 79° S, 109° O. Über geologische Zeiträume gemittelt, fällt jedoch Lage der geomagnetischen Pole mit jener der geographischen zusammen.

Um erdmagnetisches Feld an einem bestimmten Punkt der Erde zu bestimmen muss seine Intensität und Richtung definiert werden. Die Intensität (B) des magnetischen Feldes wird für Erdfeld in der Maßgröße NanoTesla (nT)[41] ausgedrückt. Abb. 14 zeigt die **Elemente des magnetischen Erdfeldes** für einen bestimmten Punkt P an Erdoberfläche. Totalintensität B kann in ihre Horizontalkomponente (H) und Vertikalkomponente (Z) zerlegt werden. Auskunft über Richtung geben die Winkelmaße der Inklination (I) und Deklination (D). I geht aus Abb. 14 hervor; D ist der Winkel zwischen der Horizontalkomponente von B und der Richtung zum geographischen Nordpol.

Erdmagnetisches Feld weder in Stärke noch Richtung konstant, unterliegt räumlichen und zeitlichen Schwankungen. Aus erdgeschichtlicher Vergangenheit sogar Umpolungen bekannt: früherer magnetischer Südpol wurde zum Nordpol und umgekehrt. Prozess der *Feldumkehr* mit Abbau, Umpolung und Wiederaufbau des Dipolfeldes dauert dabei etwa 10 000 Jahre. Erzeugt wird Magnetfeld

[41] 1 nT ist ein Milliardstel Tesla, 1 Tesla ist eine Voltsekunde pro m^2

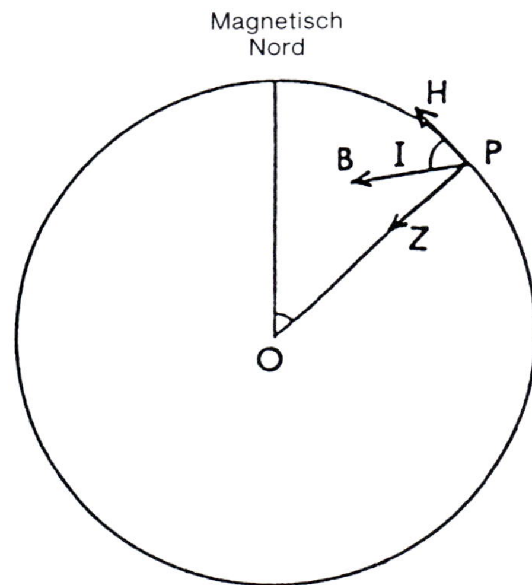

Abb. 14: Die Elemente des magnetischen Erdfeldes

der Erde durch Konvektionsströmungen im flüssigen, elektrisch gut leitenden, äußeren Erdkern.

3.4.2 Gesteinsmagnetismus

Gesteine, die Minerale wie Magnetit oder Titano-Magnetit enthalten, werden in einem Magnetfeld magnetisiert. Gesamtmagnetisierung eines Gesteines setzt sich zusammen aus induzierter Magnetisierung und remanenter Magnetisierung. Induzierte Magnetisierung ist derjenige Anteil, welcher momentan durch das am Ort des Gesteins herrschende erdmagnetische Feld erzeugt wird, ist nur solange vorhanden wie erzeugendes Feld wirkt. Remanente Magnetisierung dagegen unabhängig vom momentanen Feld; stammt aus der geologischen Vergangenheit und verschwindet auch im feldfreien Raum nicht.

Reinigt man Gesteinsproben von ihrer induzierten Magnetisierung so gibt die remanente Magnetisierung Auskunft über Richtung und Stärke des erdmagnetischen Feldes zu ihrer Entstehungszeit.

Vulkanische Gesteine nehmen eine sehr starke remanente Magnetisierung während ihrer Abkühlung an. Bei hohen Temperaturen magnetisierbare Minerale zunächst unmagnetisch. Fällt Temperatur unter sogenannte Curie-Temperatur (im Falle des Magnetit z. B. 580 °C) so werden Minerale nach Orientierung des herrschenden Erdmagnetfeldes magnetisiert. Unterhalb der Blockungstemperatur, welche einige Zehner von Graden unter Curie-Temperatur liegt, wird diese Magnetisierung praktisch eingefroren und erweist sich als äußerst stabil. Remanente Magnetisierung der vulkanischen Gesteine des Ozeanbodens produziert ein lokales Magnetfeld, dessen Intensität etwa 1 % des erdmagnetischen Feldes ausmacht. Auch Sedimentgesteine können während ihrer Ablagerung oder durch chemische Prozesse eine schwache remanente Magnetisierung erwerben.

3.4.3 Paläomagnetismus

Seit 1960 magnetische Vermessungen der Ozeane durchgeführt. Es zeigte sich ein erstaunliches Muster aus abwechselnden Streifen erhöhter und erniedrigter Werte der Feldintensität (Abb. 15). 1963 deuteten F.J. Vine und D.H. Matthews dieses Streifenmuster der Ozeanböden als Ausdruck wiederholter Polumkehrungen des erdmagnetischen Feldes in geologischer Vergangenheit: Heutiges Erdfeld wird vom Eigenfeld der remanent magnetisierten Ozeanbodengesteine überlagert. Wo diese bei ihrer Entstehung gleichsinnig zum heutigen Erdfeld magnetisiert wurden, ergeben sich erhöhte Werte, wo sie entgegengesetzt magnetisiert wurden, entstehen erniedrigte Werte.

Ergebnisse magnetischer Vermessungen werden als sogenannte ***magnetische Anomalien*** dargestellt. Die magnetische Anomalie erhält man, wenn man vom tatsächlichen Messwert den regionalen Wert für das erdmagnetische Feld abzieht.

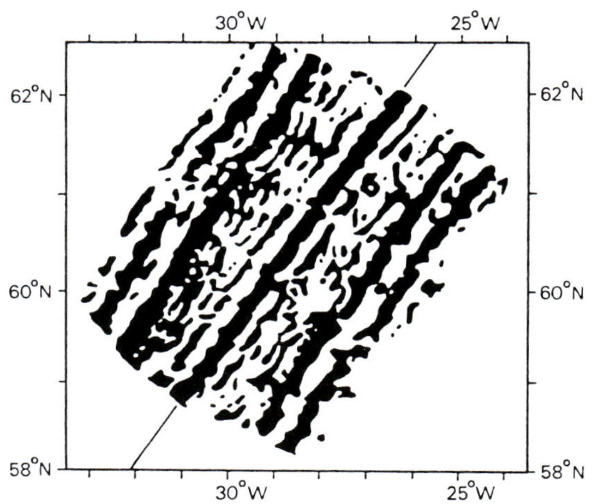

Abb. 15: Magnetische Anomalien am Reykjanes Rücken im Nordatlantik

Für alle ozeanischen Gebiete ergibt sich dabei ein Streifenmuster aus positiven und negativen Anomalien (Abb. 15).

F.J. Vines und D.H. Matthews Erklärung war von viel weitreichenderer Bedeutung. Lieferte zugleich einen Beweis für Existenz der Ozeanbodenspreizung (→ I, 4.2.1). Da Streifen symmetrisch beiderseits der mittelozeanischen Rücken angeordnet sind, muss an diesen ständig neues Magma produziert worden sein, welches während Abkühlung magnetische Richtung des Erdfeldes aufgeprägt bekam und dann von neuer Magmazufuhr seitlich abgedrängt wurde.

Außerdem liefern F.J. Vines und D.H. Matthews eine Erklärungsmöglichkeit, um die Plattenbewegungen der Vergangenheit zu entschlüsseln. Streifenbreite ist abhängig von Geschwindigkeit, mit welcher neuer Ozeanboden am mittelozeanischen Rücken produziert und seitlich abgedrängt wird, sowie von Zeitdauer zwischen zwei Polumkehrungen. Ist einer der beiden Faktoren bekannt, so kann Geschwindigkeit der Plattenbewegung ermittelt werden.

Bei Gesteinsproben von Festländern und Inseln ist es leicht, neben Intensität auch Deklination und Inklination der remanenten Magnetisierung zu messen. Damit kann frühere Lage des magnetischen Nord- und Südpoles errechnet werden. Ergebnis zeigt eine normale (so wie heute) oder inverse (umgekehrte) Lage des früheren Magnetfeldes an. Datierung solcher Proben führte zur Erstellung der ***paläomagnetischen Zeitskala*** (Abb. 16). Relativ lange, stabile Zeiträume wechselten mit solchen häufiger Umkehr. Längere Zeitspannen überwiegend einheitlicher Polarität werden als Epochen bezeichnet, kurzlebige Umpolungen als Events (Ereignisse, Unterbrechungen).

Abb. 16 umfasst nur oberstes, für geomorphologische Zwecke interessantes Ende der heute bekannten paläomagnetischen Zeitskala. Jüngste Epochen nach bedeutenden Wissenschaftlern auf Gebiet des Erdmagnetismus benannt; ältere Epochen nur nummeriert. W. Gilbert, ein englischer Arzt des 16. Jahrhunderts, verglich zum ersten Mal erdmagnetisches Feld mit einem Dipolfeld. K.F. Gauss war ein deutscher Mathematiker des 19. Jahrhunderts. B. Brunhes erkannte 1906 Realität der erdgeschichtlichen Polumkehrungen und M. Matuyama versuchte diese 1929 als erster zu datieren.

Wenn paläomagnetische Polpositionen von unterschiedlich alten Gesteinsproben ein und desselben Kontinents bekannt sind, können sie in Karten eingetragen und miteinander verbunden werden: Das Ergebnis heißt scheinbare Polwanderungskurve. Abb. 17 zeigt Polwanderungskurven von Europa (Quadrate) und Nordamerika (Punkte) von 550 Mill. bis 100 Mill. Jahren vor heute. Logischerweise kann aber zu einem bestimmten Zeitpunkt für beide Kontinente nur eine einzige Pollage existiert haben. Dreht man nun die zwei Kontinente aufeinander zu, so decken sich die beiden Kurven in etwa. Daraus zu schließen, dass sich Kontinente in ihrer relativen Lage zueinander im Laufe der Zeit verändert haben. Paläomagnetismus liefert somit über die scheinbaren Polwanderungskurven einen weiteren Beweis für Existenz der Plattendrift.

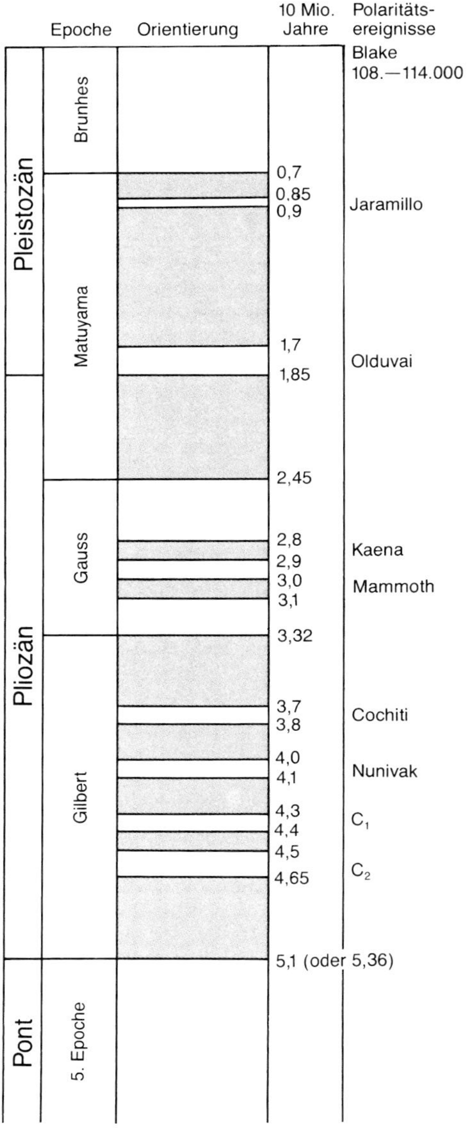

	Epoche	Orientierung	10 Mio. Jahre	Polaritätsereignisse
Pleistozän	Brunhes			Blake 108.—114.000
	Matuyama		0,7	
			0,85	Jaramillo
			0,9	
			1,7	Olduvai
Pliozän			1,85	
			2,45	
	Gauss		2,8	Kaena
			2,9	
			3,0	Mammoth
			3,1	
	Gilbert		3,32	
			3,7	Cochiti
			3,8	
			4,0	Nunivak
			4,1	
			4,3	C_1
			4,4	
			4,5	C_2
			4,65	
			5,1 (oder 5,36)	
Pont	5. Epoche			

Abb. 16: Paläomagnetische Zeitskala

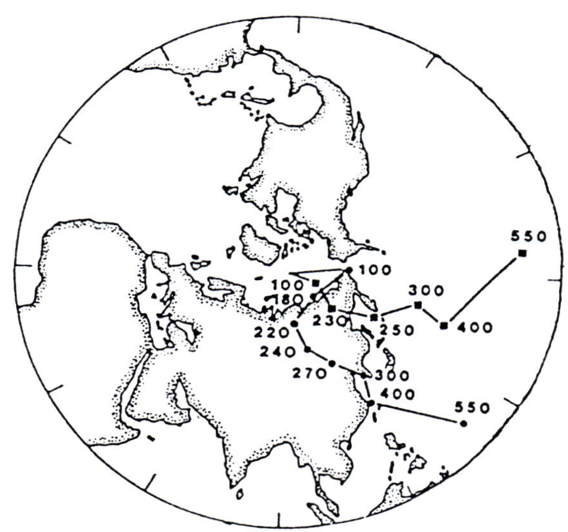

Abb. 17: Scheinbare Polwanderungskurven für Europa und Nordamerika

3.5 Der Aufbau der Erde

Alter der Erde durch radiometrische Bestimmungen auf 4,7 Mrd. Jahre berechnet. Erde hat einen Radius von 6370 km und ist schalenförmig aufgebaut. Grenzflächen zwischen den Schalen aus seismischen Daten abgeleitet (→ I, 3.3.7); Dichteverteilung in der Tiefe ergibt sich aus Zusammenschau von Schwerewerten und seismischen Wellengeschwindigkeiten.

Grobeinteilung in Erdkruste, Erdmantel und Erdkern.

Erdkruste: Grundsätzlich muss zwischen kontinentaler und ozeanischer Kruste unterschieden werden

Tabelle 4. Merkmale kontinentaler und ozeanischer Kruste.

	Kontinentale Kruste	Ozeanische Kruste
Anteil am Krustenvolumen, %	79	21
Anteil an der Krustenfläche, %	41	59

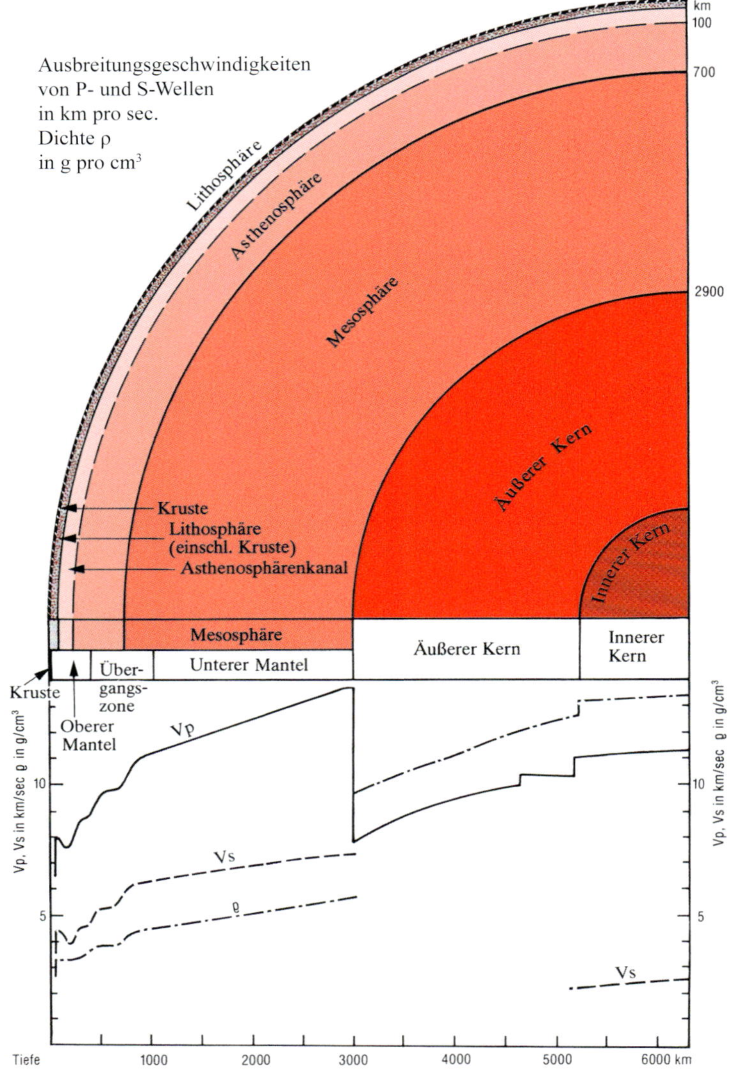

Abb. 18: Der Aufbau der Erde

mittlere Mächtigkeit in km	40	6
min. und max. Mächtigkeit in km	10–80	0–9
Dichte in g/cm³	2,7–2,8	3,0–3,1
hauptsächliche Gesteinsarten	Plutonite, Metamorphite, Sedimentgestein	Vulkanite
höchstes Alter in Mio. Jahren	3750	200

Ozeanische Kruste befindet sich in einem Kreislauf der Wiederaufarbeitung. Sie wird – abgesehen von den Teilen, die in kontinentale Kruste eingebaut werden (*Ophiolithe*) – wieder in den Mantel zurückgeführt. Inwieweit die leichtere kontinentale Kruste rückführbar ist, ist noch ungeklärt.

Aufgrund ihrer überwiegend granitischen Zusammensetzung und der vorherrschenden Elemente **Si**licium und **Al**uminium wird kontinentale Kruste schon seit Beginn des vorigen Jahrhunderts als **Sial**, ozeanische Kruste wegen basaltischer Zusammensetzung als **Sima** (**Si**licium, **Ma**gnesium) bezeichnet. Vorstellung, dass kontinentale Sial-Schicht auf Sima lagert, kann heute nicht mehr aufrechterhalten werden.

Durch Bohrungen wurde Kruste noch an keiner Stelle durchdrungen. Tiefste Bohrungen: Russland, Halbinsel Kola, über 12 km; USA, 9680 m. Europäische Tiefbohrungen : 8066 m (BRD), 7544 m (Wiener Becken), 7100 m (Poebene bei Mailand).

Erdmantel durch die nach kroatischem Geophysiker MOHOROVIČIĆ (1857–1936) benannte Moho-Diskontinuität von Erdkruste getrennt. An dieser Grenzfläche sprunghafter Anstieg der P-Wellen Geschwindigkeit von etwa 6,5 auf 8,2 km/sec, zu interpretieren als Zunahme der Gesteinsdichte auf etwa 3,3 g/cm³. Oberer Mantel reicht bis 400 km Tiefe und besteht aus ultrabasischen Gesteinen, vermutlich Peridotit. Oberer und Unterer Mantel durch eine Übergangszone getrennt, in welcher Wellengeschwindigkeit zweimal stark ansteigt, nämlich in 400 km und in 660 km Tiefe. Mantelmaterie ist fest, verhält sich jedoch säkular[42] (in geologischen Zeiträumen) plastisch. Sie unterliegt fortwährender Durchmischung durch Konvektionsströmungen (→ I, 4.2.4).

Erdkern beginnt in 2900 km Tiefe an Wiechert-Diskontinuität. Diese prominenteste Grenzfläche im Erdinneren durch abrupten Rückgang der P-Wellen Geschwindigkeit von 13 auf 8 km/sec gekennzeichnet. Von weitreichenden geophysikalischen Konsequenzen ist gleichzeitiges Aussetzen der S-Wellen: zeigt flüssigen Zustand des Äußeren Kerns an. Erst Innerer Kern ab 5100 km Tiefe ist wieder fest. Erdkern besteht überwiegend, aber nicht wie früher angenommen, ausschließlich („Nifekern"[43]) aus Eisen und Nickel. Etwa 15 % leichtere Ele-

[42] lat. saeculum = Zeitalter, langer Zeitraum

[43] „Ni" für Nickel, „fe" für lat. ferrum = Eisen

mente wie Wasserstoff, Schwefel, Sauerstoff oder Silicium beigemengt. Dichte steigt von 9,5 g/cm³ im Äußeren auf 13 g/cm³ im Inneren Kern.

Im Hinblick auf die dynamischen Bewegungsvorgänge in der Erdrinde (→ I, 4.2) ist eine andere, die Kruste/Mantel-Grenze überschneidende Gliederung wichtig, welche von Schichten gleichen mechanischen Verhaltens ausgeht. Dabei werden Lithosphäre[44], Asthenosphäre[45] und Mesosphäre[46] (→ Abb. 18) unterschieden.

Lithosphäre umfasst Erdkruste und einen Teil des oberen Erdmantels; verhält sich gegenüber deformierenden Kräften relativ steif, d.h. besitzt hohe Viskosität. Ist als ozeanische Lithosphäre etwa 80 km mächtig, erreicht aber unter Kontinenten größere Tiefen, gelegentlich sogar weit über 100 km.

Asthenosphäre folgt Lithosphäre. Asthenosphären-Einsatz im oberen Mantel äußert sich geophysikalisch durch eine Abnahme in Geschwindigkeit seismischer Wellen (→ Abb. 18). Zone niedriger Wellengeschwindigkeit etwa 50–100 km mächtig, nach ihrem Entdecker „Gutenberg Zone" (synonyme Bezeichnungen: Gutenbergkanal, Asthenosphärenkanal, low velocity zone) genannt und verursacht durch erhöhte Temperaturen. In geringen Mengen (1–5 %) wird sogar aufgeschmolzenes Mantelmaterial vermutet, daher insgesamt als Zone geringer Festigkeit, d.h. niedriger Viskosität zu interpretieren. Ist somit jene quasi flüssige Schicht, auf der Lithosphärenplatten driften. Asthenosphären-Untergrenze nicht einheitlich festgelegt, von vielen Autoren Asthenosphäre auf Gutenberg Zone beschränkt (im Gegensatz zur Darstellung in Abb. 18).

Mesosphäre umfasst restlichen Teil des Mantels und zeigt wieder erhöhte Viskosität.

Literatur

Anderson, D.L. u. Dziewonski, A.M., 1984: Seismic tomography. Sci. Am. 251, 4, 60–68.

Angenheister, G.U. u. Soffel, H., 1972: Gesteinsmagnetismus und Paläomagnetismus. Berlin.

Berckhemer, H., 1990: Grundlagen der Geophysik. Darmstadt : Wissenschaftliche Buchgesellschaft.

Bolt, B.A., 1984: Erdbeben. Wien.

Brinkmann, R., 1980: Abriss der Geologie. Bd. I: Allgemeine Geologie. 12. Aufl., neubearb. v. Zeil, W., Stuttgart.

Drimmel, J., 1980: Rezente Seismizität und Seismotektonik des Ostalpenraumes. In: Der Geologische Aufbau Österreichs. Hrsg. v. d. Geolog. Bundesanstalt Österr., Wien, 507–527.

Eisbacher, H.G., 1991: Einführung in die Tektonik. Stuttgart.

Fowler, C.M.R., 2005: The solid earth. An introduction to global geophysics. Cambridge Univ. Press.

[44] griech. Líthos = Stein; sphaíra = Kugel

[45] griech. asthenés = kraftlos, schwach

[46] griech. mésos = mitten

GUBBINS, D., 1989: Seismology and plate tectonics. Cambridge Univ. Press.

HURTIG, E. u. STILLER, H., 1984 (Hrsg.): Erdbeben und Erdbebengefährdung. Berlin.

LEYDECKER, G., 1986: Erdbebenkatalog für die Bundesrepublik Deutschland mit Randgebieten für die Jahre 1000–1981. Geol. Jb., E 36, 3–87.

LOCKRIDGE, P., 1985: Tsunamis-Scourge of the Pacific. Earthquake Inform. Bull. 17, 211–217.

PARARAS-CARAYANNIS, G., 1986: The Pacific Tsunami Warning System. Earthquakes & Volcanoes 18, 122–130.

RICHTER, D., 1992: Allgemeine Geologie. 4. verbess. u. erweit. Aufl., Berlin, New York

SCHICK, R. u. SCHNEIDER, G., 1973: Physik des Erdkörpers. Stuttgart.

SCHNEIDER, G., 1992: Erdbebengefährdung. Darmstadt : Wissenschaftliche Buchgesellschaft.

SCHOLZ, Ch. H., 1990: The Mechanics of Earthquakes and Faulting. Cambridge Univ. Press.

STROBACH, K., 1991: Unser Planet Erde. Ursprung und Dynamik. Berlin, Stuttgart.

SUMMERFIELD, M.A., 1991: Global Geomorphology. An introduction to the study of landforms. Longman Scientific & Technical.

VINE, F.J. u. MATTHEWS, D.H., 1963: Magnetic anomalies over oceanic ridges. Nature 199, 947–949.

Zeitschriften

Bulletin of the Seismological Society of America

Bulletin of the Earthquake Research Institute Tokyo University

The Earthquake Information Bulletin

4 Die größten Formenanlagen der Erdoberfläche

4.1 Einleitung: Merkmale des Erdreliefs

Gesamte Erdoberfläche misst:		510 Mill. km²
Davon entfallen[47]:	auf Festlandmassen	149 Mill. km² (29 %)
	auf Welt- und Nebenmeere	361 Mill. km² (71 %)

Gletscher und polare Inlandeisgebiete (Kryosphäre[48]) bedecken mit fast 15 Mill. km² nur 3 % der Erdoberfläche.

In **horizontaler Gliederung** der Erdoberfläche ausgeprägte Asymmetrie: Kontinente vorwiegend auf Nordhalbkugel um Nordpol gruppiert. Auf nördlicher Hemisphäre 39 % Land und 61 % Wasser, auf südlicher nur 19 % Land und 81 % Wasser. Erdteile nach S dreieckig auskeilend, Breitseite nach N weisend. Von großen Ozeanen wie Pazifik, Atlantik und Indik dringen Nebenmeere zwischen die Kontinentalblöcke. Werden in *Mittelmeere*, welche die Kontinentalblöcke in Erdteile gliedern, und in *Randmeere* eingeteilt.

Vertikale Gliederung des Erdreliefs in „*Hypsometrischer Kurve der Erde*" (Abb. 19) graphisch dargestellt. Ist Summenkurve, welche angibt, wie viel Prozent der Oberfläche auf die jeweiligen Höhen- und Tiefenstufen entfallen. Es ergeben sich:

8 %	(40 Mill. km²)	auf Hochregion über 1000 m,
26,5 %	(137 Mill km²)	auf Kontinentalplattform zwischen +1000 und –200 m,
14 %	(70 Mill. km²)	auf Stufe –200 bis –3000 m; umfasst Kontinentalabhang und Ozeanische Rücken,
51 %	(260 Mill. km²)	auf Tiefseebecken in –3000 bis –6000 m
0,5 %	(3 Mill. km²)	auf Tiefseerinnen unter –6000 m.

Hypsometrische Kurve gibt zu erkennen, dass Kontinentalplattform in –200 bis +1000 m Höhe und Tiefseebecken in –3000 bis –6000 m mit Anteilen von 26,5 bzw. 51 % vertikale Großgliederung der Erdoberfläche bestimmen.

Zweiteilung des Gesamtreliefs in ein höheres und in ein tieferes Niveau ist Besonderheit des Planeten Erde. Sonst nur ansatzweise bei Venus erkennbar, deren Oberfläche überwiegend aus wellenförmigen Ebenen besteht, in welche konti-

[47] abgerundet

[48] griech. kryos = Kälte

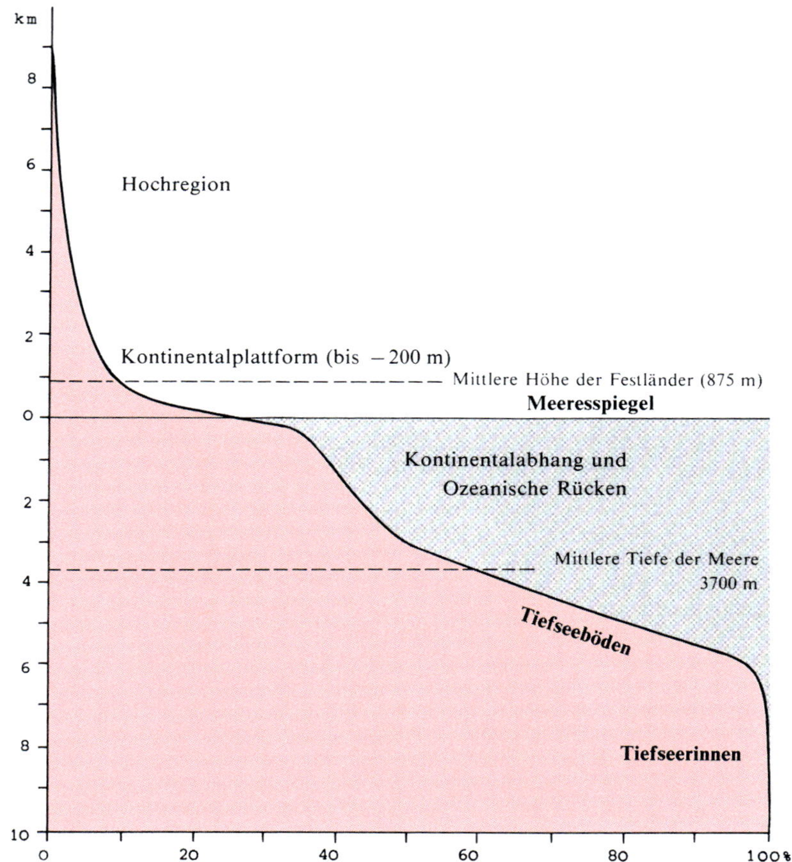

Abb. 19: Schematisierte hypsometrische Kurve der Erde

nentähnliche, höher gelegene Areale der Größe Australiens eingemengt scheinen. Dagegen zeigen Merkur und Mars völlig anderes Bild; z. B. ist Topographie des Mars durch alte Einschlagbecken sowie große vulkanische Dome und Kegelberge bestimmt. Ursache für Zweiteilung des Erdreliefs liegt im Vorhandensein zweier unterschiedlicher Krustentypen und im Prinzip der Isostasie. Dicke, spezifisch leichte kontinentale Krustenpartien schwimmen auf säkular flüssigem

Mantel höher auf als die dünne, spezifisch schwere ozeanische Kruste samt ihrer Wasserbedeckung (→ I, 3.2.5).

Neben dieser grundsätzlichen Zweiteilung des Erdreliefs bringt **Hypsometrische Kurve** (Abb. 19) fast alle wichtigen Größtformen der Erdoberfläche zum Ausdruck.

Linker Teil der Kurve liefert ein symbolisches Bild der Kontinentalschollen. Absolute Kulminationsgebiete der Erde, repräsentiert durch obere Spitze der Hochregion, treten, wie Profil andeutet, in schmalen, langgestreckten Zonen in Erscheinung. Stehen als *junge Kettengebirgsgürtel* in scharfem Kontrast zur breiten, tief gelegenen Hauptmasse der Kontinente. Die bei 1000 m beginnende *Kontinentalplattform* (*Kontinentaltafel*) reicht noch 200 m unter Meeresspiegelniveau hinab. Ihr vom Wasser bedeckter Teil wird *Schelf* oder *Kontinentalsockel* genannt und gehört, auch vom Krustentyp her, zum kontinentalen Bereich. Schelf erreicht große Ausdehnung in der Flachsee zwischen Indonesien und asiatischem Festland, umfasst Gelbes und Ostchinesisches Meer am Rande Ostasiens, Nordsee am Rande Europas. Unter Einbeziehung ihrer Schelfe machen Kontinente 34,5 % der Erdoberfläche aus, d.h. in Zeiten pleistozäner Meeresspiegelabsenkung hatten Landmassen erheblich vergrößerten Umfang.

Rechter Teil der Kurve bringt wichtige Elemente des ozeanischen Reliefs zum Ausdruck. Es sind dies der *Kontinentalabhang*, die ausgedehnten *Tiefseebecken* in 3000 bis 6000 m Tiefe und die langgestreckten, schmalen *Tiefseerinnen.* Eine Großformengruppe, nämlich die der submarinen Gebirgsstränge, wird in Hypsometrischer Kurve jedoch nicht gesondert sichtbar, sondern vom Bereich –200 bis –3000 m verschluckt. Dazu gehören die *Mittelozeanischen Rücken*, welche 5–6 % der Erdoberfläche einnehmen. Durchziehen mit insgesamt 70 000 km Länge in etwa Mitte der Weltmeere, bilden mit einer Breite von rund 1500 km und Erhebungen von 2500 bis 3000 m gewaltigen, weltumspannenden Gebirgszug. Von anderer tektonischer Natur und geringerer Ausdehnung sind jene submarinen Ketten, welche am Rande der Weltmeere als *Inselbogensysteme* über Meeresspiegelniveau aufragen. Für einen Überblick über die submarinen Großformen und die auffälligen Lagebeziehungen zwischen ihnen (Tiefseerinnen z. B. immer in unmittelbarer Nachbarschaft des Kontinentalabhanges oder von Inselbögen zu finden) siehe auch Band III, Kap. 4.

Zahlenwerte zum Erdrelief: Mittlere Höhe der Festländer beträgt 875 m, mittlere Tiefe der Meere 3700 m. Reale Höhendifferenzen zwischen höchsten Erhebungen und kontinentalen Tiefländern bei 9 km, zwischen Hochgebirgen und benachbarten Tiefseerinnen (z. B. Anden – Atacamagraben vor peruanisch-chilenischer Küste) bei 13 km. Unterschied zwischen maximalen Hoch- und Tiefpunkten gesamter Reliefsphäre über und unter dem Meere etwa 20 km: Mt. Everest 8848 m, Philippinengraben 10 540 m, Marianengraben 11 034 m.

Tiefste Depressionen auf dem Festland: Totes Meer im Jordangraben: Spiegel in –392 m, Boden bis –748 m; Tanganjikasee: Spiegel 773 m ü.M., Sohle in –662 m;

Boden des Death Valley (Kalifornien) in –86 m. In größter Depression der Erde, dem Kaspischen Meer, liegt Spiegel in –28 m, Boden in –980 m ü.M.

4.2 Plattentektonik

4.2.1 Konzeptionelle Grundlagen der Plattentektonik

Wegbereitung durch die Kontinentalverschiebungstheorie

Als Vorläufer moderner Plattentektonik gilt *Kontinentalverschiebungstheorie* von ALFRED WEGENER (1880–1930). Deren Inhalt, niedergelegt 1915 in „Die Entstehung der Kontinente und Ozeane", lautet kurz gefasst: Die leichten, sialischen Kontinente treiben auf dem schweren Sima, das in den Ozeanen an die Erdoberfläche tritt, und durchpflügen es. Heutige Konfiguration der Kontinente und Ozeane entstand durch Auseinanderdriften der ehedem als Pangäa zusammenhängenden Kontinent-Fragmente.

WEGENER konnte zwar Antriebsmechanismus der Verschiebungen noch nicht richtig deuten; war aber wissenschaftlich revolutionär in seiner Abkehr von traditioneller Lehre, welche Kontinente und Ozeane an ihrem Platz fixiert sah.

Erster Ansatz für WEGENERS Theorie aus Kartenvergleich: Legt man nicht heutige Küstenlinie, sondern echten, den Schelf mit einschließenden Kontinentalrand zugrunde, so passen Konturen Afrikas, Südamerikas, auch Nordamerikas und Europas vorzüglich zusammen. Diesem auffälligen Umstand folgend, führte WEGENER Nachweis für Auseinanderdrift eines Urkontinentes durch Sammlung und Aufbereitung umfangreicher geologischer, faunistischer, floristischer und paläoklimatischer Belege.

Sein zwingendster Beweis kommt aus Bereich der Paläoklimatologie: Auffälliges Vorkommen von Glazial- und Interglazial-Sedimenten im Permokarbon der Antarktis, Südbrasiliens, Süd- und Zentralafrikas, Indiens und Australiens ist in heutiger geographischer Position dieser Kontinente unverständlich. Fügt man jedoch Südkontinente zusammen, so ergibt sich eine Inlandvereisung, welche nur wenig größer als antarktische ist.

WEGENERS „mobilistische" Interpretation des Kontinent/Ozean-Musters der Erde konnte sich trotz massiver Indizienbeweise nicht gegen „fixistische" Hypothesen seiner Zeit durchsetzen. Gleiches Schicksal traf unabhängige, aus anderen geologischen Fragestellungen wurzelnde und zur Kontinentaldrift „passende" Vorstellungen über Antriebskräfte tektonischer Bewegungen. Der Alpengeologe O. AMPFERER arbeitete an Erklärung für Faltenwurf der Alpen; britischer Geologe A. HOLMES beschäftigte sich mit Zerfall radioaktiver Elemente und dabei frei werdender Wärme. Überlegungen mündeten in beiden Fällen in Schriften, welche Bild vom Sea-floor spreading vorzeichneten. Im Grunde entwarfen O. AMPFERER 1941 und A. HOLMES 1944 Ideen, welche zwanzig Jahre später, fundiert durch Erkenntnisse aus neuen Untersuchungsmethoden und formuliert durch H. Hess den Aufschwung der Plattentektonik auslösten.

Basiskonzepte der Plattentektonik

Vor 1950 Relief und Geologie der Weltmeere völlig unbekannt, d.h. erdwissenschaftliche Faktensammlung war beschränkt auf ein Viertel der Erdoberfläche! Echter Durchbruch zum Verständnis globaler geodynamischer Zusammenhänge daher erst möglich in den 1950er und 1960er Jahren nach Entwicklung moderner Techniken, welche topographische und geophysikalische Erkundung der Ozeanböden gestatteten. 1962 Interpretation dieses neuen Datenmaterials durch H. Hess mit *Konzept des „Sea-floor spreading“*[49]. Die mittelozeanischen Rücken bilden Nahtfugen der Erdkruste, in denen Magma aus dem Mantel aufsteigt, die Ränder auseinanderdrängt, sich verfestigt und dabei den alten Rändern neue Streifen von ozeanischer Kruste angliedert (Abb. 20). Kurz darauf Beweis der ständigen Stoffzufuhr und Krustenausdehnung in der Mitte der Ozeane mit paläomagnetischen Befunden durch F.J. Vine und D.H. Matthews (→ I, 3.4.3).

In der Folge rasche Entwicklung der Argumentationskette: Da Erde nicht ständig an Umfang zugenommen hat, muss es Zonen geben, in denen, komplementär zum Zuwachs an mittelozeanischen Rücken, Kruste entweder eingeengt oder im Erdmantel verschluckt (= subduziert) wird. Letzteres geht sicher nicht ohne dra-

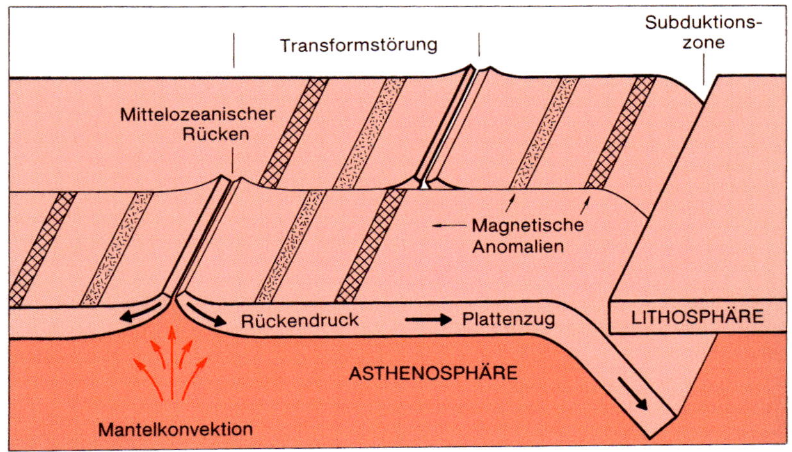

Abb. 20: Schematische Darstellung der Plattenbewegung und der Plattengrenzen

[49] deutsche Übersetzung: „Konzept der Ozeanbodenspreizung“ wenig verwendet

matische Begleiterscheinungen vor sich. Verdacht fiel deshalb auf die durch hohe Seismizität und eigentümliche Herdtiefenverteilung ausgezeichneten Benioff-Zonen (→ I, 3.3.4). 1968 von J. Oliver und Mitarbeitern (Isacks et al. 1968) ergänzendes *Konzept der Subduktion* entworfen: Die neu gebildete Kruste wandert seitlich von mittelozeanischen Rücken ab und sinkt am Rande der Ozeane in anderen Nahtfugen der Erdkruste, markiert durch Tiefseerinnen, in den Erdmantel zurück (Abb. 20).

Damit Basisprozesse des geotektonischen Geschehens, nämlich Bildung und Vernichtung von Krustenstreifen erkannt. Aus der Kombination des Sea-floor spreading und des Subduktions-Modelles kam es zur Formulierung der neuen Globaltektonik, für welche 1970 zum ersten Mal der Name *Plattentektonik* erscheint.

Parallel zu den Konzepten des Sea-floor spreading und der Subduktion entstand als wichtige Ergänzung das *Hotspot und Mantelplume Konzept*, formuliert durch J.T. Wilson (1963) und W.J. Morgan (1971). Angetrieben durch Wärme, die beim Ausfrieren des inneren Erdkerns frei wird, steigt Material in relativ engen Schläuchen von der Kern-Mantel-Grenze auf. Diese aufquellenden Gesteinsmassen werden *Mantelplumes*[50] oder *Manteldiapire* genannt. Sie führen zu *„hot spots"*[51] – abnormal heißen Bereichen im obersten Mantel. Kleiner Teil der Plume-Massen kann dabei in den Hotspots die Zirkulationszelle verlassen, die Lithosphäre durchschlagen und an der Erdoberfläche zu Vulkanismus führen. Eine eingehendere Beschreibung des Hotspot und Mantelplume Konzepts ist im Kontext des Vulkanismus zu finden (→ I, 5.1.2).

Gestützt auf ihre drei Grundkonzepte ist die Plattentektonik die erste geologische Hypothese, die alle geodynamischen Erscheinungen (Erdbebenzonen, Gebirgs- und intrakontinentale Grabenbildung etc.), Magmatismus, Lagerstättenbildung und Anordnung der Ablagerungsräume von Sedimentgesteinen auf „elegante" Weise einschließt.

4.2.2 Platten und Plattengrenzen

Das Plattenmuster der Erde

Grundidee der Plattentektonik ist, dass mechanisch starre Lithosphäre (→ I, 3.5) in eine kleine Anzahl von Platten unterteilt ist, die sich über mechanisch weiche Asthenosphäre bewegen. Von außen gesehen gleicht Lithosphärenschale der Erdkugel somit einem Muster aus gekrümmten und unregelmäßig begrenzten Kappen, welches in ständiger Verschiebung begriffen ist.

Durch die Plattenbewegungen kommt es zu Deformationen. Diese finden an den Plattenrändern bzw. Plattengrenzen statt. Im Inneren der Platten sind sie un-

[50] engl. plume = Rauchfahne, auch Feder

[51] engl.: heißer Fleck

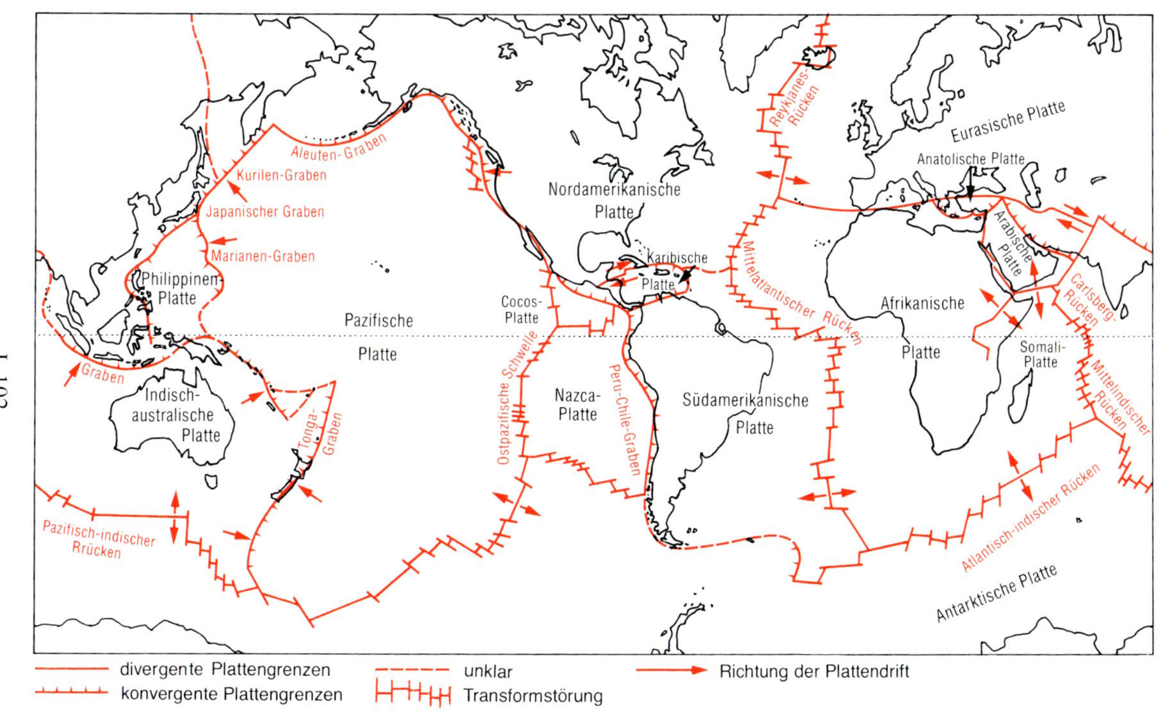

Abb. 21: Plattentektonische Gliederung der Erdoberfläche

bedeutend. Deformationen äußern sich in Erdbeben; daher bringen Weltkarten der Erdbeben-Verbreitung die Plattengrenzen sehr deutlich zum Ausdruck (vgl. Abb. 10). Auch Bildung der magmatischen Gesteine, sowohl der Vulkanite als auch der Plutonite an Plattengrenzen geknüpft. Magmenförderung und aktiver Vulkanismus im Inneren der Platten als Sonderfall zu betrachten; werden mit Hilfe der Hotspot und Mantelplume Hypothese (→ I, 5.1.2) erklärt.

Es gibt ***sieben Hauptplatten*** (*Pazifische, Nordamerikanische, Südamerikanische, Afrikanische, Eurasische, Indisch-australische und Antarktische*), von denen die größte die Pazifische Platte ist, dazu zahlreiche kleinere wie z. B. die Nazca- und die Cocos-Platte (Abb. 21).

Drei Typen von Plattengrenzen sind zu unterscheiden (vgl. auch Abb. 21)

1. Entlang von ***divergierenden Plattengrenzen*** bewegen sich die beiden Platten voneinander weg. An solchen Grenzen wird neues Plattenmaterial, das aus dem Mantel gewonnen wird, der Lithosphäre angegliedert. Divergierende Plattengrenzen treten topographisch als Mittelozeanische Rücken in Erscheinung.

2. Entlang von ***konvergierenden Plattengrenzen*** driften zwei Platten aufeinander zu. Die meisten dieser Grenzen gekennzeichnet durch das Subduktionszonen-System, bestehend aus Tiefseerinne und Inselbogen oder aus Tiefseegraben und kontinentalem Randgebirge. In der Subduktionszone taucht eine der beiden kollidierenden Platten in den Mantel ab und wird vernichtet. Abgewandeltes Erscheinungsbild bei Kollision zwischen zwei kontinentalen Krustenmassen, da sich leichte Kontinentalkruste wegen ihres Auftriebs der Subduktion widersetzt. An der Schweißnaht entsteht durch Einengung, Überschiebung und Krustenverdickung ein Gebirge vom Typ des Himalajas oder der Alpen.

3. Entlang von ***konservativen Plattengrenzen*** wird Lithosphäre weder neu geschaffen noch vernichtet. Platten bewegen sich seitlich aneinander vorbei. Die Grenze tritt als Transform-Störung entgegen, das berühmteste Beispiel ist die San Andreas-Störung in Kalifornien.

Kontinentale und ozeanische Kruste in den Platten:

Generell enthalten heute existierende Platten sowohl Bereiche mit kontinentaler als auch solche mit ozeanischer Kruste. Ausnahmen im pazifischen Raum: Große Pazifische Platte besitzt nur in Kalifornien und Neuseeland kleinere Anteile kontinentaler Kruste. Rund um sie einige kleinere, rein ozeanische Platten (Philippinische, Cocos- und Nazca-Platte).

Kontinentgrenzen, d.h. Grenzen zwischen kontinentaler und ozeanischer Kruste, können mit Plattengrenzen zusammenfallen oder auch nicht. Daraus ergeben sich zwei Typen von Kontinentalrändern:

Aktive Kontinentalränder: Zwischen Kontinent und Ozean besteht eine Plattengrenze. Gesamter Raum ist durch Prozess der Subduktion seismisch und vulkanisch hoch aktiv. Dieser Typ von Kontinentalrändern rund um den Pazifik verbreitet, weshalb man auch von *Rändern des pazifischen Typs* spricht.

Passive Kontinentalränder: Kontinent und Ozeanbecken gehören der gleichen Platte an. Kruste des Kontinents ist mit der ozeanischen Kruste des angrenzenden Tiefseebeckens fest verbunden, daher keine Bewegungen möglich: Raum ist tektonisch inaktiv. Wegen Konzentration rund um den Atlantik auch *Ränder des atlantischen Typs* genannt.

Hand in Hand mit den Unterschieden in der aktuellen Tektonik gehen deutliche Unterschiede in der morphologischen Ausprägung der beiden Kontinentalrandtypen (→ III, Abb. 41, S. 136).

4.2.3 Driftrichtung und Driftraten

Die üblichen Richtungspfeile in den verschiedenen Übersichtskarten zur Plattentektonik (etwa auch in Abb. 21) zeigen die generelle Driftrichtung der Hauptplatten an. Sie verschleiern aber die Komplexität der *Relativbewegungen* zwischen zwei Platten an der eigentlichen Plattengrenze, welche insgesamt bedeutsamer sind, da sie das lokale tektonische Geschehen, bzw. die lokale Gefährdung durch Erdbeben und Vulkanismus erklären.

Diese komplexen Relativbewegungen ergeben sich aus:

- den mechanischen Wechselwirkungen im Aufeinandertreffen zweier Platten mit jeweils eigener Bewegungsrichtung und -geschwindigkeit
- der spezifischen Geometrie einer kappenförmigen Platte, die sich über eine Kugeloberfläche bewegt (Begründer dieser Geometrie ist der Schweizer Mathematiker LEONHARD EULER).

Wichtige Merkmale im globalen Bewegungsmuster der Platten sind:

- Jede Verschiebung einer Platte auf einer Kugel bedeutet eine Drehung. Daher bewegen sich die verschiedenen Teilbereiche einer Platte je nach ihrer Entfernung zum Drehungszentrum unterschiedlich schnell.
- Die Driftrichtung der Platten ist nur an konservativen Plattengrenzen unmittelbar ablesbar: sie erfolgt hier parallel zum Plattenrand. Dagegen driften Platten nicht notwendigerweise senkrecht auf eine konvergierende Grenze zu oder senkrecht von einer divergierenden Grenze weg. In der Natur ist dies an Mittelozeanischen Rücken zwar meist der Fall; an Subduktionszonen jedoch ist eine Bewegung schräg zum Plattenrand die Regel.
- Tripelpunkte sind Stellen, an denen drei Platten zusammentreffen. An ihnen verkürzen oder verlängern sich einzelne Plattengrenzen in Abhängigkeit vom Verschiebungsmuster der drei Platten.
- Sowohl mittelozeanische Rücken als auch Subduktionszonen sind nicht ortsfest, sondern können eine seitliche Verlagerung erfahren.

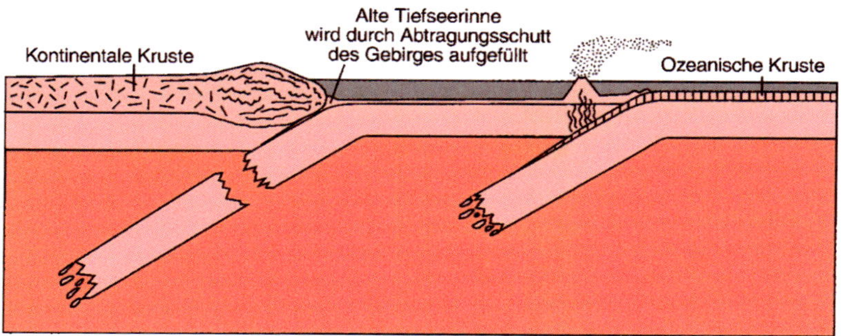

Abb. 22: Verlagerung der Subduktion vom Kontinentalrand Richtung Ozean

Verschiebungen wurden am Indischen Rücken und am südlichen Abschnitt des Mittelatlantischen Rückens festgestellt und werden für die Ostpazifische Schwelle vermutet. Sind als eine Folge der aus der Asthenosphäre aufsteigenden heißen Materie anzusehen. Hierbei müssen immer weitere, instabil gelagerte Gesteinsmassen zum Aufsteigen kommen, was mit einer Seitenverschiebung der Wurzelzone dieses Materials einhergeht.

Beim Typ der steilen oder „Low-stress" Subduktionszone (→ I, 4.4) sind stetige Verschiebungen die Regel. Daneben aber auch ein „sprunghafter" Ortswechsel möglich: Eine bestehende Subduktionszone erlischt, während sich andernorts eine neue bildet (siehe Abb. 22). Ursache für diesen Wechsel sind Änderungen im tektonischen Spannungsfeld der Lithosphäre.

Somit Lage der Plattengrenzen, Gestalt und Größe der Platten sowie Driftrichtung und -geschwindigkeit einer ständigen Veränderung unterworfen.

Lokal kann die gegenwärtige Relativbewegung zwischen zwei Nachbarplatten mit folgenden Methoden bestimmt werden:

- Hinweise auf die Bewegungsrichtung erhält man aus den Herdflächenlösungen (→ I, 3.3.7) der an die Plattengrenze gebundenen Erdbeben.
- Plattengrenzen am Festland zeigen sich oft durch seitliche Versetzungen im Verlauf von Tälern, Feldgrenzen, ja selbst Straßen. Genaue Vermessung und Datierung dieses Versatzes ergibt Bewegungsrichtung und -geschwindigkeit der Platten.

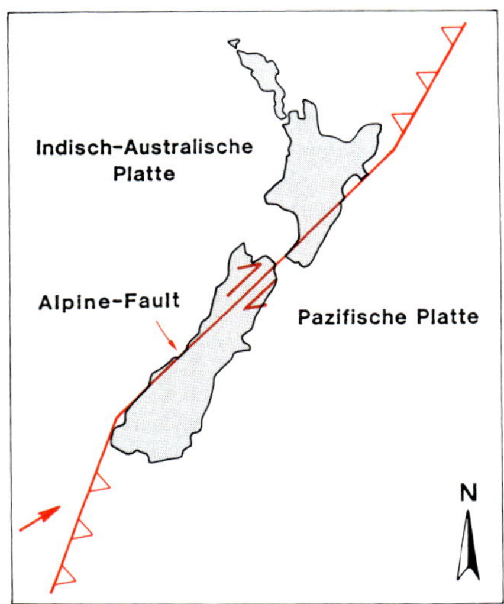

Abb. 23: Die „Alpine Fault (= Alpine Störung)" in Neuseeland als Beispiel einer Transformstörung, welche zwei Subduktionszonen verbindet

- Eine Fülle von Messmethoden zur Plattenbewegung lieferten die modernen Satelliten-gestützten Vermessungsmethoden, welche eine genaue Bestimmung der Verschiebungen zwischen zwei Punkten auf der Erdoberfläche erlauben.
- Mit Hilfe der *Euler'schen Geometrie* rechnerische Ermittlung der Relativbewegung an der Plattengrenze möglich, sofern für andere Teilbereiche der beiden Platten Geschwindigkeit und Richtung bereits feststeht. Wichtig in diesem Zusammenhang ist die aus dem magnetischen Streifenmuster bekannte Driftrate der Hauptplatten an ihren jeweiligen Spreizungsachsen (→ I, 3.4.3).

Im Detail besonders komplexe Bewegungsbilder an den Plattenrändern der Pazifischen Platte und an der Plattengrenze im Mittelmeer. Durch die Einschaltung von kleinen Platten (Nazca, Cocos, Juan de Fuca, Philippinenplatte rund um die pazifische Platte) oder Mikroplatten (zwischen der Eurasischen und der Afrikanischen Platte im Mittelmeerraum) häufiger Wechsel der Nachbarplatte. Jede dieser kleinen Platten hat ihre eigene Driftrichtung und -geschwindigkeit und beeinflusst damit die Relativbewegungen entlang des gemeinsamen Plattenrandes. Entsprechende Zerlegung dieser Plattenränder in kurze Abschnitte mit unterschiedlichen, oft widersinnig erscheinenden Relativbewegungen. Dabei sind Subduktionszonen häufig, wobei in ihrer Abfolge einmal die eine und einmal die andere Platte untertauchen kann, oder zumindest eine Verschiebung im Winkel der Abtauchrichtung erfolgt. Verbindung dieser Subduktionszonen über

Prinzip der **Konvektion** kann beim langsamen Erhitzen von Wasser beobachtet werden (→ Abb.). Die Hitze von unten führt zur Ausdehnung des Wassers und zur Verringerung seiner Dichte. Dadurch gewinnt Wasser Auftrieb und steigt zur Flüssigkeitsoberfläche, wo es sich seitlich verbreitert. Dort folgen Abkühlung, Erhöhen der Dichte und Absinken zu Boden. Dabei Wiederwärmung des Wassers und neuerliche Auslösung des Zyklus.

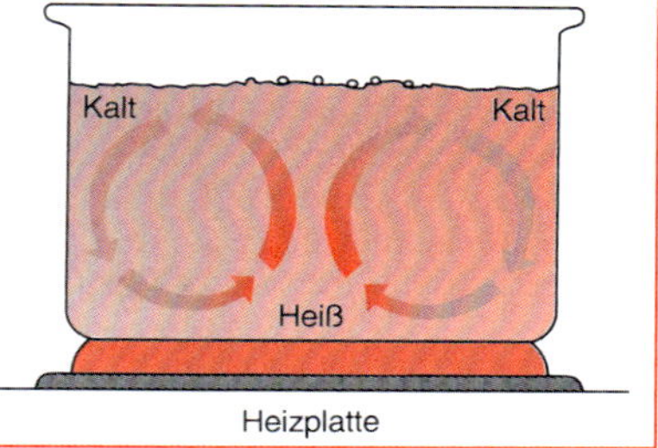

Abb. 24: Konvektion

Transformstörungen, an denen sich die Relativbewegung zu einer Plattenrand-parallelen ändert (vgl. Situation des neuseeländischen Abschnittes des pazifischen Plattenrandes in Abb. 23).

4.2.4 Antriebskräfte der Platten

Energiequelle für die tektonischen Prozesse in den *hohen Temperaturen des Erdinneren* zu suchen. Ein „Ablassen dieser Temperatur" ist nur über die kühle Erdoberfläche möglich. Wärmetransport zur kühlen Erdoberfläche erfolgt durch **Konvektion** (siehe Kasten, Abb. 24); dabei entstehen im Erdmantel Wärmeaustausch-Strömungen.

Gegenwärtig große Anstrengungen um Strömungsmuster der Erdmantel-Konvektion mit Hilfe der seismischen Tomographie (→ I, 3.3.7) und semiquantitativen Näherungsmodellen besser zu verstehen. Früher Annahme von Konvektionszellen, die auf Oberen Mantel beschränkt sind und deren aufsteigende Äste zur Ozeanboden Spreizung führen. Das Konzept der Mantelplumes lenkte jedoch Blick auf Wärmeströme, die offenbar von der Kern-Mantel Grenze bis zur Kruste aufsteigen, also den gesamten Mantel queren. Damit fokussierte die Diskussion auf eine *Ganzmantelkonvektion* versus eine *geschichtete Konvektion* mit eigenen Zellen im Oberen und Unteren Mantel. Das Problem liegt in der Diskontinuität, die in 660 km Tiefe Oberen Mantel plus Übergangszone vom Unteren Mantel (→ I, 3.5 und Abb. 18) trennt und ein Hindernis für die Konvektion darstellt. Hier stauen sich aufsteigende und absteigende Äste von Konvektionszellen auf, können aber nach stärkerem Stau möglicherweise doch durchbrechen. Daher heute meist Annahme einer geschichteten Konvektion, bei der sich Konvektionszellen des Oberen und Unteren Mantels wechselweise beeinflussen.

Eine zweite Gruppe von Antriebskräften für Plattenbewegung ist ***mechanischer Natur***. Im Spreizungszentrum der mittelozeanischen Rücken liegt „heiße" Asthenosphäre ungewöhnlich hoch. Dadurch wird seitlicher Druck auf die ozeanischen Platten übertragen und eine Bewegung der Platten über ihr Mantelsubstrat erzwungen („*Rückendruck*", vgl. Abb. 20). Entlang von Subduktionszonen wirkt Gewicht eines relativ kalten und somit schweren Lithosphärenteils, welches in relativ heißen und somit leichten Mantel absinkt und die gesamte Platte nachzieht („*Plattenzug*", siehe Abb. 20). Plattenzug bedeutsamer als Rückenschub: Platten, die von Subduktionszonen begrenzt sind, bewegen sich schneller als jene, deren Rand zum größten Teil aus Spreizungsachsen besteht.

Da sich Platten mit konstanter und nicht wachsender Geschwindigkeit bewegen, müssen zugleich Widerstandskräfte vorhanden sein, die den Antrieb ausgleichen. Wirksamste dieser Widerstandskräfte dürfte die Reibung an der Plattenbasis sein.

4.3 Spreizungsachsen

Interpretation der Mittelozeanischen Rücken als Achsen einer Erdkrustenspreizung bildete Ausgangspunkt für Entwicklung der Plattentektonik. Im Prozess der Krustenspreizung erfordern aber Aufstieg und Platznahme neuer Gesteinsmassen eine vorangehende Dehnung (*Extension*) und Ausdünnung der alten Kruste. Solche ***Extensionsstrukturen*** äußern sich im Bruchtyp der Abschiebung, wobei Abschiebungsbündel des tektonischen Grabens gedehnte Räume am besten füllt. Entsprechend sind Grabenbrüche im Scheitel mittelozeanischer Rücken nichts Ungewöhnliches. Besser bekannt sind sie an Land (z. B. Ostafrikanische Gräben), wo sie durch Plattentektonik in neues Licht gerückt wurden. Wie uns die Entwicklungsgeschichte des heutigen Kontinent-Ozean-Musters der Erde zeigt, sind die großen Ozeanbecken des Atlantik, Indik und Südpolarmeeres geologisch junge Gebilde, entstanden aus der schrittweisen Aufweitung von kontinentalen Bruchlinien durch die Festlandmasse Pangäas. Allererste Anfänge von Spreizungsprozessen somit an Land zu suchen und Deutung der großen kontinentalen Grabenbrüche als beginnende Spreizungsachsen und Vorstadien eines Ozeans nicht nur naheliegend, sondern durch moderne Untersuchungen abgesichert.

Für die Krustendehnung und ihre daraus folgende „Aufspaltung" häufig der englische Ausdruck „*rifting*[52]" gebraucht. Dementsprechend werden Grabenstrukturen als typische Geländeform der beginnenden Aufspaltung auch „*Rifts*" oder „*Riftsysteme*" genannt. Rifts in diesem Sinn sind sowohl die häufig zu beobachtenden zentralen Gräben im Kamm mittelozeanischer Rücken als auch die großen kontinentalen Grabenbrüche.

[52] engl. rift = Spalte, Riss, Bruch

4.3.1 Mittelozeanische Rücken (MORs[53])

Für kurze, allgemeine Beschreibung der Gestalt der MORs siehe Bd. III, Kap. 4. In Zusammenfassung ihrer geophysikalisch-geodynamischen Prägung gilt folgendes: Kammregion als Sitz des Sea-floor spreading ist seismisch und vulkanisch aktiv und zeigt gegenüber der Umgebung einen abnorm hohen Wärmefluss. Vorgang des Sea-floor spreading durch das magnetische Streifenmuster auf dem Meeresgrund bestätigt. Weiterer Beweis durch Datierung der Basisschichten von Tiefseeablagerungen, welche mit wachsendem Abstand vom Rücken älter werden.

Mit Sea-floor spreading verbunden ist auffallende Symmetrie in der Gesamtanlage der MORs. Rückenflanken fallen symmetrisch zu beiden Seiten des Kamms allmählich zu Tiefseeböden hin ab. Dieser topographischen Symmetrie entspricht auch eine Symmetrie der meisten geophysikalischen Anomalien.

Große Aufwölbung des Gesamtrückens in ihrem Streichen in parallele Schollenstreifen zerbrochen, die schroffes „tektonisches" Relief zeilenhaft ausgerichteter Höhen und Senken bilden. Steilste und raueste Formen bauen zentrale Kammzone auf. Zusätzlich markante Bruch-Zerstückelung quer zur Streichrichtung: Gesamtrücken erstreckt sich nicht als einheitlicher Zug, sondern besteht aus relativ kurzen, gegeneinander versetzten Segmenten, die über seitenverschiebende Transformstörungen verbunden sind (vgl. Abb. 20). Tektonisch aktiv sind diese Transformstörungen nur zwischen den Rückenachsen, topographisch können sie sich aber bis in angrenzende Tiefseebecken als gewaltige Bruchstufen fortsetzen (vgl. III, 4., Abschnitt „Tiefseebecken").

Es gibt relativ schnell spreizende und relativ langsam spreizende Rückensegmente, das heißt *Spreizungsrate* entlang eines Rückens durchaus nicht einheitlich. Insgesamt aber Mittelatlantischer Rücken als Prototyp der langsam spreizenden Plattengrenze (jährlicher Zuwachs: 2–4 cm) und Ostpazifische Schwelle als Prototyp der schnell spreizenden Achse (jährlicher Zuwachs: 10–18 cm) anzusehen. Dies nicht ohne Einfluss auf Gesamtgestalt: Ostpazifische Schwelle zeigt größere Basisbreite als Mittelatlantischer Rücken.

Detailliertes Bild vom Aussehen der Achsenzone und vom Geschehen an ihr wird heute durch Auslotungen und Tauchfahrten immer deutlicher. MOR-*Scheitel* liegt im Allgemeinen in Wassertiefen von 2500–2700 m, kann allerdings in abnormal aktiven Abschnitten auch Meeresoberfläche durchstoßen (z. B. in Island und auf Galapagos Inseln). Die *Krusten-Neubildung* erfolgt durch Aufdringen basaltischer Laven an Spaltensystemen und durch überlappendes Wachstum kleiner Schildvulkane. In und randlich dieser „magmatischen Zuwachszone" zahlreiche offene Dehnungsspalten beobachtet, manche von ihnen bis zu 3 m breit. Umfeld des vulkanischen Zentrums aber nicht einheitlich: kann bei allgemein schroffem Relief Sohle eines tief eingesenkten Zentralgrabens sein, oder aber es fehlt ein

[53] Häufig verwendete Abkürzung MOR, ursprünglich abgeleitet vom engl. Terminus mid ocean ridge

solcher, und Vulkanismus markiert Höhenscheitel der Kammregion, welche dann nur flache tektonische Gestaltung zeigt.

An- oder Abwesenheit eines Zentralgrabens dürfte mit vulkanischer Förderaktivität zusammenhängen. Diese scheint zyklisch zu erfolgen. In der Haupttätigkeitsphase führt Auftrieb des Magmas zur Hochlage der magmatischen Zuwachszone. Dazu passt, dass an solchen Rückensegmenten seismische Untersuchungen auf das Vorhandensein einer Magmakammer in geringer Tiefe weisen. Im Früh- und Spätstadium der magmatischen Tätigkeit dagegen wird Geschehen an den Mittelozeanischen Rücken von der Krustendehnung bestimmt. Zentralzone zeigt dann an großen Abschiebungstreppen eingesenkten Graben. Von Ausnahmesegmenten abgesehen ist Mittelatlantischer Rücken mit einem Zentralgraben ausgestattet, Ostpazifische Schwelle dagegen nicht.

Hohe Seismizität der MORs ergibt sich aus Flachbeben, die in Achsenzone durch Schollenbewegungen an den Abschiebungsbahnen oder an Transformstörungen stattfinden. Weiters Erdbebenschwärme in Zusammenhang mit dem Magmenaufstieg entlang von Spaltensystemen registriert.

Einzelwerte des insgesamt hohen *Wärmeflusses* über Scheitelzone stark schwankend. Am Meeresboden wurden 350° C heiße Quellen entdeckt, die aus isolierten, mehrere Meter hohen, röhrenartigen Aufbauten am Meeresboden entweichen, sich mit Meerwasser mischen und schwarzen, fein verteilten Eisensulfidstaub in unmittelbarer Umgebung zur Ablagerung bringen. Sogenannte *" Schwarze Raucher"* sind Zeugen eines gewaltigen Wärmeaustausches zwischen ozeanischer Kruste und Meerwasser. Kaltes Wasser sickert durch offene Spalten in Tiefe, reagiert dort mit heißem Basalt und tritt an anderen Stellen erhitzt und mit Metall-Ionen beladen wieder aus. Damit verbunden recht wirksamer Wärmeentzug und lokal stark erniedrigte Wärmeflusswerte.

Seismische Untersuchungen zeigen, dass ozeanische Kruste einen durchhaltenden Lagenbau besitzt, der mit den Prozessen des Aufdringens und der Förderung von Gesteinsschmelzen zusammenhängt. Zuoberst liegen Basaltlaven, welche, da unter Wasser abgekühlt, als Kissenlaven (Pillow-Laven) entwickelt sind. Darunter folgt mächtige Zone aus Ganggesteinen, die sich gegenseitig durchdringen und am besten die Vergrößerung des Ozeanbodenareals durch das Eindringen von Magma in sich öffnende Spalten dokumentieren. Basislage bilden Intrusivgesteine, insbesondere Gabbros (→ I, 5.2.3), aber auch ultrabasische Peridotite.

Ursache für Herauswölbung der MORs um 2500 bis 3000 m über angrenzende Tiefseebecken liegt im Mantel. Aus gravimetrisch-seismischen Querschnittsmodellen normal zur Rückenachse schließt man auf eine symmetrisch auskeilende abnormal heiße und deshalb leichtere Mantelzone, die in ihrem Zentralteil fast bis an Basis der ozeanischen Kruste reicht und dort eine dynamische Aufwärtsbewegung zeigt. Mit zunehmendem Alter der ozeanischen Kruste, d.h. gleichzeitig mit zunehmender Entfernung vom MOR-Scheitel systematische Abkühlung, Verdichtung und Subsidenz der ozeanischen Lithosphäre. Beziehung zwischen Alter und Tiefenlage des Ozeanbodens so regelhaft, dass sie mathematisch definiert werden kann.

4.3.2 Kontinentale Grabenbrüche

Kontinentale Grabenbrüche treten topographisch als langgestreckte Senken entgegen. Im Detail bestehen kontinentale Rifts aus einzelnen Segmenten, die normalerweise 30–60 km breit, bis einige 100 km lang und durch komplexe Übergangszonen miteinander verbunden sind. Geophysikalisch ist Grabenstruktur durch folgende Erscheinungen geprägt:

- Gedehnte und ausgedünnte Kruste sowie Lithosphäre unterhalb des Grabens,
- tektonische Mobilität: an den randlichen Abschiebungen erfolgt Absenkung des Grabeninneren bzw. Heraushebung der Grabenflanken. Abschiebungen dabei meist an einer Seite des Grabens stärker als an der anderen: Asymmetrie der einzelnen Riftsegmente ist eher Norm denn Ausnahme,
- diffuse seismische Tätigkeit in Form von Flachbeben,
- rezenter oder bis in jüngste geologische Vergangenheit aufgetretener Vulkanismus.

Bekanntestes europäisches Beispiel ist der Oberrheingraben, der ein Segment des teilweise unterbrochenen westeuropäischen Riftgürtels ist. Im Vergleich zu anderen großen Grabenbruchsystemen der Erde ist das westeuropäische wenig aktiv: in manchen Abschnitten hat die Lithosphärendehnung wieder ausgesetzt. In diesem Fall spricht man von einem *unterbrochenen* Rift.

Westeuropäisches Grabensystem erstreckt sich vom westlichen Mittelmeer bis nach Norddeutschland. Beginnt im S mit der Rhône-Saône-Furche. Tektonischer Graben des Saône Tales wird auch Bresse-Graben genannt, steht sowohl mit Limagne-Graben im nördlichen Massif Central als auch mit Rheingraben über komplexe Übergangszonen in Verbindung. Fortsetzung des Systems im N durch Hessische Senke und Leinegraben.

Absenkung im **Oberrheingraben** begann vor rund 40 Mill. Jahren infolge einer WNW-OSO gerichteten Extension der Kruste. Im Zeitraum 20–15 Mill. Jahre vor heute Umorientierung des gesamten Spannungsfeldes, lokal begleitet von Vulkanismus (Rheinischer Schild, Vogelsberg, Kaiserstuhl, Massif Central). Mit der neuen NO-SW gerichteten Dehnung kam die tektonische Grabenbildung im südlichen Oberrheingraben zum Erliegen. Heute nur mehr kleiner Bereich im Norden um Mannheim in Senkung begriffen, damit verbunden sind wiederholte Schwachbeben. Füllung des Oberrheingrabens 1000–3400 m mächtig. Von den tektonischen Vertikalverstellungen haben sich im Landschaftsbild nur rund 1000 m erhalten. Rest der tatsächlichen Sprunghöhe ist durch Abtragung der Grabenränder und Auffüllung der Grabensenke dem Blick entzogen.

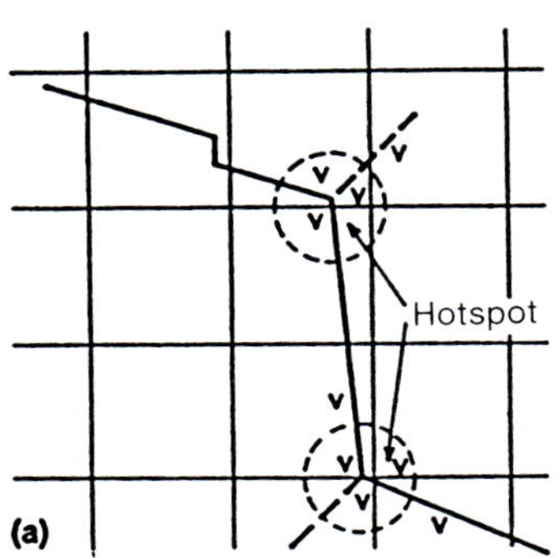

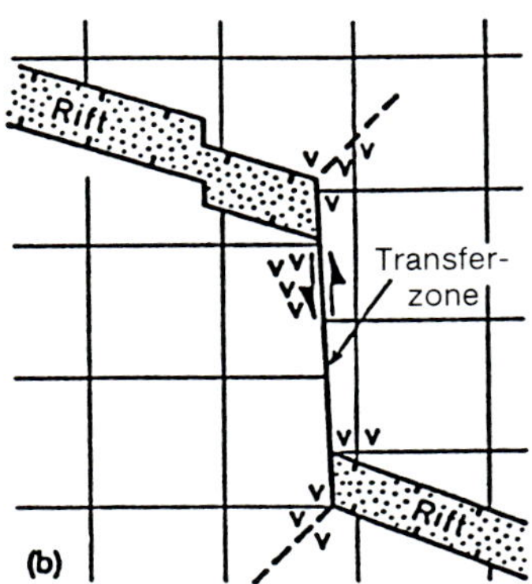

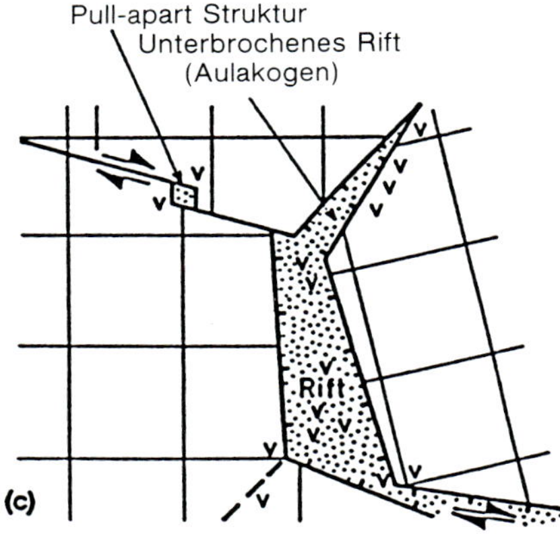

Abb. 25: Verschiedene Möglichkeiten der Riftentwicklung (v-Signatur kennzeichnet vulkanische Zentren)

Auf der Basis der primären Ursache für die Krustenextension wird zwischen ***aktiven und passiven Grabenbrüchen*** unterschieden. Passive Rifts knüpfen sich an das Gunstmoment einer regionalen tektonischen Zerrspannung, die im Muster der globalen Plattenbewegungen erzeugt wird. Die Antriebskraft für das aktive Rifting stellt hingegen ein Mantelplume dar, welcher die Asthenosphäre aufwölbt. Die darüber liegende Lithosphäre erleidet Dehnung. Im Wölbungszentrum können Gesteinsschmelzen des Mantels leicht bis an die Erdoberfläche durchbrechen. Deshalb werden aktive Rifts meist von tätigen Vulkanen begleitet, wogegen passive Rifts nur schwachen Vulkanismus zeigen. Beide Rifting-Prozesse sind wichtig und ihr relativer Einfluss in großen Grabenbruchsystemen kann räumlich und zeitlich variieren.

Im Scheitel der großräumigen, gedehnten Krustengewölbe von **aktiven Rifts** kommt es zur Bruchentwicklung, wobei entstehende Störungssysteme häufig dreiarmigen Stern bilden (vgl. Abb. 25 a). In Ausbreitung der Bruchzonen entsteht Verbindung zu Scheitelbrüchen benachbarter Aufwölbungszentren. Abhängig vom herrschenden Spannungsfeld treten Einzelabschnitte als Blattverschiebungen entgegen oder aber zu Grabenstrukturen ausgeweitet (Abb. 25 b). Kruste kann durch Wölbungsdehnung auf Werte von weniger als 30 km ausgedünnt und vom Magma an diffusen Aufstiegszonen durchschlagen werden. Erste vulkanische Förderprodukte in Zusammenhang mit der Riftasymmetrie oft randlich, außerhalb der eigentlichen Grabensenke zu finden. Zeigen sich als Deckenbasalte oder Vulkankegel-Reihen, die parallel oder schräg zum Streichen des Riftsegments ziehen. Die Seehöhen der Grabenschultern aktiver Rifts können im Hochgebirgsbereich liegen, was im Vergleich zu den heutigen, durch starke Krustenverdickung gekennzeichneten Gebirgen der Erde eine topographische Ausnahmesituation bildet und nur durch anhaltende Wärmezufuhr aus der Tiefe erklärt werden kann.

Bestes Beispiel für ein aktives Rift ist das ostafrikanische Grabensystem.

Ostafrikanisches Grabensystem seit der Kreidezeit entstanden, erstreckt sich über eine Länge von rund 4000 km. Mehrere Segmente zu unterscheiden (Abb. 26):

Ostafrikanischer Graben (Östliches Rift) beginnt in der dreieckförmigen Afarsenke, wo er mit den Gräben des Roten Meeres und des Golfs von Aden in tektonischer Verbindung steht. Zieht als Äthiopischer Graben zum Turkanasee (Rudolfsee) und von dort weiter nach S durch Kenia und Tansania. Teilstück des Kenia Rifts (Gregory-Rift) mit 600 m hohen Steilrändern ausgestattet und am Grunde von einer Reihe abflussloser, großteils versalzter Seen (Natronsee) eingenommen. Weiter im S, in Tansania löst sich Grabenstruktur in eine Reihe einseitiger, nach O gerichteter Bruchstufen auf.

Zentralafrikanischer Graben (Westliches Rift) ist durchschnittlich 40–50 km breit, wird von eindrucksvollen, manchmal in Staffeln angeordneten Bruchstufen begrenzt und von einer Folge langgestreckter Seen erfüllt: Mobuto- (Albert-), Eduard-, Kiwu- und Tanganjikasee.

Malawigraben (Njassagraben) mit dem Malawisee (Njassasee) bildet südlichsten Abschnitt des gesamten Riftsystems.

Grabenschultern des afrikanischen Rifgürtels liegen im Allgemeinen in Höhen über 1000 m, vielfach im Höhenbereich 2000–3000 m, gelegentlich in über 3000 m Höhe. Grabensohle dagegen in südlichen Riftabschnitten sogar unter Meeresspiegelniveau (Tanganjikasee: –750 m, Njassasee: –650 m); im östlichen Riftzweig in 650–2000 m Höhe. Allerdings in diesen Gräben neben sedimentären auch enorme

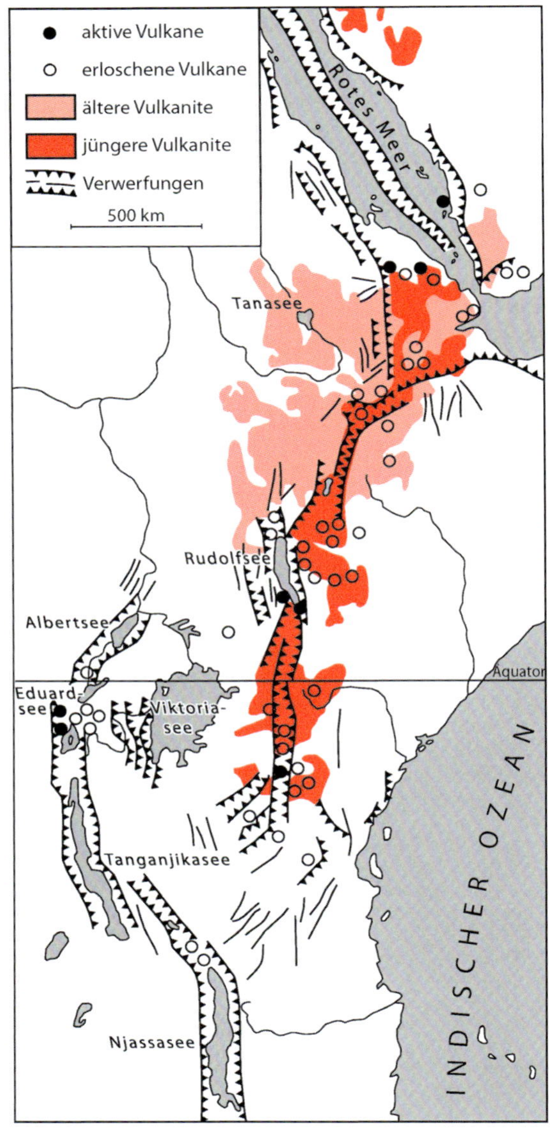

Abb. 26: Die ostafrikanischen Grabenbrüche

basaltische Grabenfüllungen vorhanden. Ihr Untergrund bei geophysikalischen Erkundungen ebenfalls in Tiefen unter Null angetroffen.

Eine Schlüsselstelle zur Erforschung der Prozesse und Begleiterscheinungen des **Aktiven Riftings** liegt in der *äthiopischen Region*, die sich nach Ayalew u. Gibson (2009) folgendermaßen entwickelte:

50 Mill. Jahre vor heute: es gab kein Rotes Meer und keinen Golf von Aden: Afrika und die heutige Arabische Halbinsel bildeten eine einheitliche Kontinentalregion.

45 Mill. Jahre vor heute: Das Eintreffen des aus dem Mantel aufgestiegenen Afar-Plumes an der Lithosphären-Untergrenze bewirkt eine weitgespannte, großräumige Aufdomung aller Landmassen rund um das heutige Rote Meer und den westlichen Golf von Aden.

40 Mill. Jahre vor heute: Entlang der Achse Rotes Meer – westlicher Golf von Aden brechen Spaltensysteme auf, an denen enorme Lavamassen austreten (= ältere Vulkanite in Abb. 26). Sie überfluten ein Gebiet von gut 6 Mill. km^2. Gesamtmächtigkeit der übereinander gestapelten Basaltergüsse beträgt in Äthiopien bis zu 4000 m und dünnt nach N und S auf 500 m aus. Der Flutbasaltschub dauerte geologisch gesehen nur kurz. Zeitgleich mit ihm entsteht ein neues Riftsystem, das sich in der Folge zum Roten Meer und Golf von Aden ausweitet.

18 Mill. Jahre vor heute: Beginn des Einbruchs des Äthiopische Grabens in das Äthiopische Hochland. Zunächst senkte sich Südteil, ab 11 Mill. Jahren der Nordteil und um 5 Mill. Jahren der Zentralteil des Grabens. Der begleitende Vulkanismus ist nun von geringerer Förderkapazität und wird dem Plumestiel des Afar-Plumes zugeschrieben. Die Ausbrüche konzentrieren sich zunehmend auf die Grabenachse und verfüllen im Quartär das Grabeninnere (= jüngere Vulkanite in Abb. 26).

Heute: Aktives Rifting mit Krustenextension und episodischem Vulkanismus hält in verringertem Ausmaß nach wie vor an. Lithosphäre unter dem ostafrikanischen Graben ist auf rund 50 km ausgedünnt: das dadurch verursachte Massendefizit äußert sich in breit gespannten negativen Bouguerschen Anomalien.

Sonderformen tektonischer Gräben sind das Aulakogen und das Pull-apart-Becken. Meist entwickeln sich nur zwei Arme eines ursprünglichen Riftsterns; der dritte wird zum *Aulakogen*, d.h., in ihm kommt anfängliche Grabenbildung wieder zum Stillstand (Abb. 25 c). *Pull-apart-Becken* entsteht an Stellen, wo große verbindende Blattverschiebungen eine Unterbrechung und seitliche Versetzung aufweisen. Diese Querzone wird im Bewegungsmuster der Blattverschiebung zu einem Becken aufgezogen (Abb. 25 c).

Gutes **Beispiel** für eine Pull-apart-Struktur ist Grabenbruch des Toten Meeres, eingebettet in große Akaba-Levante-Transformstörung, welche Arabische Platte im NW begrenzt.

Bei Unterbrechung der Riftbildung und Abkühlung der unteren Lithosphäre wird im obersten Mantel normale Dichte wiederhergestellt: Es beginnt eine langfristige Senkung von Lithosphäre und Erdoberfläche, die in Fachsprache „thermisch kontrollierte Subsidenz“ genannt wird. Ihr folgt regionale Sedimentation, und zwar nicht nur in eigentlicher Grabensenke, sondern überlappend auf ursprüngliche Schulterzonen des Riftgürtels. Unterbrochenes Rift wird so zum tiefsten Teil eines intrakontinentalen Beckens.

4.3.3 Vom kontinentalen Graben zur voll entwickelten, divergierenden Plattengrenze

Die Dehnungsraten im ostafrikanischen Grabensystem betragen nur einen Bruchteil der Spreizungsraten von divergierenden Plattengrenzen. Kontinentale Grabenbrüche werden daher auch nicht als Plattengrenzen angesehen, sondern als Vorstadien einer sich möglicherweise neu herausbildenden Plattengrenze. Bei anhaltendem aktiven Rifting kann in ihnen die kontinentale Kruste schließlich zur Übergangskruste ausgezerrt werden, die nur mehr 10–15 km dick und von zahlreichen basaltischen Gängen durchsetzt ist. Dieses Stadium ist gegenwärtig in der dreieckförmigen Afarsenke am Nordende des ostafrikanischen Grabens (Abb. 26) erreicht.

Die Wärmeabfuhr aus dem Mantel konzentriert sich in der Folge zunehmend auf eine schmale Mittelachse, an welcher aufdringendes Magma schließlich neue, rein ozeanische Kruste bildet. Die alten Flankengebiete des Rifts erfahren währenddessen Abkühlung und thermisch kontrollierte Subsidenz, sinken zu Küstenzonen eines neu entstehenden Ozeans ab. Am Ende der Entwicklung steht eine neue, divergierende Plattengrenze. Bestes Beispiel dafür ist das Rote Meer.

> NW-ziehender Riftgürtel des **Roten Meeres** begann seine Entwicklung vor rund 40 Mill. Jahren. Sohle eines sinkenden asymmetrischen Grabens wurde allmählich zu seichtem Meeresarm. In dessen südlichem Teil seit 7–5 Mill. Jahren Neubildung ozeanischer Kruste nachgewiesen. Bis heute entstand Zuwachsstreifen von 50–70 km Breite, gelegen in einer Wassertiefe von 2000 m. Der aktuelle Zuwachs beträgt im Südteil 1,4 cm und im Nordteil 0,8 cm pro Jahr.

Küstenzonen des jungen Ozeans erhalten Sedimentzufuhr vom angrenzenden Kontinentalrand. Die abgelagerten Sedimente bedeuten eine Auflast, das heißt zur Wahrung des isostatischen Gleichgewichts muss sich Kruste senken (vgl. Kap. 3.2.5: isostatischer Ausgleich bei Auflast durch große Eisschilde). Lang anhaltende Subsidenz passiver Kontinentalränder besteht somit aus zwei Komponenten: einer thermisch kontrollierten und einer durch die Sedimentlast bedingten. Während sich Ozean nun ständig vergrößert, entwickeln sich an seinen Rändern über den alten Rift-Ablagerungen Sedimentkeile, die im Falle des Atlantiks bereits Mächtigkeiten von mehr als 15 km erreicht haben (Ostküste der USA).

Kollisionsorogene (→ I, 4.3.2) zeigen uns an, dass sich Ozeane in geologischer Vergangenheit auch wieder geschlossen haben. J.T. Wilson beschrieb als erster die sukzessive Öffnung und Schließung von Ozeanen, ein plattentektonisches Geschehen, das seither ***Wilson-Zyklus*** genannt wird. Typische Erdzonen, welche in entsprechende Reihenfolge gebracht, die verschiedenen Entwicklungsstadien eines Ozeans demonstrieren, sind:

- Das Ostafrikanische Grabensystem als Vorstadium
- Das Rote Meer als junger Ozean
- Der Atlantik, welcher sich seit dem frühen Jura öffnet und heute ein fortgeschrittenem Reifestadium darstellt
- Der Pazifik mit beiderseits entwickelten Subduktionszonen, die weiterer Arealvergrößerung des Ozeans ein Ende setzen
- Das Mittelmeer als kleines Restmeer der früheren Tethys
- Der Himalaja als Ergebnis der Schließung eines Ozeans.

4.4 Subduktionszonen

Rechnet man gegenwärtige Krustenneubildung an ozeanischen Rücken auf geologische Zeiträume hoch, so ergibt sich ein Zuwachsbetrag von 750 Mill. km^2 seit der mittleren Kreide. Demgegenüber steht, dass eine wesentliche Veränderung des Erdumfanges heute auszuschließen ist, das heißt ebenso viel Material wurde auch wieder vernichtet. Vernichtungsprozess selbst ist dabei so vorzustellen, dass eine Lithosphärenplatte abknickt, schräg in den Mantel taucht und sich schließlich in dessen Tiefe verliert (vgl. dazu die Profildarstellungen von Subduktionszonen in Abb. 20 und 27).

Leitlinien dieses spezifischen Bildes stammen aus seismischen Daten, welche die häufigen Erdbeben in Benioff-Zonen liefern: Deren Herdverteilung zeugt von der Existenz großflächiger, schräg die Kruste und den oberen Mantel durchteufenden Scherzonen (→ I, 3.3.4). Anders als an jungen, „heißen“ MORs fallen diese Erdbeben als Starkbeben aus, da starres abgekühltes Material der gealterten Lithosphärenplatten keinerlei Spannungsabbau durch plastische Verformungen zulässt. Im Mantel schließlich verrät sich Lage der abtauchenden Lithosphäre durch sprunghafte Änderung in Ausbreitungsgeschwindigkeit querender Erdbebenwellen. Moderne geophysikalische Untersuchungen lassen ein Absinken der Platte bis zur Kern-Mantel Grenze vermuten.

Wenn abtauchende Platte Tiefe von 100 km erreicht hat, kommt es zur Bildung von Gesteinsschmelzen. Wichtige Rolle dabei spielt das Wasser, welches abtauchende Platte in ozeanischer Kruste und mitgeschleppter Sedimenthaut mit sich führt. Sobald dieses Wasser ausgetrieben wird und hochzusteigen beginnt, stellen sich Aufschmelzprozesse ein, da Gegenwart von Wasser Schmelztemperatur von Gesteinen erheblich erniedrigt (vgl. I, 5.2.1). Gesamtvolumen der Magmaförderung aber deutlich niedriger als an MORs.

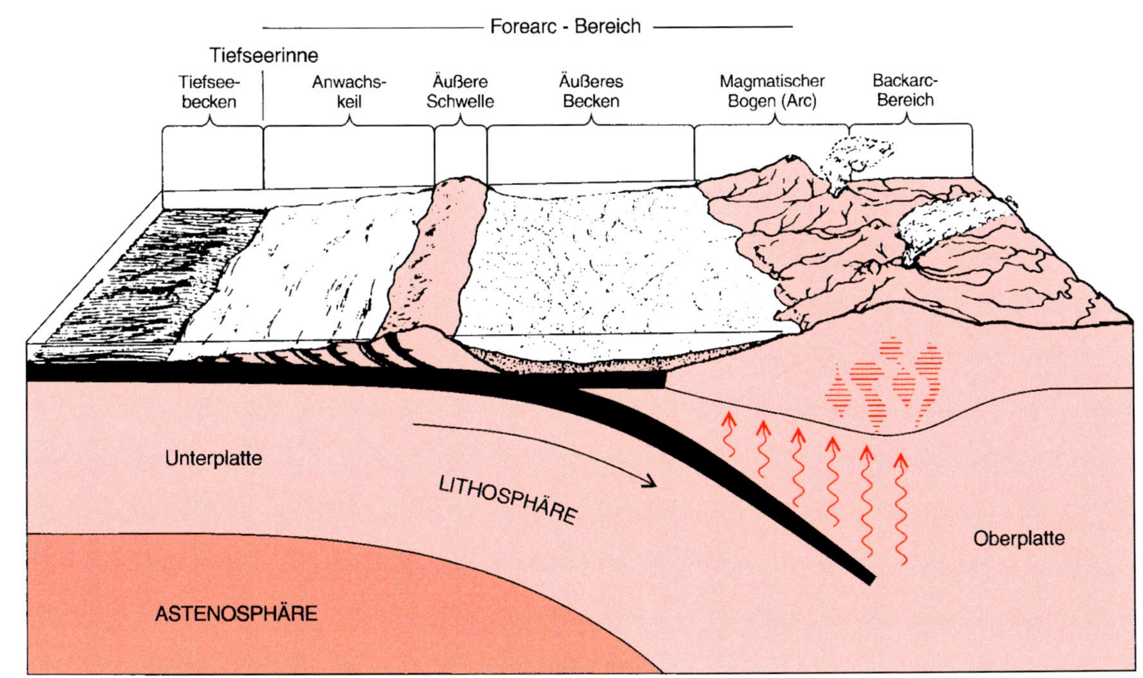

Abb. 27: Gliederung der typischen Formen-Abfolge über einer Subduktionszone

In der Regel kann nur ozeanische Lithosphäre in den Mantel abgeführt werden. Subduktion kontinentaler Lithosphäre ist aus isostatischen Gründen nicht ohne weiteres möglich, da Baumaterial zu geringe Dichte und zu hohen Auftrieb besitzt. Die in solchen Fällen entstehende Ausnahmesituation endet in heftiger Plattenkollision mit starker Gebirgsbildung und raschem Plattenabriss der abtauchenden kontinentalen Platte. Der Normalfall, nämlich die Subduktion einer ozeanischen Platte, wird an der Erdoberfläche entweder durch einen Inselbogen oder durch ein kontinentales Randgebirge markiert. Je nach Krustenaufbau werden Inselbögen in „primitive“ und „reife“ gegliedert.

An **primitiven Inselbögen** (z. B. *Marianen Inseln, Kleine Antillen*) taucht ozeanische unter ozeanische Lithosphäre. Die im Zuge der Subduktion entstehenden Magmen ähneln denen von MORs. Sie können die dünne, überlagernde ozeanische Platte leicht durchschlagen und beliefern submarine oder bereits aufgetauchte Inselvulkane mit basaltischen Gesteinszuwächsen (siehe auch I, 4.3.2, Inselbogentyp der Orogenese sowie I, 5.2.2, Subduktionszonenvulkanismus). Die Subduktionszone selbst gehört dem steilen oder „Low Stress“ Typ an (siehe weiter unten).

An **kontinentalen Randgebirgen** (z. B. *Anden*) **und reifen Inselbögen** (z. B. *Japan*) taucht ozeanische unter kontinentale Lithosphäre bzw. Kruste ab. Durch die überlagernde dicke kontinentale Kruste wird Entwicklung und Aufstieg der Subduktions-Schmelzen äußerst komplex (→ I, 5.2.2., Subduktionszonenvulkanismus). Es entstehen saure und spezifisch leichte magmatische Gesteine, wobei neben den Vulkaniten auch der Tiefengesteinsanteil groß ist. Die Gesamtsituation ist von tätigen und recht explosiven Vulkanen, tektonischer Einengung und aufsteigendem Gebirge (siehe auch I, 4.5.2, andiner Typ der Orogenese) begleitet. Die zugehörige Subduktionszone gehört dem flachen oder „High Stress“ Typ an (siehe folgende Seite).

Subduktionsprozess mündet an Erdoberfläche in ***Ausbildung einer typischen Großformen-Abfolge*** (Abb. 27). Man unterscheidet die subduzierende oder *Unterplatte* von der überfahrenden oder *Oberplatte*. Vom Ozean aus gesehen formt sich infolge des Abknickens der Platte zunächst eine Furche, die Tiefseerinne. Heutige Rinnen sind bis zu 11 km tief, 100 km breit und bis 1000 km lang (→ III, 4). Beim Unterschiebungsvorgang werden von Unterplatte Meeressedimente und zum Teil auch Späne ozeanischer Kruste abgehobelt und in einem *Anwachskeil* der Oberplatte angegliedert. Bei entsprechender Mächtigkeit kann Anwachskeil Meeresspiegelniveau überragen und als *Äußere Schwelle* eine Kette aus nichtvulkanischen Inseln bilden. Breite von Anwachskeilen schwankt je nach Sedimentanfall von 50 bis 300 km. Äußere Schwelle geht in das *Äußere Becken* über, auf dieses folgt der *Magmatische Bogen*. Seine Achse ist ein rund 20 km breites Band von Vulkanen, gespeist aus den Subduktionsmagmen. Das von Tiefseerinne und Magmatischem Bogen eingeschlossene Gebiet heißt auch ***Forearc-Bereich***. Dieser ist je nach Einfallswinkel der Subduktionszone zwischen 100 und 400 km breit und zeigt die allerhöchsten Reliefunterschiede der Erdoberfläche.

Zwischen Tiefseerinne und Vulkankette sind Höhendifferenzen von über 10 km keine Seltenheit. Zum Beispiel wird in Anden nahe Antofagasta (Nordchile) auf knapp 300 km Distanz zwischen Richards-Tief (–7636 m) und Llullai-Ilaca (+6723 m) ein Höhenunterschied von 14 359 m erreicht.

Hinter Magmatischem Bogen folgt ein breiter ***Backarc-Bereich***, in dem entweder ausgleichende Aufstiegsbewegungen des Mantels zu tektonischer Dehnung und Bildung von Randbecken führen oder konvergente Krustenbewegungen einen Überschiebungsgürtel erzeugen (vgl. dazu die unterschiedliche Dynamik in steilen und flachen Subduktionszonen).

Tiefseerinne, Äußere Schwelle und Vulkanreihe ziehen in parallelen ***Bogenstrukturen.*** Krümmung der Kontur zum Teil geometrisch bedingt: wird gewölbte Platte nach innen abgeknickt, so ist die Knicklinie kreisförmig (genauso wie Umriss einer Delle in einem undichten Gummiball). Tatsächlicher Bogenradius sowie Länge der einzelnen Subduktionszonen jedoch vom regionalen Aufbau der ozeanischen Kruste mitbestimmt.

Abtauchwinkel der Unterplatte bis 100 km hinter Tiefseerinne in allen Subduktionszonen ungefähr gleich und relativ flach, erst dann stellt sich der jeweils „charakteristische" Subduktionswinkel ein: entweder Beibehaltung einer flachen Eintauchrichtung oder steiles Abfallen der Platte in die Tiefe. Auf der Basis dieses Kriteriums zwei Typen von Subduktionszonen zu unterscheiden:

Steile oder „Low-stress" Subduktionszonen mit charakteristischen Subduktionswinkeln von mehr als 45°. Typische Beispiele sind Marianen- und Tonga-Bogen im Westpazifik. Markieren Plattengrenzen, an denen schwere, gealterte ozeanische Lithosphäre abtaucht und selbst allerstärkste Beben nur selten Magnitude 8 erreichen. Durch schnelles "Abrollen" der Unterplatte in die Tiefe bleibt die tektonische Einengung im Krustenbereich gering ("low-stress"). Vulkangipfel des zugehörigen Magmatischen Bogens meist unter Meeresspiegel verborgen.

Im Backarc-Bereich von Low-stress Subduktionszonen sogar Zerrungstektonik und Öffnung eines *Randbeckens* zu beobachten. Bei extremer Extension kann sich ähnliches Prozessgeschehen wie an jungen ozeanischen Spreizungszentren einstellen, nämlich Entwicklung eines Grabenbruches, Aufstieg von Mantelmagma und Neubildung von ozeanischer Kruste. Junge ozeanische Randbecken kennt man vor allem aus dem Westpazifik; dort umfassen sie einen großen Prozentsatz der submarinen Erdoberfläche. Atlasbild der ostasiatischen Randmeere darf allerdings nicht mit Umriss dieser tektonischen Randbecken gleichgesetzt werden; in ausgewiesenen Wasserflächen auch die flachen Schelfmeere enthalten!

Flache oder „High-stress" Subduktionszonen mit charakteristischen Subduktionswinkeln von weniger als 45°. In typhafter Ausprägung am aktiven Kontinentalrand von Chile, Peru und Mexiko zu finden. Flache Subduktionszonen entwickeln sich, wenn Unterplatte schwer zu subduzieren ist, weil sie unter Auftrieb steht. Dies ist bei junger, noch "heißer" ozeanischer Lithosphäre oder bei

Andriften von kontinentalen Krustenspänen der Fall. Magnituden der auftretenden Starkbeben häufig größer als 8. Gesamter Subduktionsbereich durch hohe tektonische Spannungen und starke Einengung ("high-stress") charakterisiert: selbst in Back-arc-Zone entstehen Überschiebungsgürtel. Außerdem beträchtliche isostatisch-tektonische Heraushebung des Magmatischen Bogens.

Als konvergierende Plattengrenzen sind Subduktionszonen überwiegend durch tektonische Einengung (Kompression) gekennzeichnet. Daraus resultierende Krustenverkürzung führt zusammen mit magmatischem Zuwachs zur Entstehung von Gebirgen im weitesten Sinn. Teil 4.5.2 des Kapitels „Gebirgsbildung" enthält daher wichtige Ergänzungen zu den Ausführungen an dieser Stelle.

4.5 Gebirgsbildung

Gebirgsbildung heißt auf Griechisch „orogenesis"[54]. Daraus abgeleiteter Begriff „Orogenese" in der geologischen Literatur ursprünglich auf Ausformung des inneren tektonischen Baus von Gebirgen beschränkt und in Gegensatz zum Begriff „Epirogenese"[55] gestellt.

Orogenese: Geologisch gesehen rasch stattfindende Gesteinsdeformationen, bei denen alle Formen der Falten- und Bruchtektonik auftreten und zu völlig neuen Lagerungsverhältnissen führen; im Vergleich zur Epirogenese engräumig wirksam.

Epirogenese: Weitgespannte, langsame und langandauernde Aufwölbungen und Einsenkungen der Erdkruste ohne Veränderung der Lagerungsverhältnisse; heute in ihrer Natur vielfach als isostatische Ausgleichsbewegungen nachweisbar.

Gegensatz Epirogenese und Orogenese nicht von so grundsätzlicher Art wie früher angenommen, da vielerorts groß- und kleinräumige Strukturen, auch ihrer Entstehung nach, ohne scharfe Grenzen ineinander übergehen.

Klassische Lehre über den Ablauf der Gebirgsbildung ist die *Geosynklinaltheorie*. Gilt heute durch Aufschwung der Plattentektonik vielfach als überholt, jedoch schließen sich Vorstellungen der modernen Plattentektonik und Vorstellungen der klassischen Geosynklinal-Lehre keineswegs aus, sondern lassen sich weitgehend miteinander verbinden.

4.5.1 Ablauf der Gebirgsbildung nach der Geosynklinal-Lehre

Bildungszyklus eines Gebirges hat drei Entwicklungsstadien: der *geosynklinalen Frühzeit* folgt die *eigentliche Orogenese* und schließlich die *Spätzeit des Gebirges*.

[54] griech. oros = Gebirge; griech. genesis = Entstehen, Werden

[55] griech. épeiros = Festland

Geosynklinal-Stadium (Abb. 28, 1. Bild): Gebirgsbildung beginnt mit Absenkung eines mehrere 100 bis über 1000 km breiten, meeresbedeckten Krustenstreifens. Entstehender Senkungstrog wird Geosynklinale genannt. Trogachse füllt sich mit Tiefwassersedimenten und basischen bis ultrabasischen Laven auf; sie wird als *Eugeosynklinale* (= „gute“, eigentliche Geosynklinale) bezeichnet. Ihr gegenüber steht die randliche *Miogeosynklinale* (= „weniger [gute]“ Geosynklinale), charakterisiert durch Flachwasser-Sedimentation bei starker Absenkung und weitgehendem Fehlen von Magma-Förderung. Senkung und Sedimentation halten sich dabei oft die Waage. Nur so können jene mächtigen Gesteinsfolgen entstehen, welche für die großen Kettengebirge der Erde so typisch sind.

Orogenetisches Stadium (Abb. 28, 2. und 3. Bild): Übergang vom Geosynklinal-Stadium in Orogenese insbesondere im eugeosynklinalen Bereich gleitend: Einsetzen der Faltungsvorgänge zu einer Zeit, in der Absenkung und Sedimentation noch andauern. Während zentraler Teil der Geosynklinalsedimente bereits zusammen geschoben und gefaltet wird, randlich noch kräftige Sedimentation. Zusammen mit Faltungsprozessen erfolgt in inneren Bereichen der Geosynklinale Metamorphose, zum Teil sogar Aufschmelzung von Krustenteilen. Dabei entstehen intermediäre bis saure Magmen, welche in Basis des werdenden Faltenkomplexes eindringen und dort mächtige Tiefengesteinskörper bilden.

Typisches Produkt der Sedimentation während orogenetischem Stadium ist der **Flysch**[56], eine Tiefwasserbildung, charakterisiert durch rhythmische Wechselfolgen von Sandsteinen einerseits und Tonmergeln, Ton- und Schluffsteinen andererseits. Flysch entsteht aus Material, welches in Turbidity Currents (→ III, 4) transportiert wurde. Mit Abnahme der Geschwindigkeit und damit der Transportkraft des Turbidity Current sinken die gröbsten Partikel der Suspension zuerst zu Boden, dann immer kleinere, während tonige Restsubstanzen sich oft nur sehr langsam absetzen. Diese Abfolge wiederholt sich in Bänken, deren jede einzelne einem Turbidity Current entstammt.

Spätorogenes Stadium (von geologischer Seite her gelegentlich auch *morphogenetisches Stadium* genannt, Abb. 28, 4. Bild): Gebirge hat tektonisch seine volle Gestaltung nahezu erreicht und beginnt aufzusteigen. Durch die während langer Geosynklinalzeit angehäuften, spezifisch leichten Sedimentmengen und deren anschließenden Zusammenschub ist Tiefenwulst leichteren Gesteins, eine „Gebirgswurzel“ entstanden. Sie erzeugt isostatischen Auftrieb. Durch Hebung tritt allmählich das *geographische Gebirge* in Erscheinung.

In seinem Vor- und Rückland bilden sich nun Senkungströge, welche anfallenden Abtragungsschutt aufnehmen. Es entsteht Sedimentpaket aus Tonsteinen, Mergeln, Sandsteinen und gelegentlich auch Konglomeraten, welches *„Molasse“*[57] genannt wird. Zum Schluss Molasse-Tröge meist noch von ausklingenden Faltungsprozessen erfasst und häufig randlich überschoben, wie z. B. die Vortiefe am Alpen-Nordrand.

[56] schweiz. flîsch = Bezeichnung für tonige, bei Durchfeuchtung „fließende“ Gesteine

[57] franz. mollasse = schlaff, sehr weich

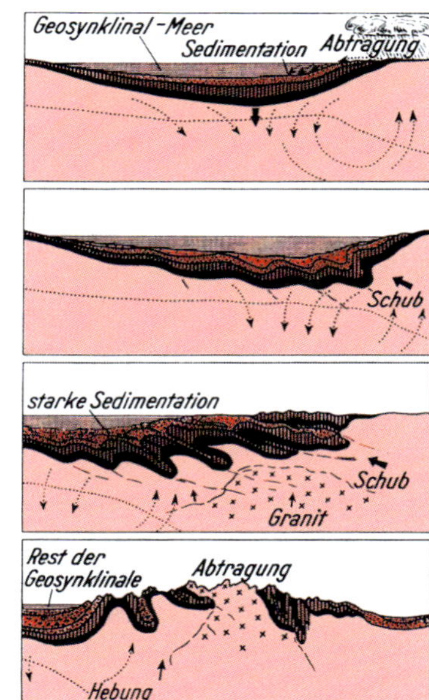

Abb. 28: Entwicklung eines Gebirges nach dem Geosynklinalmodell

In allerletzter Phase der Gebirgsbildung Entstehung von Brüchen möglich, an denen nochmals saure Vulkanite oder Granite aus der Tiefe hoch befördert werden. Insbesondere randlich, wo orogener Block durch seinen Auftrieb von Vor- und Rückland abreißt, können sich tief greifende Bruchstörungen entwickeln.

4.5.2 Ablauf der Gebirgsbildung nach plattentektonischen Vorstellungen

Die modernen ozeanographischen Untersuchungen haben gezeigt, dass klassische miogeosynklinale Sedimentabfolge typischerweise am Kontinentalschelf über kontinentaler Kruste entsteht, die eugeosynklinale Sedimentabfolge im daran anschließenden Tiefseebereich. Miogeosynklinale Flachwasserablagerungen können sich zudem im Backarc-Bereich eines Inselbogens bilden, eugeosynklinale Tiefwasserablagerungen in Tiefseerinnen oder auf der Ozeanseite von Inselbögen.

Orogenetisches Stadium wird durch Entwicklung einer Subduktionszone eingeleitet. Stil der Orogenese abgewandelt je nach Art der konvergierenden Platten: daher zu unterscheiden zwischen *Inselbogen-Typ* (Konvergenz zweier ozeanischer Platten), *Andinem Typ* (Konvergenz einer ozeanischen und einer kontinentalen Platte) und *Kollisionstyp* (Konvergenz zweier kontinentaler Platten) *der Orogenese.*

Beim **Inselbogentyp** entwickelt sich die Subduktionszone nicht am Kontinentalrand, sondern in einiger Entfernung von diesem im Tiefseebereich. Aus dem „Geosynklinalstadium" liegen nur die dünnen Sedimentbedeckungen der beiden ozeanischen Platten vor. Im Vergleich zu anderen Typen der Orogenese sind die gebirgsbildenden Prozesse einfach. Bestehen im Wesentlichen aus vulkanischer Förderung auf der Oberplatte, während Faltungsvorgänge und Metamorphose nur geringfügige Rolle spielen und granitische Intrusionen fehlen. Ergebnis der Orogenese ist der Aufbau einer vulkanischen Inselreihe über der Subduktionszone. Junge Orogene vom Inselbogentyp (z. B. Tonga-Inseln) daher primär von einfachem Bau bei geringem Krustenzuwachs und geringer Heraushebung.

Dass viele der älteren Inselbogensysteme im Westpazifik einen komplexeren Bau zeigen ist zurückzuführen auf eine lange, wechselvolle Entwicklungsgeschichte aus Kollisionen mit anderen Krustenfragmenten, aus Verlagerungen der Subduktionstätigkeit und aus Einengung der vor und hinter dem Inselbogen abgelagerten Sedimente.

Andiner Typ der Orogenese durch die Anden und die nordamerikanischen Kordilleren repräsentiert. Gebirgsbildung beginnt mit Entwicklung einer Subduktionszone an zuvor passivem Kontinentalrand. Dieser ausgezeichnet durch mächtige Sedimentabfolgen aus Abtragung des dahinter liegenden Kontinents (Abb. 29). Da sich leichte Kontinentalkruste wegen ihres Auftriebs der Subduktion widersetzt, taucht ozeanische Platte unter kontinentale ab. In der Folge gerät sedimentbeladener Rand der kontinentalen Oberplatte über schräger Subduktionszone in zunehmende Einengung. Damit wachsende Deformation, Zerscherung und Faltung im oberen Teil des Sedimentstapels, während in der Tiefe Druck und steigende Temperaturen eine massive Metamorphose bewirken. Gelegentlich sind in den Deformationskomplex auch Bruchstücke ozeanischer Kruste eingebaut, so genannte *Ophiolite*, welche im Zuge der Subduktion von der Unterplatte abgeschert wurden. Unterschied zum Inselbogentyp: Neben Oberflächenvulkanismus massiver Krustenzuwachs durch Plutonismus: Aus abtauchender Platte ausschmelzende Magmen nehmen beim Aufstieg durch kontinentale Oberplatte Nebengesteinsanteile in sich auf; werden dadurch in ihrem Chemismus zunehmend saurer und tendieren zur Ausbildung großer granitischer Tiefengesteinskörper, welche in Basis des späteren Gebirgskomplexes eindringen (Abb. 29; siehe auch Kapitel 5.2.4). Durch Mächtigkeitszunahme der spezifisch leichten Gesteine erfolgt schließlich Auftrieb und Heraushebung eines Gebirges.

Je länger Subduktionszone besteht, desto stärker der magmatische Zuwachs und die Krustenverdickung. Nicht selten auch Beschleunigung der Krustenverdickung durch so genannte *„Terran-Akkretion"*: An Subduktionszonen werden neben Sedimenten auch herangeführte Blöcke aus kontinentaler Kruste von der

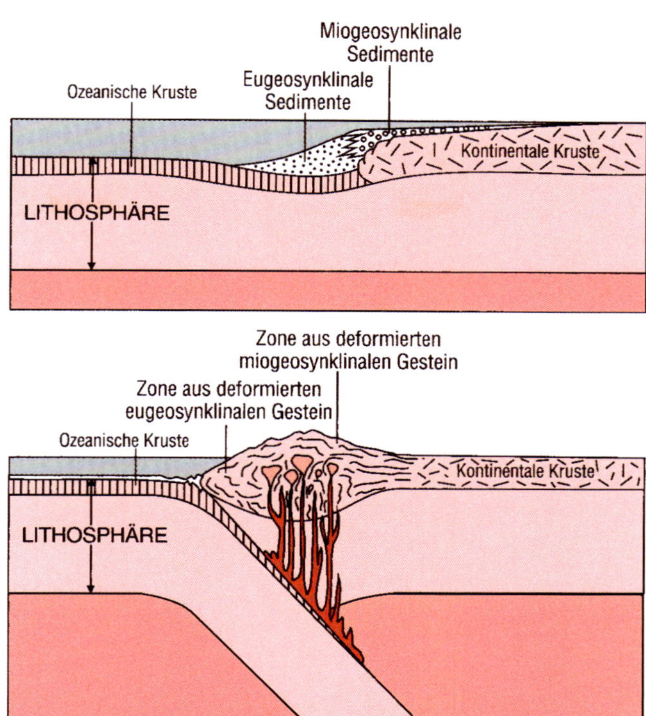

Abb. 29: Gebirgsbildung durch Subduktion einer ozeanischen Platte unter eine kontinentale

unteren Platte tektonisch abgeschert und an der Vorderseite der oberen Platte angeschweißt. Solche Terrane können z. B. aus inaktiven magmatischen Bögen oder ozeanischen Plateaus bestehen. Terran-Akkretion leitet über zu Prozessen, die bei Kollision zweier kontinentaler Platten wirksam werden.

An nordamerikanischer Westküste etwa 100 solcher Terrane identifiziert. Entstehung der Terrane fernab jetzigen Standorts ersichtlich aus allseitig umgebenden Störungslinien, unterschiedlichem geologischem Aufbau im Vergleich mit Nachbargebieten, fremdartigen Fossilien, anderer paläomagnetischer Orientierung.

Zum **Kollisionstyp** der Orogenese kommt es dann, wenn kein Krustensplitter eines Terrans, sondern ganzer Kontinent an aktiven Kontinentalrand herandriftet. Aufgrund seiner geringen Dichte kann wandernder Kontinent bei Eintreffen an Subduktionszone nicht so ohne weiteres und vollständig in Tiefe abgeführt werden.

Die kollidierenden Krustenblöcke werden daher aneinandergeschweißt. Dabei oft in Kontaktzone *(= Geosutur)* Ophiolite als Zeugen des verschwundenen Ozeans eingequetscht. In heftigen Kollisionen kann kontinentale Kruste jedoch auch gewisse Strecke in Subduktionszone mit hinabgeschleppt und Stirn der Oberplatte unterschoben werden. Dabei löst sie sich vom tieferen Mantelanteil der abtauchenden Lithosphärenplatte ab. Innerhalb der sich durch Unterplattung verdickenden Kollisionszone tiefgreifende strukturelle Veränderungen. In basalen Teilen Metamorphose bis hin zu lokalen Aufschmelzungen, in höheren Bereichen Überwindung des Platzproblems durch Deckenüberschiebungen oder durch seitliche Fluchtbewegungen von Gesteinspaketen an großen Blattverschiebungen. Starke Krustenverdickung führt schließlich zur isostatischen Heraushebung des Deformationskomplexes. Außenrand des entstehenden Gebirgszuges begleitet von einer Senke, welche Abknicken der Unterplatte in die Subduktion markiert. In dieser Vortiefe starke Schuttanlieferung vom aufsteigenden Gebirge *(= Molassebildung),* welche zunächst durch andauernde Absenkung des Beckenbodens kompensiert wird. Wegen zunehmender Reibung verlangsamt sich jedoch schließlich Konvergenzbewegung der beiden kollidierten Platten und Subduktion kommt zum Erliegen. Damit auch weitere Absenkung des Molassebeckens unterbunden; wird aufgefüllt.

Aus Kollisions-Typ der Orogenese ging eurasischer Kettengebirgsgürtel hervor, welcher sich vom Mittelmeerraum bis nach Hinterindien verfolgen lässt. Dabei Gebirgsbau des westlichen Endes, wie z. B. jener der Alpen, durch das Fehlen magmatischer Bögen gekennzeichnet. Trennendes Ozeanbecken erreichte nie große Breite und Subduktionsphase war zu kurz um bedeutende Mengen an Magma zu produzieren. Anders die Situation im Osten; z. B. Orogenese des Himalajas durch Kollision Asiens mit einer aus der Ferne angedrifteten Scholle, dem Indischen Kontinent.

Beispiel zur Kollisionsorogenese: Bildung der Alpen (→ Abb. 30 a und 30 b)

W. Frisch (Frisch 1979, Frisch u. Meschede 2009) gliedert Entwicklungsgeschichte der Alpen in 5 Abschnitte:

1. Abschnitt (Darstellung 1 in Abb. 30 a u. b): Zur Zeit des ausgehenden Paläozoikums und in der Trias bestand der Riesenkontinent Pangäa. War teilweise von einem Schelfmeer überflutet, das von der Tethys vordrang. Der an Tiefseebecken der Tethys im SE angrenzende Schelfrand (= ostalpiner-südalpiner Bereich) senkte sich während Trias um mehrere tausend Meter bei gleichzeitiger „miogeosynklinaler“ Ablagerung von Flachwassersedimenten. Diese bauen heute die Nördlichen Kalkalpen und die Südalpen auf.

2. Abschnitt (Darstellung 2 in Abb. 30 a u. b): Zu Beginn des Jura setzte Zerfall von Pangäa ein. Zwischen Nordkontinent Laurasia und Südkontinent Gondwanaland entwickelte sich das schmale Südpenninische Ozeanbecken, welches über eine Transformstörung mit dem sich öffnenden zentralen Atlantik verbunden war. In diesem „eugeosynklinalen Bereich“ Ablagerung von Tiefseesedimenten über ozeanischer Kruste, heute z. B. die Schieferhülle im Tauernfenster der Ostalpen oder die mächtigen Bündner Schiefer der Westalpen bildend. Der ostalpin-südalpine Meeresbereich nun vom Nordkontinent durch ein Tiefseebecken getrennt. Der laurasische Schelf begann verstärkt abzusinken und wurde zum mittelpenninischen und landwärts folgenden helvetischen Ablagerungsraum.

3. Abschnitt (Darstellungen 3 und 4 in Abb. 30 a u. b): Mit Beginn der Kreide entwickelte sich zwischen Mittelpennin und Helvetikum ein zweiter tiefer Ozeantrog unter teilweiser Neubildung von ozeanischer Kruste – der Nordpenninische Ozean. Auf diese Weise ein kleiner Splitter kontinentaler Kruste, die mittelpenninische Mikroplatte abgespalten. Losbrechen solcher Schollen ist in Geschichte des alpinen Mediterrangürtels keine Seltenheit. Aus Karte 3 auch Ablösung der adriatischen Platte zu erkennen, zuvor ein weit nach NO vorspringender Sporn Gondwanalands. Eingespannt zwischen der in Kreidezeit nach O drängenden afrikanischen Platte und der nach W drängenden europäischen Platte rotieren diese Mikroplatten im Gegenuhrzeigersinn. In dem sich verändernden Spannungsfeld zugleich Entwicklung einer nach Süden abtauchenden Subduktionszone im südpenninischen Ozean und Bildung einer Tiefseerinne vor der ostalpinen Stirn: Beginn der Einengungstektonik in den Alpen. Diese erreicht am Ende des 3. Abschnitt ihren ersten Höhepunkt mit der Kollision von Mittelpenninischer und Adriatischer Platte. Mittelpennin dabei dem Ostalpin unterschoben, wobei die südpenninischen Sedimente mit Ophiolitresten dazwischen eingekeilt wurden. Zeugen dieser Geosutur heute z. B. im Tauernfenster zu finden. Als Folge dieser ersten „Kontinent-Kontinent“-Kollision wird Adriatische Platte tektonisch zerlegt. Ostalpiner Sedimentkörper löst sich von seinem Untergrund ab, wird in eine Vielfalt von Decken zerschert und gestapelt.

4. Abschnitt umfasst ausgehende Kreidezeit und Beginn des Tertiärs, endet mit Schließung des Nordpenninischen Ozeans. In diesem kontinuierliche Flyschsedimentation ohne Bruch zwischen der langsamen Öffnungsphase und der folgenden Schließung des Meerestroges. Beginn der südgerichteten Subduktion im Nordpenninischen Ozean unbekannt, möglicherweise erst in einem späten Stadium des 4. Abschnittes als Einengungstektonik in den Alpen einen zweiten Höhepunkt erreicht, diesmal ausgelöst durch nunmehrige Norddrift von Afrika. Im Eozän Eingleiten des ostalpinen Deckenstapels in den sich verengenden nordpenninischen Trog und bald darauf Schließung des letzten Ozeanraumes. Bei dieser zweiten „Kontinent-Kontinent“-Kollision wurde Flysch den helvetischen Sedimenten auf dem Kontinentalschelf Europas überschoben.

5. Abschnitt (Darstellung 5 in Abb. 30 a u. b): Die Krustenmächtigkeit im alpinen Zentralgürtel hatte durch die Überschiebungen 50–60 km erreicht. Dadurch starke isostatische Heraushebung der Alpen, während sich in ihrem Vorland ein Molassetrog entwickelt. Einengung hält bis Ende Tertiär an, sodass auch allerjüngste Molassesedimente noch von Überschiebungsbewegungen erfasst werden.

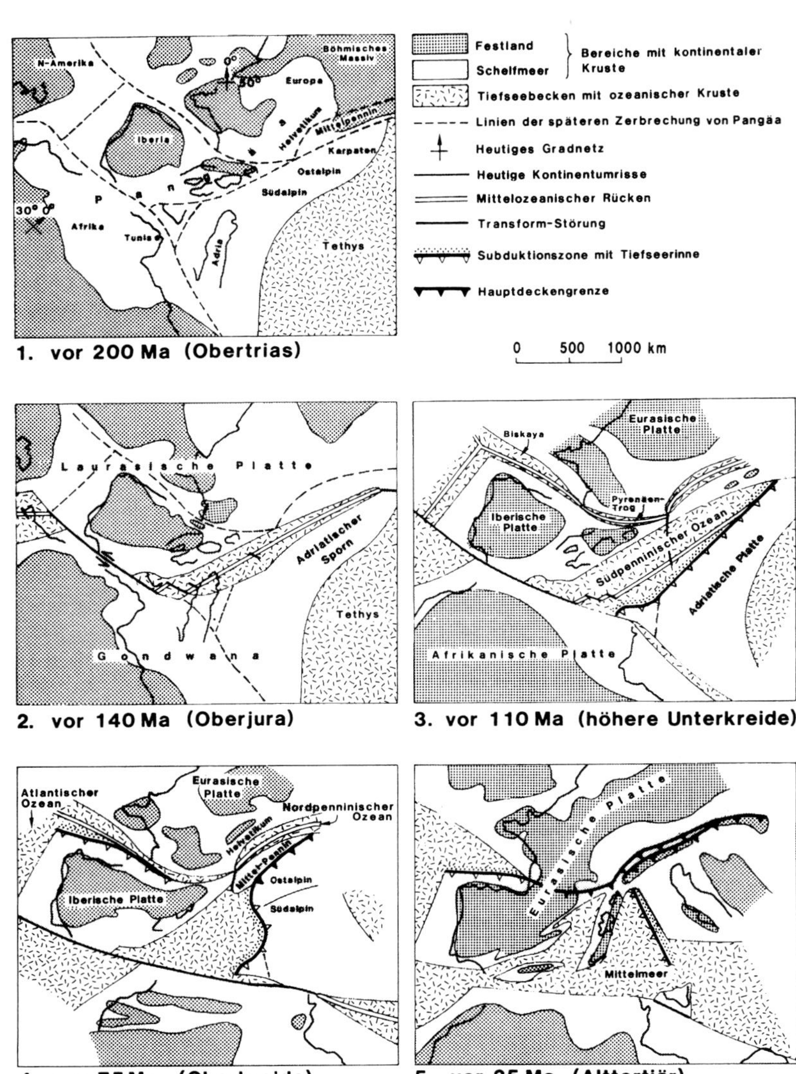

Abb. 30 a: Plattentektonische Entwicklung des Alpenorogens (nach W. Frisch 1979)

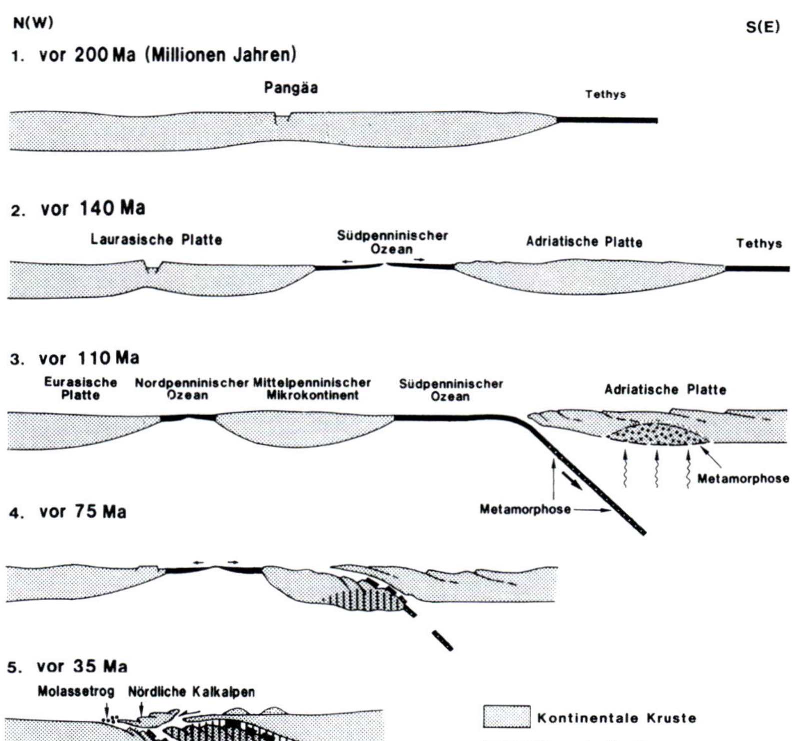

Abb. 30 b: Schematische Profile zur Entwicklung des Alpenorogens, ergänzend zu den Kärtchen in Abb. 30 a

4.5.3 Das Anwachsen Europas

Fertiges Gebirge unterliegt im Laufe der Zeit fortschreitender Abtragung. Dabei immer tiefere Stockwerke vom inneren Bau des Orogens freigelegt, schließlich dessen Sockel aus Graniten und stärkst deformierten und metamorphisierten Gesteinen. Gleichzeitig Wandel des Formenbildes vom Hochgebirge zum *Rumpfgebirge* mit ausgeprägten Flachformen. Strukturelle Merkmale dieses Stadiums sind Bruchbildung, Entwicklung von Gräben und Horsten sowie Förderung von

Abb. 31: Wachstum Europas durch Nord-Süd-Wanderung der Orogengürtel

basischen bis sauren Vulkaniten. Am Ende aller Abtragungs- und tektonischen Prozesse ist an Stelle des Orogens ein konsolidierter *Kraton* getreten. Zeigt sich häufig als morphologisch ausdrucksloser *kristalliner Schild* (z. B. Baltischer Schild, Kanadischer Schild); ist tektonisch relativ stabil.

Verschiedentlich tief abgetragene Rumpfgebirge sowie kristalline Schilde später von jüngeren Sedimentgesteinsmassen bedeckt. Treten in diesem Fall als *Schichttafelländer* bzw. bei leichter Schrägstellung der Sedimente als *Schichtstufenländer* entgegen.

Kratone der Nordkontinente von jüngeren Gebirgszonen umgeben. Aus dieser Beobachtung entwickelte H. STILLE in den 40er Jahren das geotektonische Konzept von der allmählichen Vergrößerung der Kontinente durch Anschweißung jüngerer orogenetischer Zonen.

Älteste geotektonische Baueinheit Europas, *„Ur-Europa"* besteht aus präkambrischem Kraton „Fennosarmatia". Übrige Landmassen in drei großen Gebirgsbildungsphasen daran angebaut (Abb. 31):

Kaledonische Gebirgsbildung: beginnt Ende des unteren Silurs, Maximum Ende Silur, erlischt im Devon. Entstehung der Gebirge in Wales, Irland, Schottland, Skandinavien. An Ur-Europa wurde *Paläo-Europa* angeschweißt.

Variskische Gebirgsbildung: beginnt Ende Devon, Maximum im Karbon, erlischt im Perm. Entstehung der Deutschen Mittelgebirge, Vorläufer der Alpen. Landmassen um *Meso-Europa* nach Süden vergrößert.

Alpidische Gebirgsbildung: beginnt in der Mittelkreide, Maximum zwischen Kreide und Jungtertiär, Andauer bis in Gegenwart. Aus alpidischer Faltung gingen junge Kettengebirge Südeuropas als *Neo-Europa* hervor.

Literatur

AMPFERER, O., 1941: Gedanken über das Bewegungsbild des atlantischen Raumes. Sitz.-Ber. Akad. Wiss. Wien, Mathem.-nature. Kl. Abt. I, 150, 19–35.

AYALEW, D. u. GIBSON, S.A., 2009: Head-to-tail transition of the Afar mantle plume: Geochemical evidence from a Miocene bimodal basalt-rhyolite succession in the Ethiopian Large Igneous Province. Lithos 112, 461–476

COX, A. u. HART, R.B., 1986: How it works. Blackwell Scientific. Oxford.

EISBACHER, H.G., 1991: Einführung in die Tektonik. Stuttgart. Enke.

DAVIES, G.F., 2005: Dynamic earth. Plates, plumes and mantle convection. Cambridge University Press.

FOWLER, C.M.R., 2005: The solid earth. An introduction to global geophysics. Cambridge University Press.

FRISCH, W., 1979: Tectonic progradation and plate tectonic evolution of the Alps. Tectonophysics 60, 121–139.

FRISCH, W. u. LOESCHKE, J., 1986: Plattentektonik. Darmstadt. Wiss. Buchges. (= Erträge der Forschung 236)

FRISCH, W. u. MESCHEDE, M., 2009: Plattentektonik und Gebirgsbildung. 3. Aufl., Wissenschaftliche Buchgesellschaft. Darmstadt.

HAMBLIN, W.K., 1989: The earth's dynamic systems. A Textbook in Physical Geology. 5.Aufl., Macmillian. New York.

HESS, H., 1962: History of the Ocean Basins. In: Petrologic Studies: A Volume in honor of A.F. Buddington. New York. 599–620.

HOLMES, A., 1993: Principles of Physical Geology. 4. Aufl. Chapman & Hall, London.

HSÜ, K.J. [ed.], 1983: Mountain Building Processes. Academic Press. London.

ISACKS, B., OLIVER, J. u. SYKES, L., 1968: Seismology and the New Global Tectonics. Journal of Geophysical Research 73, 5855–5899.

MILLER, H., 1992: Abriß der Plattentektonik. Enke, Stuttgart.

MORGAN, W.J., 1972: Plate motions and deep mantle convection. Geological Society of America Memoir 132, 7–22.

OZEANE UND KONTINENTE. Ihre Herkunft, ihre Geschichte und Struktur. Mit e. Einf. v. P. Giese. Heidelberg: Spektrum der Wissenschaft 1983.

RICHTER, D., 1992: Allgemeine Geologie. 4. verbes. u. erweit. Aufl., de Gruyter. Berlin, New York.

ROEDER, D. u. BÖGEL, H., 1978: Geodynamic interpretation of the Alps. In: Closs, H., Roeder, D. u. Schmidt, K. [eds.]: Alps, Apennines, Hellenides, Geodynamic Investigations along Geotraverses. Schweizerbart, Stuttgart. 191–212.

SCHÖNENBERG, R. u. NEUGEBAUER, J., 1987: Einführung in die Geologie Europas. 5. Aufl., Rombach. Freiburg.

STROBACH, K., 1991: Unser Planet Erde. Ursprung und Dynamik. Berlin, Stuttgart.

SUMMERFIELD, M.A., 1991: Global Geomorphology. An introduction to the study of landforms. Longman Scientific & Technical.

WEGENER, A., 1962: Die Entstehung der Kontinente und Ozeane. Nachdruck der 4. Aufl., Braunschweig.

WILSON, J.T., 1963: Evidence from islands on the spreading of ocean floors. Nature 197, 536–538.

WINDLEY, B.F., 1984: The evolving continents. 2. Aufl., Wiley.

5 Vulkanismus

5.1 Allgemeine Grundlagen des Vulkanismus

Vulkanismus[58] ist Ausdruck der thermischen Vorgänge im Erdinneren und umfasst alle mit dem Aufstieg von heißen Gesteinsschmelzen zur Erdoberfläche verbundenen Erscheinungen. Wie aus alten, stärkst abgetragenen Resten von Basaltdecken oder Vulkan-Massiven geschlossen werden kann, war Vulkanismus in früheren geologischen Zeiträumen ein viel dominanterer Gestaltungsfaktor des Erdreliefs als heute. In bestimmten tektonischen Zonen der Erde aber auch gegenwärtig von größtem Einfluss auf geomorphologische Formung. Als endogener Prozess schafft Vulkanismus neue Formen des Erdreliefs; dabei natürlich Störung von anderen geomorphologischen Prozesskreisen möglich, z. B. wenn ein etabliertes Flusswerk durch Lavastrom blockiert und dadurch zu völliger Neuorientierung gezwungen wird.

Wissenschaftsdisziplin der Vulkanologie verharrte lange Zeit in deskriptiver Erfassung der vulkanischen Oberflächenformen sowie der Chronologie von Ausbrüchen. Erst das Konzept der Plattentektonik brachte den entscheidenden Aufschwung und leitete eine neue Phase in der Erforschung der Vulkane und ihrer Entstehung ein. Im letzten Jahrzehnt starker Impuls durch die Datenflut über den extraterrestrischen Vulkanismus, welcher insbesondere Mond, Mars und den Jupitermond Io prägt.

Ausmaß der gegenwärtigen vulkanischen Aktivität auf der Erde schwer in Zahlen zu fassen. Während historischer Zeit rund 550 Vulkane ausgebrochen. Länge der geschichtlichen Aufzeichnung jedoch je nach Erdteil sehr unterschiedlich. Zweite Schwierigkeit ergibt sich aus den sehr langen Ruhezeiten, die zwischen Vulkanausbrüchen liegen können und mit einer Größenordnung von hunderten bis tausenden Jahren den Zeitraum der Geschichtsschreibung weit überschreiten. In der Wissenschaft wird daher Beurteilung von *aktivem, schlafendem und erloschenem Vulkanismus* auf das Holozän (= die letzten 10 000 Jahre) bezogen. Untersuchung und Datierung von vulkanischen Förderprodukten lässt auf 1300–1500 holozäne Vulkanausbrüche schließen. Zu den 550 in historischer Zeit aktiv gewordenen Vulkanen treten somit weitere knapp 1000 hinzu, die als potentiell aktiv, oder derzeit „schlafend" eingestuft werden müssen.

Genauso schwierig ist Schätzung der weltweiten Gesamtförderung von Magma, da dieses zum Großteil submarin und damit weitgehend unbeobachtet austritt. J. Crisp (1984) gibt jährliche Rate von ~4 km^3 an; P. Francis u. C. Oppenheimer (2004) gehen von Förderung von 2 km^3 auf den Kontinenten aus, halten die submarine Austrittsrate für möglicherweise um bis zu eine Zehnerpotenz höher.

[58] Vulcanus = röm. Gott des Feuers; als seine Schmiede galt die zu den Liparischen Inseln gehörige Insel Vulcano

5.1.1 Geotektonische Vulkanzonen der Erde

Räumliche Verteilung des Vulkanismus auf der Erde sowie chemische Zusammensetzung und Eigenschaften der dabei geförderten Magmen zeigen bestimmte Gesetzmäßigkeiten. Abb. 32 gibt einen ersten Eindruck von der weltweiten Vulkanverbreitung. Dabei massive Konzentration entlang von konvergierenden

Namen wichtiger Vulkane

1. Toba
2. Krakatau
3. Kelut
4. Mt. Lamington
5. Matavanu
6. Daisen
7. Fudschijama
8. Katmai
9. Mt. Rainier
10. Crater Lake
11. Lassen peak
12. Paricutin
13. Colima
14. Fuego
15. Izalco
16. Irazu
17. Tolima
18. Cotopaxi
19. Misti
20. Maipo
21. Hekla
22. Haimaey
23. Lanzarote
24. Tristan da Cunha
25. Vesuv
26. Stromboli
27. Aetna
28. Santorin
29. Tousside
30. Kamerun Berg
31. Ngorongo
32. Kilimandscharo
33. Kenia
34. Mauna Loa

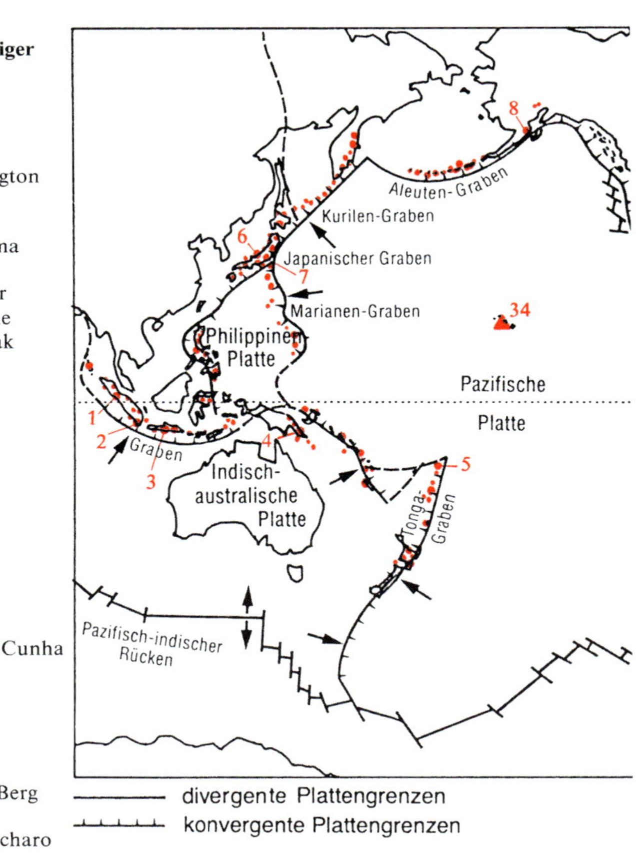

Abb. 32: Verteilung der Vulkane und plattentektonische Gliederung der Erde.

Plattengrenzen festzustellen. Karte enthält jedoch keine submarinen Vulkane. Würde man diese ergänzen, so träten die divergierenden Plattengrenzen der Mittelozeanischen Rücken (MOR) als zweite, noch dichter besetzte Vulkanzone in Erscheinung. Zugleich diametrale Unterschiede in Magmenherkunft, -menge und -chemismus sowie Ausbruchsverhalten zwischen den Vulkanen an Subduktionszonen und denen an Riftzonen der MORs. Daneben findet Vulkanismus auch

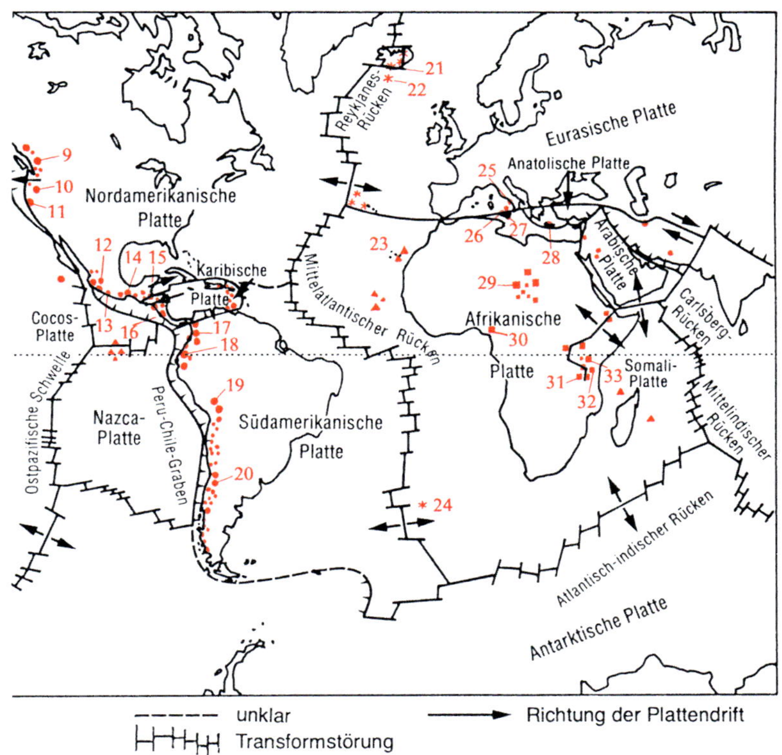

* Vulkane ozeanischer Riftzonen

▲ Vulkane ozeanischer Platten

● Vulkane an Subduktionszonen

■ Vulkane kontinentaler Riftzonen

im Inneren von Platten statt, ausgestattet mit wiederum spezifischen Eigenheiten hinsichtlich Magmenprägung und Ausbruchsverhalten. Intraplattenvulkanismus vom Volumen her untergeordnet, aber signifikant. Natürlich gibt es Übergangsvulkane, bei denen „geotektonische Position" und spezifischer „Magmenchemismus" nicht ganz so gesetzmäßig zusammen passen. Dazu gehören z. B. Island, der Ätna, oder das Afar-Dreieck am Nordrand des Afrikanischen Grabens. Insgesamt jedoch führte das zu beobachtende globale Muster zur grundlegenden Einteilung des Vulkanismus in:

- Riftzonenvulkanismus
- Subduktionszonenvulkanismus
- Intraplattenvulkanismus

J. Crisp (1984) schätzt die Mengenverhältnisse der gegenwärtigen jährlichen Magmenproduktion in diesen drei geotektonischen Milieus auf 76 % an den MORs, 12 % an Subduktionszonen und 11 % in Intraplatten Situationen.

Riftzonenvulkanismus: In der vulkanologischen Fachliteratur bezieht sich Bezeichnung „Riftzonenvulkanismus" ausschließlich auf MORs. Kontinentale Grabenbrüche, die im tektonischen Sinn ebenfalls „Rifts" darstellen (aber keine Plattengrenzen wie die MORs bilden), fallen unter die Kategorie des Intraplattenvulkanismus. Zu den tektonischen und vulkanischen Prozessen an MORs siehe Kapitel 4.3.1; zu Herkunft und Chemismus der Magmen an MORs Kapitel 5.2.2.

Beim Riftzonenvulkanismus werden enorme Mengen von basischem Magma gefördert; Ausbrüche gestalten sich ruhig, meist in Form von Spaltenergüssen. Abkühlung der Lava erfolgt in Form von Kissenlava und unter Ausbildung von Glaskrusten (→ I, 5.6.1). Vulkanbauten im aktiven Zentralgraben von MORs grundsätzlich vom Schildvulkan-Typus (→ I, 5.4.3); länglich in Grabenrichtung ausgezogen, werden in langsam spreizenden Rücken bis 250 m hoch, 1 km breit und 5 km lang; bleiben in schnell spreizenden Rücken flacher, werden dort aber bis zu 2 km breit und bis zu 100 km lang.

Subduktionszonenvulkanismus: Zu den tektonischen und vulkanischen Prozessen an Subduktionszonen siehe Kapitel 4.4; zu Herkunft und Chemismus der Magmen an Subduktionszonen Kapitel 5.2.2.

Obwohl nur für einen untergeordneten Teil der globalen Magmaförderung verantwortlich, ist Vulkanismus der Subduktionszonen eindrucksvollste aktualgeologische Erscheinung auf der Erde. Hoch explosiv, verantwortlich für viele der größten vulkanischen Naturkatastrophen der Geschichte und für 80 % der holozänen Ausbrüche an Land, von denen die gewaltigsten jahrelang das Klima beeinflusst haben. Explosivität bedingt durch den sauren Magmen-Chemismus. Als typische Vulkanform stellen sich hohe, kegelförmige Stratovulkane (→ I, 5.5.4) ein. In Abb. 32 deutlich zu sehen, dass die meisten Subduktionszonenvulkane rund um den Pazifik liegen, bilden dort den sogenannten „Feuerring".

Intraplattenvulkanismus: Während Magmenproduktion beim Riftzonen- und Subduktionszonenvulkanismus durch plattentektonische Prozesse an den Plattengrenzen hinreichend erklärt werden kann, stützt sich Deutung des Intraplattenvulkanismus auf die Hotspot und Mantleplume Hypothese (→ I, 5.1.2). Chemismus des Ausgangsmagmas wie das an MORs stark basisch, aber mit eindeutiger Signatur durch spezifische Nebenelemente versehen. Allerdings führt abschließender Magmenaufstieg durch entweder kontinentale oder ozeanische Kruste zu chemischem Wandel. Intraplattenvulkane können in der Folge je nach Position völlig ruhig oder höchst explosiv ausbrechen und die ganze Palette basisch bis sauer geprägter vulkanischer Förderprodukte erzeugen (→ I, 5.2.2.).

Intraplattenvulkanismus verantwortlich für äußerst auffällige Erscheinungen des Erdreliefs, z. B. für die riesigen Flutbasaltdecken (→ I, 5.4.2) der geologischen Vergangenheit, die sowohl auf Kontinenten als auch Ozeanböden anzutreffen sind, oder die Kettenanordnung von Vulkaninseln inmitten des Pazifiks, für welche die Hawaiianischen Inseln ein Paradebeispiel darstellen.

Dennoch reicht Lavaproduktion submariner Vulkan in den wenigsten Fällen für den Aufbau einer Insel aus. Aktive und erloschene Unterwasservulkane so zahlreich, dass sie allerhäufigste Vulkanform der Erde bilden. Werden *Tiefseekuppen* (engl.: seamounts) oder, im Falle von abgestumpfter Kegelspitze *Guyots* genannt (→ III, Kapitel 4). Hohe und große Seamounts[59] entstehen durch Intraplattenvulkanismus. Kleinere Seamounts gehen im Allgemeinen auf Riftzonenvulkanismus zurück: wurden ursprünglich an MORs gebildet, von denen sie auf den divergierenden Platten in entferntere Tiefseepositionen drifteten. Zu den Vorgängen beim untermeerischen Aufbau von Seamounts siehe Kapitel 5.6.1.

5.1.2 Hotspot und Mantelplume Hypothese

Das *Hotspot-Konzept* als das ältere der beiden Teilkonzepte entstand zeitgleich mit den Basiskonzepten der Plattentektonik. J. T. Wilson entwickelte es 1963 aus dem typischen Erscheinungsbild pazifischer Inselketten. Jüngste Insel mit aktivem Vulkan bildet Anfang einer Inselkette, in Bewegungsrichtung der pazifischen Platte werden Inseln zunehmend älter und sind charakterisiert durch erloschenen Vulkanismus. Wilson postulierte, dass pazifische Lithosphärenplatte über einen „hot spot"[60], d.h. über ein Gebiet erhöhter Temperatur in der Asthenosphäre gleitet, aus welchem aktiver Vulkan der jüngsten Insel mit Magma gespeist wird, bis er durch Plattendrift zu weit vom Hotspot entfernt ist und die aufquellenden Magmen am Meeresgrund eine neue vulkanische Insel aufbauen. Wilsons Erklärung wurde auch auf innerkontinentale Vulkangebiete übertragen; der ganze Erscheinungskreis des Intraplattenvulkanismus in der Folge auch *Hotspotvulkanismus* genannt.

[59] In der jüngeren deutschen Fachliteratur wird meist der englische Ausdruck verwendet

[60] engl.: hot spot = heißer Fleck

Was aber bis 1971 fehlte, war eine Erklärung für die Hotspots selbst. Diese lieferte W.J. Morgan mit dem *Mantelplume Konzept*. Für die Aufheizung der Asthenosphäre in Hotspot Gebieten nahm er Ströme von heißem Material an, die aus dem unteren Erdmantel aufsteigen und die er mantle plumes[61] nannte. Das deutsche Fachwort lautet *Manteldiapir*, vielfach wird jedoch auch in der deutschen Literatur die Bezeichnung Mantelplume oder kurz Plume verwendet. Heutige Kenntnisse über Hotspots und Mantelplumes mit Hilfe seismischer Daten (Manteltomographie, → I, 3.3.7), numerischer Modellierungen und Laborversuche stark erweitert, aber viele Detailfragen noch in Diskussion.

Plumes spielen eine wichtige Rolle im Konvektionssystem des Erdmantels. Viele von ihnen werden in der sogenannten D"-Schicht an der Grenze des Erdmantels zum Erdkern ausgelöst. Dort entstehen an Stellen mit erhöhter Wärmeübertragung aus dem flüssigen Erdkern thermische Instabilitäten, aus denen ein Mantelplume zunächst fingerförmig aufsteigt. Dieser *Plumestiel* mit etwa 150 km Durchmesser entwickelt während seines Weges durch den Mantel einen breiteren *Plumekopf*. Das im Plume aufsteigende Gestein ist fest: der Auftrieb ergibt sich aus der höheren Temperatur und somit geringeren Dichte der Materie im Vergleich zu ihrer Umgebung. Erst unter den stark erniedrigten Druckbedingungen des obersten Mantels liegen die Temperaturen des Plumegesteins höher als der Schmelzpunkt. Ein Teil des festen Gesteins wird zu flüssigem Magma, das sich anschließend durch Schwächezonen der Lithosphäre einen Weg bis an die Erdoberfläche bahnen kann und dort zu Vulkanismus führt. Für manche Plumes wird auch ein weniger tiefer Entstehungsort als die D"-Schicht angenommen, nämlich entweder knapp unterhalb der Übergangszone zwischen Oberem und Unterem Mantel oder sogar im Oberen Mantel.

Weltweit können rund 50 Hotspotgebiete identifiziert werden. Neuere Befunde zeigen, dass Hotspots unterschiedliche Existenzdauer und magmatische Förderraten haben und dass sie nicht völlig ortsfest sind, sondern eine langsame Eigenbewegung von durchschnittlich 1,1 cm/Jahr, also 20–25 % der Geschwindigkeit der darüber gleitenden Platte, aufweisen können (Davies u. Davies 2009).

Ein weiteres auffälliges Merkmal von Vulkanfeldern über Plumes bzw. Hotspots ist ihre zentrale Lage in ausgedehnten Hochgebieten der Erdkruste. Die Dimensionen solcher Krustenaufwölbung sind groß: Das über dem Afar-Plume liegende Äthiopische Hochland ist auf bis zu 3000 km Distanz um 1000–3000 m angehoben. Die untermeerisch rund um Hawaii ausgebildete Hawaiianische Schwelle misst ca. 2000 km im Durchmesser und 1200 m in der Höhe. Ausgedehnte Krustenaufwölbung ist auf Basis der Hotspot und Mantelplume Hypothese zu erwarten und ergibt sich aus dem aufdrängenden Plumekopf und der thermischen Ausdehnung der erwärmten Lithosphäre.

Eine wichtige Folgewirkung von aufgestiegenen Mantelplumes ist, dass sie offensichtlich die Aufspaltung eines Kontinents einleiten können. Dieser Effekt

[61] engl.: plume = Rauchfahne, auch Feder

wurde bereits von W.J. MORGAN postuliert und mittlerweile für bestimmte Erdregionen durch geophysikalisch-geologische Feldforschung und Modellierungen nachgewiesen (vgl. auch Bedeutung der Flutbasalte in Kapitel 5.4.2 sowie Entwicklung von Rotem Meer, Golf von Aden und Äthiopischem Graben in Kapitel 4.3.2 und 4.3.3). Damit kristallisiert sich in der Mantelplume-Forschung eine natürliche Erklärung für das Auseinanderbrechen von Platten (z. B. des Superkontinents Pangäa) und die Öffnung von Ozeanen heraus, die sich stimmig in das Gesamtgebäude der Plattentektonik einfügt und dieses bestätigt.

In der geomorphologischen Forschung lieferte die Entwicklung des Hotspot und Mantelplume Konzepts letzten Baustein für Deutung der Gesetzmäßigkeiten in der Ausbildung von Korallenriffküsten durch Verifikation der DARWIN'sche Senkungstheorie für die Entwicklung von Saumriffen, Barriereriffen und Atollen (→ III, 3.2.2).

5.2 Magma

Das Wort *Magma*[62] bezeichnet eine Gesteinsschmelze, also geschmolzenes Gestein. Sobald Magma in Vulkanen an die Erdoberfläche kommt, spricht man von *Lava*. Die chemischen Hauptelemente von Magmen sind: Si, Al, Fe, Ca, Mg und Na. Je nach dem Mischungsverhältnis dieser chemischen Elemente entsteht aus abkühlendem Magma eine breite Palette unterschiedlicher Gesteine. In der Erforschung von Magmenherkunft und -entwicklung spielen allerdings Nebenelemente wie K, Spurenelemente und radioaktive Ionen die größere Rolle, da sie sich in Aufschmelz- und Kristallisationsprozessen viel sensibler verhalten als die Hauptelemente.

Ein wichtiger Begriff im Kontext von Magma-Eigenschaften ist *Volatil*. Unter Volatilen[63] versteht man die im Magma gelösten Gase. Die häufigsten Volatile sind H_2O, CO_2 und SO_2. Sie sind unter anderem für den Grad der Viskosität des Magmas bedeutsam. Unter den Druck- und Temperaturbedingungen des obersten Mantels, also dort, wo Magma entsteht, liegen die Volatile in fluider Phase vor, d.h. die Aggregatzustände „flüssig" und „gasförmig" sind noch nicht unterscheidbar.

5.2.1 Prozesse beim Entstehen und Erstarren von Magma

Geschmolzene Materie kommt nur in einer Tiefe unter 2900 km im äußeren Erdkern vor (→ I, 3.5). Die Bildung von Magmen findet hingegen in den äußersten 200 km der Erdkugel statt, d.h. in der Kruste und in den allerobersten Schichten des Mantels. Magmen sind in der Regel Teilschmelzen, d.h. es wird nur ein Teil des Mantelgesteins aufgeschmolzen, bei hohen Aufschmelzgraden

[62] griech.: Knetbare Masse

[63] lat. volatilis = veränderlich, beweglich, flüchtig, dampfförmig

etwa 15–30 %, bei niedrigen weniger als 10 %. Die drei Ursachen für den Aufschmelzprozess, gereiht nach ihrer Wichtigkeit sind: Druckentlastung, Schmelzpunkterniedrigung durch Wasserzufuhr und Temperaturerhöhung.

Druckentlastung: Der Schmelzbeginn ist nicht nur eine Funktion der Temperatur sondern auch des Drucks. Bei hohem Druck, z. B. in 70 km Tiefe unter der Erdoberfläche, würde das Mantelgestein Peridotit bei Temperaturen von rund 1300 °C zu schmelzen beginnen, bei halbiertem Druck in etwa 37 km Tiefe aber bereits bei 1200 °C. Daraus resultiert, dass auftreibendes Mantelmaterial in Temperatur/Druck Bereiche kommen kann, in denen seine Eigenwärme zusammen mit der Druckverminderung für den Start der Aufschmelzung verantwortlich ist.

Sowohl während des Schmelzens als auch beim Abkühlen von Magma kommt es zu starken chemischen Veränderungen. Gesteinsschmelzen entstehen nicht zu einem bestimmten Temperaturpunkt. Da Gesteine ein Gemenge an Mineralien mit unterschiedlichen Schmelztemperaturen sind, ziehen sich Aufschmelzprozesse genauso wie Wiederkristallisationsprozesse über ein sehr großes Temperaturintervall hinweg. Das Mantelgestein *Peridotit* (→ I, 3.5) besteht z. B. aus vier Mineralien, von denen zwei zuerst schmelzen. Die dabei entstehende Teilschmelze hat zwingendermaßen eine andere chemische Zusammensetzung als das Ausgangsgestein, der Peridotit. Zugleich ist sie weniger dicht als ihre Quellregion und tendiert dazu, in Richtung Erdoberfläche aufzusteigen. Wenn sie dort erstarrt, entsteht Basalt, ein vulkanisches Gestein, das gegenüber Peridotit nur mehr wenig MgO enthält, dafür aber deutlich erhöhte Anteile an Al_2O_3, CaO und SiO_2.

Vergleichbare chemische Veränderungen ergeben sich beim Abkühlen und Erstarren der Gesteinsschmelze. Die verschiedenen Teilprozesse werden unter dem Begriff ***Magmatische Differentiation*** zusammengefasst. Der wirkungsvollste darunter ist die *fraktionierte Kristallisation:* Wenn die Temperatur des Magmas sinkt, kristallisieren als erstes die basischen Minerale aus. Sie haben gegenüber der Schmelze ein höheres spezifisches Gewicht, sinken in dieser ab und werden als Bodensatz dem System entzogen. Die fortschreitende chemische Entmischung des abkühlenden Magmas durch fraktionierte Kristallisation führt dazu, dass die SiO_2, Na_2O und K_2O-Gehalte in der Restflüssigkeit ständig zunehmen während gleichzeitig die MgO, FeO und CaO Gehalte deutlich absinken.

5.2.2 Herkunft und Chemismus der Magmen

Grundsätzlich zu unterscheiden zwischen basischem (SiO_2 Gehalte um die 50 %) und saurem (SiO_2 Gehalte um die 70 %) Magma.

Bei den basischen Magmen wird zwischen der *tholeiitischen* und der *alkalischen Sippe* unterschieden. Die alkalische Sippe hat gegenüber der tholeiitischen deutlich erhöhte Na_2O und K_2O Anteile bei gleichzeitig leicht verringertem SiO_2 Gehalt. Beide Sippen entwickeln sich aus der Aufschmelzung des Mantelgesteins Peridotit. Tholeiitisches Magma wird produziert, wenn Peridotit in geringer Tiefe

(< 30 km) und mit relativ hohem Aufschmelzgrad (> 10 %) schmilzt. Alkalisches Magma entsteht bevorzugt in tieferen Mantelpartien und bei stark reduziertem Aufschmelzgrad. Im Falle eines raschen Aufstiegs bis an die Erdoberfläche kristallisiert die Schmelze in beiden Fällen zu *Basalt*. Wenn allerdings Zeit für Differentiationsprozesse bleibt, kommt es zu unterschiedlichen Gesteinsprodukten: aus alkalischen Magmen entstehen *Phonolite* oder *Trachyte*, aus tholeiitischen hingegen mit fortschreitendem Differentiationsgrad *Andesite*, *Dazite* und *Rhyolite*.

Silikatreiche (saure) Magmen bilden sich entweder durch Aufschmelzung kontinentaler Kruste oder im Zuge einer fortgeschrittenen Differentiation tholeiitischer Magmen. Global gesehen haben sie gegenüber den basischen Magmen nur geringe Verbreitung. Sie erstarren zu *Rhyoliten* und *Daziten*.

Für eine Zusammenstellung aller genannten vulkanischen Gesteine siehe Abschnitt 5.2.3 und Abb. 33.

Die drei großen Vulkanismuszonen der Erde sind durch einen jeweils spezifischen Mix aus Magmenherkunft, Aufschmelzursache, Intensität der magmatischen Differentiation und resultierenden Leitgesteinen gekennzeichnet.

Riftzonenvulkanismus: An den divergierenden Plattenrändern von MORs kommt es zur Dehnung der Lithosphärenplatten, wodurch der Auflastdruck der Lithosphäre auf die darunterliegende Asthenosphäre verringert wird. Die daraus resultierende Druckentlastung generiert eine Aufschmelzung des Mantels durch Dekompression. Es wird tholeiitisches Magma produziert, welches bei kurzem Aufstiegsweg durch die ozeanische Kruste und rascher Abkühlung im Meerwasser zu Basalt erstarrt.

Subduktionszonenvulkanismus: An Subduktionszonen ziehen die abtauchenden Ozeanbodenbasalte nicht nur eine wassergesättigte Sedimentauflage mit sich, sondern besitzen auch selbst viele wasserreiche Mineralien, die im Zuge ihrer Erstarrung unter Meerwasserkontakt eingebaut wurden. Hat die abtauchende Platte eine gewisse Tiefe erreicht, werden wasserhaltige Minerale aufgrund des Drucks instabil und wandeln sich zu wasserfreien Mineralien um. Die dabei freigesetzten fluiden Verbindungen erniedrigen im Mantelkeil zwischen Unter- und Oberplatte (siehe Abb. 27) den Schmelzpunkt. Die aus dem aufschmelzenden Peridotit generierten Magmen sind überwiegend tholeiitisch.

Im Falle von *Inselbögen* (wie z. B. den Inseln des Marianenbogens) kollidieren zwei ozeanische Platten. Der Aufstiegsweg durch die dünne, überlagernde ozeanische Lithosphäre ist kurz. Für Differentiationsprozesse bleibt kaum Zeit und die Inselvulkane fördern Laven, die zu Basalten erstarren, die den MOR-Basalten vergleichbar sind.

Die Subduktion an *Kontinentalrändern* (wie im Falle der Anden Südamerikas), wo eine ozeanische Platte unter eine kontinentale Platte abtaucht, führt zu grundsätzlich veränderten Umständen. Die entstehenden Schmelzen haben einen langen Aufstiegsweg durch eine dicke kontinentale Lithosphäre. Basaltische Schmelzen sind dichter und damit schwerer als die kontinentale Kruste und ihr Auftrieb und Aufstieg zur Erdoberfläche wird daher von allen möglichen Zusatzfaktoren, wie z. B. der Dichteerniedrigung durch entmischte Gase abhängig. Entlang des gebremsten Aufstiegs bilden sich Magmakammern, in denen der SiO_2 Gehalt der Schmelze durch fraktionierte Kristallisation ansteigt. Ein ursprünglich basaltisches Magma kann sich auf diesem Weg zu einem silikatischen wandeln, insbesondere wenn durch Assimilation von aufgeschmolzenen Nebengesteinen der SiO_2 Gehalt zusätzlich steigt. Das häufigste Schicksal von silikatischen Schmelzen ist, dass sie in der Tiefe stecken bleiben und dort zu großen Granitkörpern auskristallisieren. Der Magmenanteil, der an kontinentalen Plattengrenzen bis an die Erdoberfläche gelangt und zu vulkanischen Gesteinen erstarrt, ist relativ gering. Neben Basalten entstehen meist Andesite (ein nach den Anden benanntes Gestein) und bei stärkster Differentiation Dazite und Rhyolite. Typischerweise sind die dazugehörigen Vulkanausbrüche hoch explosiv, da im Zuge der langanhaltenden Differentiation der „vulkanische Sprengstoff", das sind Volatile wie H_2O und CO_2 in der Restschmelze angereichert wurde.

Intraplattenvulkanismus: Die Magmenproduktion knüpft sich an den aktiven Aufstieg eines Mantelplumes. Der Schmelzvorgang wird durch Druckentlastung ausgelöst, erfolgt aber bereits in etwas größerer Manteltiefe als an divergierenden Plattengrenzen. In Abhängigkeit von Lithosphären-Auflagedruck und Aufschmelzgrad werden dabei entweder alkalische oder tholeiitische Magmen produziert. Kleinere Mantelplumes und/oder solche, die unter kontinentaler Lithosphäre oder gealterter und verdickter Ozeankruste aufdringen, führen zur Entstehung von Alkalimagmen. Sehr große Mantelplumes (z. B. unter Hawai) oder solche die mit divergierenden Plattengrenzen zusammenfallen (z. B. unter Island) liefern hingegen tholeiitische Magmen.

5.2.3 Einteilung der Magmatischen Gesteine

Großgruppe der *Magmatischen Gesteine* umfasst alle aus glutflüssigem Magma erstarrten Gesteine. Weitere Untergliederung je nach Ort der Verfestigung in ***Tiefengesteine*** (synonym: *Intrusivgesteine*, *Plutonite*), ***Vulkanite*** (synonym: *Effusivgesteine*, *Ergussgesteine*) und ***Ganggesteine***. Vulkanite erstarren an der Erdoberfläche aus rasch abkühlendem Magma, Tiefengesteine unterhalb der Erdoberfläche aus wesentlich langsamer abkühlendem Magma. Ganggesteine entstehen aus in schmalen Gängen und Lagergängen (→ I, 5.2.4) nahe der Erdoberfläche erstarrten Magma-Adern. Bilden eine in ihrer globalen Verbreitung äußerst kleine Zwischengruppe, auf welche hier nicht näher eingegangen wird.

In Abhängigkeit vom Chemismus des Ausgangsmagmas entstehen chemisch und mineralogisch vergleichbare Paare von Vulkaniten und Tiefengesteinen, die sich aber in ihrem äußeren Erscheinungsbild deutlich unterscheiden. Durch die langsame Abkühlung zeigen Tiefengesteine gut entwickelte, meist mit freiem Auge

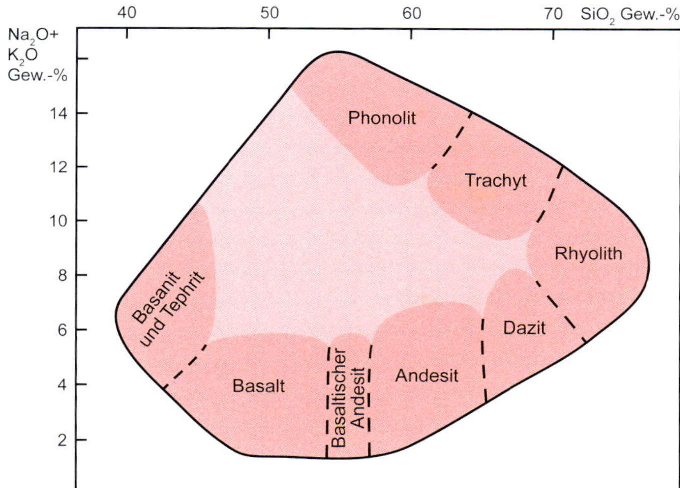

Abb. 33: Einteilung der wichtigsten Vulkanite auf der Basis ihres SiO_2 versus Na_2O und K_2O Gehalts (verändert nach H.-U. SCHMINCKE 2010)

identifizierbare Einzelmineralien; ihre vulkanischen Partner hingegen eine Matrix aus feinstkörnigen Mineralkristallen, die erst unter mikroskopischer Betrachtung deutlich sichtbar werden.

Abb. 33 zeigt alle in Abschnitt 5.2.2. bereits erwähnten Gesteinsnamen der Vulkanite. Die unbenannten Mittelfelder des Diagramms umfassen Mischungsvarianten (z. B. Trachy-Andesit) mit vielen zusätzlichen Bezeichnungen, die sich entweder aus erstbeschriebenem Fundort oder dominantem Mineralgehalt herleiten. Für die noch nicht erwähnte Gruppe der *Basanite* und *Tephrite* in Abb. 33 gibt es ebenfalls viele Einzelnamen (z. B. Nephelinit nach dem gleichnamigen Mineral); sie sind Begleitgesteine der alkalischen Magmensippe, haben noch geringere SiO_2 Gehalte als der Basalt und entstehen aus Schmelzen mit äußerst geringem Aufschmelzgrad.

Eine häufig verwendete Grobeinteilung der Magmatischen Gesteine orientiert sich nur nach dem SiO_2 Gehalt und unterscheidet zwischen *felsischen* (= sauren), *intermediären* und *mafischen* (= basischen) Vertretern[64]. Die SiO_2 Gehalte von felsischen Gesteinen liegen über 65 %, die der intermediären zwischen 65 % und 50 % und die von mafischen darunter.

[64] Die Bezeichnungen „felsisch" und „mafisch" sind sprachlich korrekter als die Bezeichnungen sauer und basisch, welche desungeachtet aber viel häufiger verwendet werden.

Basalt ist ein mafischer Vulkanit; sein Äquivalent in der Tiefengesteinsgruppe heißt *Gabbro*. Rhyolit und Dazit sind die felsischen Vertreter der Vulkanite, *Granit* und *Granodiorit* ihre Äquivalente in der Tiefengesteinsgruppe. Die intermediären Vulkanite umfassen Andesit (Tiefengestein: *Diorit*), Trachyt (Tiefengestein: *Syenit*) und Phonolit.

Daneben gibt es allerdings noch zahlreiche weitere Gesteinsnamen für vulkanische Gesteine, die sich an anderen Merkmalen, wie z. B. dem Gefügebild ihrer Mineralkörner orientieren, oder die sich trotz veraltetem Gebrauch in regionalen geologischen Karten halten.

Kurzes Glossar zu häufig auftauchenden, zusätzlichen Gesteinsbezeichnungen für Vulkanite:

Bimsstein: durch gasreiche vulkanische Eruptionen aufgeschäumte Lava, welche zu einem hohlraumreichen und spezifisch leichten Gestein mit nicht näher definierter chemischer Zusammensetzung erstarrt.

Diabas und **Melaphyr**: außer Gebrauch gekommene Bezeichnungen für geologisch alte Basalte, die im Zug ihrer Alterung gewisse mineralogische Veränderungen erfuhren.

Liparit: im deutschsprachigen Raum gelegentlich auftauchende Synonym-Bezeichnung für Rhyolit.

Obsidian: schockartig zu schwarzem oder dunkelgrauem Gesteinsglas erstarrte Lava, oft mit der chemischen Zusammensetzung von Rhyolit.

Porphyr: Mineralien Anordnung des Gesteins ist durch große, gut ausgebildete Einzelkristalle in einer feinkörnigen Grundmasse gekennzeichnet. Dieses spezifische Erscheinungsbild ist eine natürliche Folge der fraktionierten Kristallisation und bei felsischen bis intermediären Vulkaniten recht häufig. In der älteren geologischen Fachsprache fungierte der Begriff Porphyr aber auch als Typbegriff für geologisch alte Vulkanite rhyolitischer Zusammensetzung: alle vortertiären Rhyolite wurden als Quarzporphyr bezeichnet. Dies ist heute nicht mehr zulässig, desungeachtet wird man z. B. in jeder geologischen Karte von Südtirol auf eine große, als „Bozener Quarzporphyr“ ausgewiesene Fläche stoßen.

Tuff: zu Gestein verfestigte Auswurfsprodukte des explosiven Vulkanismus (→ I, 5.5.1). Da deren Chemismus und Verfestigungsgrad hoch variabel ist, gibt es unzählige Tuffvarietäten.

5.2.4 Magmatische Intrusionskörper

Das Eindringen und Erstarren von magmatischen Schmelzen in die Oberkruste schafft Intrusionskörper von vielfältiger Gestalt und Größe. Zwischen unterhalb der Erdoberfläche abgekühlten Magmamassen und im Zuge des Vulkanismus bis an die Erdoberfläche beförderten Magmamassen gibt es enge Verbindungen und Übergänge. Je näher der Erdoberfläche die Schmelzen erstarren umso ähnlicher sind sie in Form und chemisch-mineralogischer Zusammensetzung dem Vulkanismus. Magmatische Intrusionskörper lassen sich zu drei Gruppen ordnen:

- breit kuppelförmige, in einiger Tiefe erstarrte Plutone (*Batholithe, Stöcke, Lakkolithe*),
- dünne, vertikal oder horizontal ausgerichtete Lagen (*Dykes* und *Sills*),
- bis knapp an die Oberfläche aufgedrungene, subvulkanische Formen (*Quellkuppen*).

Alle magmatischen Intrusionskörper können durch Abtragung der vormals überlagerten Deckschichten freigelegt sein und heutige Landoberfläche bilden. Da

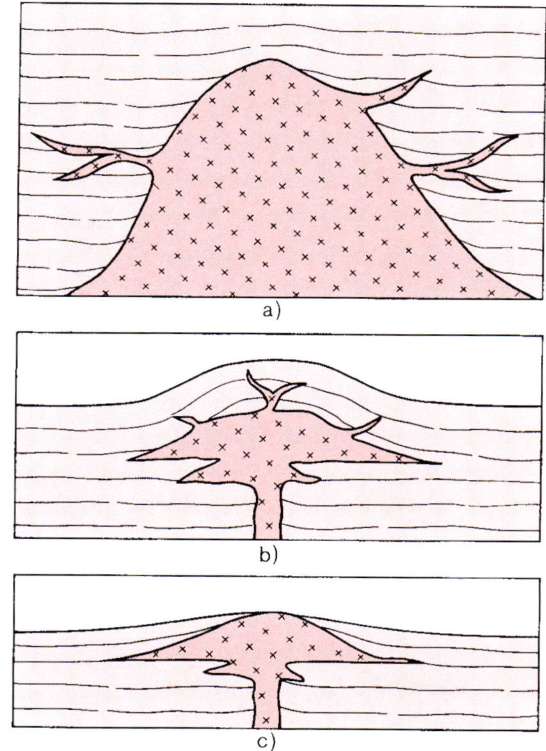

Abb. 34: Ausprägungsformen von Plutonen

ihr Gestein meist erosionsresistenter als das ihrer Umgebung ist, treten sie in der Landschaft als Härtlingskuppen hervor.

Als ***Plutone*** werden magmatische Körper bezeichnet, die in 5–20 km Tiefe in der Oberkruste erstarrt sind. Ihr unmittelbares Nebengestein hat durch Hitze des eingedrungenen Magmas eine Kontaktmetamorphose erfahren.

Breit-kuppelförmige Plutone, die scheinbar „grundlos" sind und sich nach der Tiefe verbreitern, werden bei Dimensionen von wenigstens 100 km^2 *Batholithe* und bei geringerem Durchmesser *Stöcke* genannt (Abb. 34 a). Ausgedehnte Batholithe sind typisch für Gebirgszüge vom andinen Typ, in denen sie das Grundgebirge bilden (→ I, 4.5.2 und Abb. 29).

> **Beispiele:** In der Sierra Nevada, Kalifornien, erstreckt sich batholithischer Granit über 650 km Länge, in der Südkordillere Chiles und Argentiniens über 10 Breitengrade. Viele Plutone aber auch als Stöcke mit nur einigen km Durchmesser ausgebildet; etwa der durch Abtragung freigelegte Granitstock des Brocken im Harz.

Lakkolithe sind pilzförmige Plutone (Abb. 34 b und c), deren Schmelzen seitlich in Schichtverbände des Nebengesteins eingedrungen sind und überlagernde Sedimentpakete aufwölbten.

Lagenförmige Intrusionen sind die am weitesten verbreitete Struktur. Vertikale Spalten- und Kluftfüllungen heißen *Gänge* (engl.: dykes); sind einige cm bis einige m breit und können sich über viele km in eine Richtung ziehen. Bei Freilegung überragen sie mauerartig das Gelände. *Lagergänge* (engl.: sills) sind mehr oder minder horizontal gelagerte, den Fugen des Gesteinsverbandes folgende Intrusionen. Kommen meist in nicht gefalteten, mächtigen Sedimentpaketen vor. Freigelegte Lagergänge schützen als Deckgestein die darunterliegenden Schichten vor weiterer Abtragung und können wie Lavaflüsse Anlass zur Entwicklung von aufragenden Plateaus und Tafelbergen geben. Von Lavadecken sind herausgewitterte Lagergänge durch die kontaktmetamorphe Veränderung ihres Untergrundes unterscheidbar.

Prototyp des ***Subvulkanismus*** (auch: *Kryptovulkanismus*) ist die *Quellkuppe*. Dabei handelt es sich um Magmapropfen mit Durchmessern von 100 bis 1500 m, die bei ihrer Platznahme überliegendes Gestein aufwölben.

> **Drachenfels** im Siebengebirge ist typische Quellkuppe. Trachyt des Drachenfels enthält eingeregelte Kalifeldspäte, die die ursprüngliche Gestalt und Größe des subvulkanischen Intrusionskörpers rekonstruieren lassen. Einst darüber gelegene Gesteinsdecke mit 200–300 m Mächtigkeit anzunehmen (Abb. 35). Heutige Landoberfläche liegt durch Abtragung viel tiefer und hat auch Dach der Quellkuppe angeschnitten und erniedrigt. Wegen des widerständigeren Gesteins bleibt Drachenfels aber nach wie vor eine markante Landschaftserhebung.

Die subvulkanische Quellkuppe ist ihrer Natur nach von zahlreichen Mischformen begleitet, da der Aufstieg des Magmapfropfens auch in einem Dyke oder in

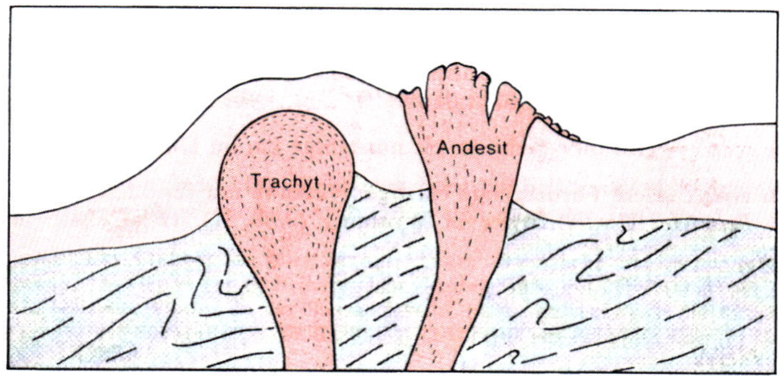

Abb. 35: Rekonstruktion des Profilschnitts durch Drachenfels (links) und Wolkenburg (rechts) nach der ursprünglichen Magmenintrusion

einem alten Vulkanschlot erfolgen kann. Stößt er bis an die Erdoberfläche durch, so bildet er eine Staukuppe, welche zu den echten vulkanischen Formen zählt. (→ I, 5.4.4). Bei älteren Erosionsruinen ist die ursprüngliche Entstehungsweise meist nicht zu klären.

Der **Devils Tower**, ein isolierter, fast 200 m hoher Felsklotz aus Phonolitporphyr in Wyoming, wird einerseits als Quellkuppe gedeutet, die aus ihrem Umgebungsgestein herausgewittert ist. Andererseits wird ein früherer Vulkan postuliert (Abb. 36), dessen härtere Schlotfüllung während der Abtragung des Vulkangebäudes stehen blieb.

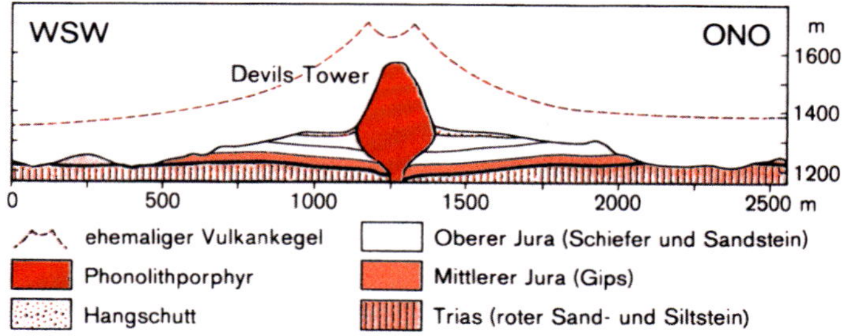

Abb. 36: Devils Tower in Wyoming. Durch Erosion des Vulkankegels freigelegte Schlotfüllung (nach Ch. Robinson und M. Schwarzbach)

Insbesondere in der englischsprachigen Literatur führten die zahlreichen Misch- und Übergangsformen zu vielen unscharfen Fachbegriffen (plug, neck und stock stehen sowohl für stehengebliebene Schlotfüllungen als auch für Quellkuppen, die eigentlich cryptodomes heißen). In der jüngeren deutschsprachigen Literatur wird für Quell- und Staukuppen häufig auch der etwas unspezifische englische Überbegriff „*Lavadom*" verwendet.

5.3 Vulkaneruptionen

Wenn Magma im Zuge des Vulkanismus an der Erdoberfläche austritt, so kann dies in Form einer hochdramatischen Explosion erfolgen, oder als relativ ruhiger Austritt flüssiger Lava oder als plastisches Hochpressen eines Lavapfropfens. Der Zustand (flüssig, fest) und die Erscheinungsform der Förderprodukte sowie deren Gesamtmenge ist ebenfalls hochvariabel. Zur ersten Unterscheidung der Vielfalt an vulkanischen Ausbruchsformen und Förderprodukten dient das Gegensatzpaar **explosiver** und **effusiver**[65] Vulkanismus. Explosive Ausbrüche sind mit der Entwicklung von hohen Eruptionssäulen, dem Ausstoß von festen vulkanischen Lockerprodukten (z. B. Asche) oder der Entwicklung hochgefährlicher pyroklastischer Ströme (→ I, 5.5.2) verbunden und münden meist in Naturkatastrophen mit hohen Todeszahlen und großem Sachschaden. Unter effusivem Ausbruch versteht man die bloße Förderung von flüssiger Lava, welche unter weniger lebensbedrohlichen Begleitumständen erfolgt und auch weniger Sachschaden anrichtet. Ob sich ein explosiver oder effusiver Ausbruch entwickelt, hängt entscheidend von den Prozessen ab, die sich in Magmakammer und Vulkanschlot, also im allerobersten Abschnitt des langen Magma-Aufstiegsweges zur Erdoberfläche, ereignen.

5.3.1 Steuerfaktoren für die Entwicklung einer effusiven oder explosiven Eruption

Da glutflüssiges Magma eine geringere Dichte als das feste Umgebungsgestein hat, steht es unter Auftrieb und steigt auf. In höheren Stockwerken der Erdkruste nehmen die Dichteunterschiede zwischen Magma und Umgebungsgestein ab; der Auftrieb erlahmt. Magma sammelt sich in etwa 5–8 km unter der Erdoberfläche liegenden Magmakammern und verweilt dort über einen längeren oder kürzeren Zeitraum, bis ein neuer Aufstiegsimpuls zu seinem Austritt an der Erdoberfläche führt. Ursache dafür ist meist die mit der Differentiation einhergehende Dichteerniedrigung der Schmelze in der Magmakammer. Aber auch ein neuer, heißer Magmaschub aus tieferen Regionen kann die Dichte der Schmelze entscheidend verändern. Wie sich der Vulkanausbruch in Magmakammer und Schlot aufbaut, wird gesteuert von der sich kontinuierlich ändernden *Viskosität* des Magmas und der *Gasblasenentwicklung*.

---

[65] lat. effusio = Ausgießung

Viskosität:

Die Viskosität einer Schmelze bestimmt ihr Fließvermögen. Niedrig viskose Magmen sind dünnflüssig und leichtbeweglich, hochviskose Magmen sind äußerst zähflüssig.

Viskosität hängt ab von Druck, Temperatur und ganz besonders von der chemischen Zusammensetzung des Magmas. Heiße Massen sind generell leichtflüssiger als abgekühlte, aber selbst bei gleicher Temperatur haben silikatreiche Magmen eine viel höhere Viskosität als basaltische. Das liegt am Element Silizium, das sich beim Auskristallisieren mit vier Sauerstoffatomen umgibt, angeordnet in der Form eines Tetraeders. Diese Si-Tetraeder können sich über die Sauerstoffatome an ihren Ecken zu langen Ketten, Schichten oder dreidimensionalen Netzen verknüpfen (= Polymerisation), die nur mit viel Energie aufgebrochen werden können. Polymerisation ist in Si-reichen rhyolitischen Magmen viel höher als in basaltischen Schmelzen, letztere sind daher durch eine bessere Teilbeweglichkeit ausgezeichnet. Aber auch die Anwesenheit von Wasser ist wichtig, denn eine Schmelze wird mit steigendem H_2O Gehalt depolymerisiert, d.h. „flüssiger".

Zusätzlich wird die Viskosität eines Magmas durch dessen Gehalt an bereits auskristallisierten Mineralien erhöht, – ein Kristallbrei ist naturgemäß weniger beweglich als eine reine Flüssigkeit –, sowie durch seine Gasblasenmenge.

Gasentmischung, Gasblasenbildung, Gasentweichung:

Menge der in einem Magma gelösten Volatilen wird wie Viskosität von Druck, Temperatur und chemischer Zusammensetzung des Magmas gesteuert. An erster Stelle steht wiederum die chemische Zusammensetzung, denn silikatische Magmen besitzen aufgrund ihres Differentiations-Hintergrundes einen hoch angereicherten Volatilengehalt, weil die zuerst auskristallisierenden Minerale keine volatilen Elemente in ihre Kristallgitter einbauen. An zweiter Stelle steht der Druck, den mit abnehmendem Druck sinkt Löslichkeit der einzelnen Volatilen in einer Schmelze und es entwickelt sich eine freie Gasphase. Vulkanische Gase werden in der folgenden Reihenfolge aus dem Magma entmischt: $CO_2 > S > Cl > H_2O > F$. Die größte Rolle bei Vulkanausbrüchen spielt das Wasser, das sich erst in dem niedrigen Druckniveau von Magmakammer und Schlot aus dem Magma entmischt.

Das entmischte Gas bildet im Magma Gasblasen, die zu wachsen beginnen. Die entstehenden Gasblasen sind die wichtigste Zutat für die Entwicklung explosiver Magma-Cocktails. Zum Zeitpunkt der Gasblasenentwicklung gibt es allerdings noch eine Weiche zum effusiven Ausbruch, die davon abhängt, ob sich die Gasblasen vom Magma trennen können. Wenn sie innerhalb des Magmas frei beweglich sind, können sie an dessen Rand oder Oberfläche wandern und entweder über die Risse und Spalten des Vulkangebäudes oder durch einen offenen Vulkanschlot in die Atmosphäre entweichen. Hier kommt wieder die Viskosität ins Spiel: niedrig viskose Magmen ermöglichen eine freie Gasblasenbewegung und potentielle Entgasung, hochviskose nicht.

In hochviskosen Magmen werden die Gasblasen passiv mit dem aufsteigenden Magma höhergetragen. Ihre zunehmende Zahl und Größe kann bis zur Aufschäumung des Magmas führen. Mit der Gasblasenbildung verbunden ist eine starke Volumenzunahme und Dichteerniedrigung der Schmelze. Ihr Auftrieb beschleunigt sich, allerdings beeinträchtigt durch eine gleichzeitig zunehmende Viskosität, bedingt durch die Anwesenheit der Gasblasen. Die steigende Viskosität des flüssigen Teils der Schmelze setzt der Gasausdehnung zunehmend Widerstand entgegen. In den Gasblasen beginnt sich ein Überdruck aufzubauen. Gleichzeitig führt die Bewegung in dem aufsteigenden Cocktail aus Gasblasen, bereits festen Kristallen und noch flüssigem Magma zu immer stärkeren Scherspannungen. Die Entladung der Situation mündet in einem explosiven Vulkanausbruch mit pyroklastischer Fragmentierung des Magmas.

Pyroklastische Fragmentierung und explosiver Ausbruch:

Unter pyroklastischer Fragmentierung ist die Zerreißung des Magmas im Vulkanschlot zu verstehen, so dass anstelle eines Lavastroms Tephra (→ I, 5.5.1) gefördert wird. Dabei wird das Magma von einer Flüssigkeit mit darin verteilten Gasblasen in ein Gas mit darin verteilten Tröpfchen, bereits festen Kristallen und oft noch blasenreichen Magmafetzen verwandelt. Der plötzliche Dichteabfall, der diese Umwandlung begleitet, resultiert in Ausdehnung und enormer Beschleunigung der aus dem Vulkanschlot hochschießenden Magmafragmente: ein explosiver Vulkanausbruch startet.

Die eigentlichen Auslösemechanismen für die Fragmentierung spannen sich in Abhängigkeit von den fließmechanischen Eigenschaften der verschiedenen Magmen zwischen zwei Endmustern, nämlich 1) Auslösung durch starke Beschleunigung des Magmaaufstiegs im Schlot und 2) Auslösung durch plötzliche Druckentlastung.

Im ersten Fall sorgen, wie oben geschildert, Entwicklung und Wachstum von Gasblasen für eine ausdehnungsbedingte Beschleunigung des Magmaaufstiegs im Schlot. Zugleich mit dem Platzen der Gasblasen kommt es zu Fragmentierung und explosivem Ausbruch. Der zweite Fall wird in seiner reinen Form durch kollabierende Staukuppen (→ I, 5.4.4) oder den Einsturz instabil gewordener Teile des Vulkangebäudes eingeleitet. Der Schlot ist plötzlich geöffnet und der Druck an der Spitze der Magmasäule fällt auf den atmosphärischen Luftdruck ab. Unter diesen Umständen platzen die Gasblasen im Magma durch die plötzliche Druckentlastung.

Eruptionssäulen:

An der Erdoberfläche schießt das Gemisch aus Gasen und Magmapartikeln mit bis zu Überschallgeschwindigkeit als Eruptionssäule aus dem Schlot. Während des initialen Aufstiegs durch den Gasschub bis in einige 100 m Höhe wird seitlich kalte Luft in den Strahl ein gewirbelt und durch die heißen Partikel aufgeheizt. Durch die expandierende Luft verringert sich die Dichte der aufsteigenden Gas-Tephra Mischung und gewinnt zusätzlichen Auftrieb. Die obersten Partien der

Eruptionssäule breiten sich schließlich schirmförmig aus. Gelegentlich können Eruptionssäulen oder Teile von ihnen kollabieren; stürzen dann auf den Flanken des Vulkans als pyroklastischer Strom (→ I, 5.5.2) in die Tiefe.

Gesamthöhe von Eruptionssäulen abhängig von der Masse aus Kristallen, blasigen Lavafetzen und Gasen, die pro Zeiteinheit aus dem Schlot geschossen wird; kann bis zu 30 km betragen. Während des Ausbruchs häufig erosive Erweiterung des Schlots durch das Gasstrahlgebläse. Dadurch nimmt die Ausbruchsrate zu, auch Austrittsgeschwindigkeit und potentielle Aufstiegshöhe der Eruptionssäule werden verstärkt.

Ausbreitung der in Eruptionssäule hochgeschossenen Tephrapartikel in der Atmosphäre kann in der ersten Phase einige hundert Kilometer erreichen. In Jet Streams gelangte Asche wird selbst Tage nach dem Abklingen der Eruption über den gesamten Globus verfrachtet. Wenn die resultierenden Ascheablagerungen einem ganz bestimmten Vulkanausbruch zugeordnet werden können, sind sie aufgrund ihrer großen räumlichen Verbreitung ein hilfreiches Datierungsmittel. Die entsprechende Datierungsmethode heißt *Tephrochronologie*.

5.3.2 Klassifikation von Vulkaneruptionen

Indizes zur Einordnung der Ausbruchsstärke

Als quantitative Maße für die Stärke von Vulkanausbrüchen dienen ***Magnitude*** und ***Intensität***. Die Magnitude, angegeben in kg, bezeichnet die während eines Ausbruchs geförderte Gesamtmenge an vulkanischen Produkten; die Intensität, angegeben in kg/s, die Fördergeschwindigkeit. Da Magnitude und Intensität von einem Ausbruch zum anderen um einige Zehnerpotenzen variieren können, werden sie auf logarithmischen Skalen aufgetragen. Bestimmung der Magnitude stützt sich auf Kartierung der Förderprodukte. Praktische Schwierigkeiten entstehen dabei aus der wechselnden Dicke von Lavaströmen, der unvollständigen Erhaltung ursprünglich loser Tephradecken und der enormen Schwankungsbreite des spezifischen Gewichts von vulkanischen Förderprodukten. Die Intensität des Ausbruchs wird über die Höhe der Eruptionssäule ermittelt, denn diese hängt zur Hauptsache von der Austrittsgeschwindigkeit des Magmas ab. Bei heutigen Ausbrüchen wird Höhe der Eruptionssäule visuell und aus Satellitendaten bestimmt. Für vergangene explosive Ausbrüche kann Höhe der Eruptionssäule ganz gut modelliert werden. Im Falle von effusiven Ausbrüchen ist die nachträgliche Abschätzung der Intensität bislang jedoch unmöglich.

Ein semiquantitatives Maß für die Ausbruchsstärke ist der ***Vulkanische Explosivitätsindex VEI***, der von C. Newhall und S. Self 1982 entworfen und für 6000 vergangene Ausbrüche ermittelt wurde. VEI berücksichtigt neben der qualitativen Beschreibung eines Ausbruchs (effusiv versus explosiv sowie Größe der Explosion) dessen Magnitude durch Einbezug des Gesamtvolumens der geförderten

Tephra in m³ und dessen Intensität durch Einbezug der Höhe der Eruptionssäule in km. Skala reicht von VEI 0 bis VEI 8 und ist ab VEI 2 logarithmisch aufgebaut.

Tabelle 5. Vulkanischer Explosivitätsindex VEI.

VEI	Geförderte Tephra Menge	Höhe der Eruptionssäule	Charakter	Beispiele	Ausbruchsform
0	$<10{,}000\,m^3$	$<100\,m$	sanft	Kilauea	hawaiianisch
1	$>10{,}000\,m^3$	100–1000 m	effusiv	Stromboli	hawaiianisch/ strombolianisch
2	$>1{,}000{,}000\,m^3$	1–5 km	explosiv	Ruapehu 1971	strombolianisch/ vulkanianisch
3	$>10{,}000{,}000\,m^3$	3–15 km	explosiv	Nevado del Ruiz 1985	vulkanianisch/ peleanisch
4	$>0{,}1\,km^3$	10–25 km	katastrophal	Mount Pelée (1902), Eyjafjallajökull (2010)	peleanisch/ plinianisch
5	$>1\,km^3$	$>25\,km$	katastrophal	Vesuv, 79 n. Chr., Mount St. Helens 1980	plinianisch
6	$>10\,km^3$	$>25\,km$	katastrophal	Pinatubo 1991	plinianisch/ ultraplinianisch
7	$>100\,km^3$	$>25\,km$	katastrophal	Tambora 1815	plinianisch/ ultraplinianisch
8	$>1{,}000\,km^3$	$>25\,km$	katastrophal	Taupo (26 500 BP)	ultraplinianisch

Wie bereits im Namen ausgedrückt, bezieht sich der VEI vor allem auf den explosiven Vulkanismus: effusive, großvolumige Lavaaustritte von geringer Intensität, aber hoher Magnitude können nicht adäquat eingeordnet werden. Häufig kritisiert wird auch die Verwendung des Volumens anstelle des Gewichts zur Angabe der Fördermenge, wodurch die tatsächliche Ausbruchsmagnitude nur beschränkt wiedergegeben wird. Dennoch erfreut sich VEI in der Literatur einer viel häufigeren Verwendung als Magnitude und Intensität.

Typisierung der Ausbruchsform

Aus den ersten wissenschaftlichen Bemühungen die verschiedenen Eruptionsstile von Vulkanen zu erklären entwickelte sich eine Typisierung nach dem Ort ihrer ersten guten Beschreibung oder Beobachtung. Dabei entstanden die klassischen Begriffe hawaiianischer, strombolianischer, vulkanianischer und plinianischer Ausbruch. Da eine solche Einteilung beinahe endlos fortführbar ist, steht man heute vor einer verwirrenden Fülle analog eingeführter, weiterer Typenbezeichnungen wie z. B. peleanisch, merapianisch, surtseyanisch, usw.. Angesichts der modernen Kenntnisse über die chemischen und physikalischen Steuermechanismen von vulkanischen Eruptionen ist diese herkömmliche Klassifizierung deutlich veraltet und zusätzlich mit massiver Unschärfe behaftet. Dennoch halten sich ihre Termini in der Literatur so hartnäckig, dass sie im Folgenden steckbriefartig vorgestellt werden.

Hawaiianische Eruptionen: Effusive Tätigkeit mit gedämpfter Ausbruchsintensität, geknüpft an Magmen mit geringer Viskosität und basaltischer Zusammensetzung, die eine leichte Ausgasung ermöglichen. Charakterisiert durch relativ lang andauernde und bis zu 500 m hohe Lavafontänen, die eindrucksvolles und ungefährliches Naturschauspiel bilden. Die hochgeschossene Lava fällt entweder in einen Lavasee zurück oder formiert sich zu einem Lavastrom. Ein weiteres Merkmal hawaiianischer Eruptionen ist, dass sich die Lavaaustritte nicht auf den zentralen Förderschlot beschränken, sondern dass sich das Magma auch Wege zu Nebenaustrittsstellen bahnt, die über eine längere oder kürzere Zeitspanne aktiv bleiben.

Strombolianische Eruptionen: Benannt nach der ständig aktiven Vulkaninsel Stromboli, welche zur Liparischen Inselgruppe nördlich von Sizilien gehört. Effusive Tätigkeit mit untergeordnetem Auswurf kleinerer Tephramengen, da Magma etwas kühler und viskoser als beim hawaiianischen Typ ist. Ausbrüche aber insgesamt immer noch ungefährlich. Besonderes Merkmal strombolianischer Eruptionen sind diskrete, in Abständen von 10 bis 20 Minuten hochschießende Lavafontänen; werden 100–150 m hoch. Gesamtfördermenge (Magnitude) dieser Ausbruchsform aber kaum höher als bei der hawaiianischen.

Vulkanianische Eruptionen: Benannt nach einer Nachbarinsel von Stromboli, der Insel Vulcano mit seit vorgeschichtlicher Zeit immer wieder aufflammendem Vulkanismus. Vulcano aus einem Komplex verschachtelter Schichtvulkane, Staukuppen und Calderen aufgebaut. Viskose, meist andesitische Magmen führen zu gefährlichen, explosiven Eruptionen. Die einzelnen Ausbrüche sind typischerweise kurz und von geringer Magnitude, aber so heftig, dass Eruptionssäule 10–20 km Höhe erreichen kann. Oft werden in diesen Explosionen auch Teile des Vulkankomplexes zerstört. Gefördert wird in der Regel Asche, aber auch das Hochpressen einer Staukuppe oder die Freisetzung von pyroklastischen Strömen gehören zum Repertoire dieser Ausbruchsform.

Plinianische Eruptionen sind nach Plinius dem Jüngeren benannt, welcher 79 n. Chr. den Ausbruch des Vesuvs dokumentierte. Fassen die explosivsten und gefährlichsten Eruptionsformen zusammen. Meist dazitische und rhyolitische Magmen involviert, die zu enormen Bims-Lapilli und Asche Massen fragmentieren. Eruptionssäulen werden über 20 km hoch und können durch anhaltende Fragmentierung mehrere Stunden bis sogar Tage lang aufsteigen. In ihrem engeren Umkreis fallen die größeren Lapilli an die Erdoberfläche zurück. Mit zunehmender Entfernung vom Ausbruchszentrum gehen die Ablagerungen in dünnere, im Zentimeter- bis schließlich Millimeterbereich gelegene Ascheablagerungen über, die sich über Tausende von km^2 erstrecken können. Der großvolumige Magma Austritt kann den Einbruch von weitgespannten Calderen veranlassen; mit der Entwicklung pyroklastischer Ströme ist auf jeden Fall zu rechnen.

Plinianische Eruptionen werden nach ihrer relativen Ausbruchsstärke in drei Subtypen unterteilt. Magnitude und Intensität nehmen dabei vom ***subplinianischen*** über den ***plinianischen*** bis hin zum ***ultraplinianischen Subtyp*** zu. Für die katastrophalste Form der ultraplinianischen Eruption liegen keine tatsächlichen Beobachtungen vor; aus den Ablagerungen einiger prähistorischer Ausbrüche ist jedoch zu schließen, dass Ereignisse dieser Größenordnung möglich sind. R. Cioni (2000) gibt für die Ausweisung der drei Subtypen folgende Grenzwerte an: subplinianische Ausbrüche haben eine Magnitude kleiner als 10^{11} kg und eine Intensität kleiner als 10^{6} kg/s, ultraplinianische Ausbrüche haben eine Magnitude größer als 10^{13} kg und eine Intensität größer als 10^{8} kg/s.

Für Kurzcharakteristik weiterer Ausbruchstypen siehe Kapitel 5.6.1 (*surtseyanische Eruptionen*) und 5.5.2 (*peleanische Eruptionen*).

5.4 Förderprodukte und Oberflächenformen des effusiven Vulkanismus

5.4.1 Erstarrungsformen der Lava

Lavaströme werden zwar überwiegend von basaltischen Magmaaustritten generiert, können aber auch bei saurer, d.h. andesitischer bis rhyolitischer Magmaförderung entstehen. Basaltische Lava hat eine hohe Austrittstemperatur, ist auf Grund ihrer niedrigen Viskosität leichtflüssig, entgast auch noch während des Fließens und bildet ausgedehnte Lavadecken. Saure Lava hat eine um ca. 200 °C tiefere Austrittstemperatur, ist hochviskos und zähflüssig, bildet kleine, kurze und dicke Lavaströme. Bei extremer Viskosität entwickeln sich Staukuppen.

Oberflächenbeschaffenheit von Lavaströmen ist ebenfalls abhängig von Fließverhalten und Viskosität der Lava. Unterschiedliche Oberflächengestalt erstarrter Lavaströme bildet Basis für klassische Lava-Typisierung. ***Blocklava*** entwickelt sich aus Laven mit andesitischer, dazitischer oder rhyolithischer Zusammensetzung; Oberfläche des kurzen, dicken Lavastroms oder der Staukuppe besteht dabei aus relativ glattwandigen, eckigen, häufig blasenfreien Blöcken. Laven basaltischer Herkunft werden mit zwei hawaiianischen Bezeichnungen weiter unterteilt. ***Pahoehoe Lava*** („Lava, auf der man barfuß gehen kann") besitzt eine glatte, wulstige oder durch Zusammenschieben der noch zähflüssigen Haut seilartig verformte Oberfläche (*Seil- oder Stricklava*). Entsteht aus sehr heißen, leicht beweglichen Laven. Ihr Gegenteil heißt ***Aa***- („Lava auf der ein Gehen unmöglich ist") ***oder Brocken Lava***. Geht auf zähflüssigere Lavaströme zurück, deren Oberfläche während der langsameren Fortbewegung zu unregelmäßigen, scharfkantigen und unterschiedlich stark miteinander verschweißten Brocken zerreißt. Ein Pahoehoe Strom kann im Zuge der Abkühlung in einen Aa Strom übergehen.

Lavatunnels entstehen durch Abkühlen und Erstarren der basalen, seitlichen und obersten Partien eines Lavastroms. Die fest gewordene Außenhaut schützt den

Lavafluss im Inneren vor weiteren Wärmeverlusten; er bleibt heiß, dünnflüssig und kann als nunmehr unterirdischer Strom große Distanzen zurücklegen. Entwicklung von Lavatunnels meist, jedoch nicht ausschließlich, an Pahoehoe Laven gebunden. Bei Dacheinbrüchen bilden sich Fenster, durch die man auf den Glutfluss hinab blicken kann. Mit Ende des Ausbruchs läuft der Lavatunnel aus, hinterlässt in der Basaltdecke einige 100 m bis mehrere km lange Höhlengänge, die Durchmesser zwischen knapp 1 m und 15 m haben.

Im Anschnitt zeigen Basaltdecken oft wie Orgelpfeifen angeordnete, prismatische *Basaltsäulen*. Bei der Abkühlung von Lavaströmen bilden sich vertikal zur Abkühlungsfläche stehende Riss-Systeme, weil der erkaltende Basalt ein geringeres Volumen hat als der heiße Lavastrom. Ideal ausgeformte Basaltprismen haben eine sechsseitige Grundfläche. Die Natur lässt aber auch eine 5- oder 7-seitige Ausbildung oder eine Entwicklung der Säulenstruktur in eher andesitisch geprägten Lavaströmen zu.

5.4.2 Basaltdecken und Flutbasalte

Lavaströme, die aus langen Spaltensystemen austreten, bilden ***Basaltdecken*** oder ***Basaltplateaus***, die topographisch als recht flache Ebenen oder Hochebenen zum Ausdruck kommen. Spaltenergüsse sind eine typische Förderform der Mittelozeanischen Rücken. An Land findet man sie daher gehäuft in Island. Die Förderspalten der isländischen Basaltdecken sind meist einige 100 m bis wenige km lang. Im aktiven Zustand konzentrieren sich die aus ihnen hochschießenden Lavafontänen oft für längere Zeit auf eine bestimmte Stelle und bauen dort einen *Schweißschlackenkegel* (engl.: spatter cone) auf. Sind einige Zehner von Metern hohe Kleinkegel rund um eine länger benutzte Förderstelle, die aus zurückgefallenen und an Ort und Stelle miteinander verschweißten Lavafetzen bestehen. Außenflanken und Krater-Innenwände viel steiler als bei den explosiv entstandenen Schlackenkegeln (→ I, 5.5.3).

Obwohl effusive Lavaergüsse im Allgemeinen als die ungefährlichsten aller vulkanischen Eruptionsformen gelten, können im Einzelfall verheerende Begleitumstände auftreten. Beim Austritt von 12,5 km^3 Basaltlava aus der Lakispalte im Juli 1783 ging ein fluorreicher Ascheschleier auf die Weiden Islands nieder, welcher drei Viertel des Viehbestands vergiftete und in der Folge eine Hungersnot auslöste, der 20–25 % der Bevölkerung zum Opfer fielen.

Von ***Flutbasalten*** spricht man, wenn Lava in wahren Schichtfluten aus bis zu 300 km langen Spalten quillt und Hundertausende von km^2 des umgebenden Geländes überwältigt. Diese dramatische und episodische Ausbruchsform ist nur aus der Erdvergangenheit bekannt: die jüngste aller *Flutbasaltprovinzen* (Columbia River Basalte) stammt aus dem Tertiär. Landschaftsprägung und räumliche Ausdehnung dieses geologischen Vulkanismus stehen im krassen Gegensatz zum viel kleiner dimensionierten, gegenwärtigen Vulkanismus mit seiner vergleichsweise nur punktuell wirksamen Reliefformung.

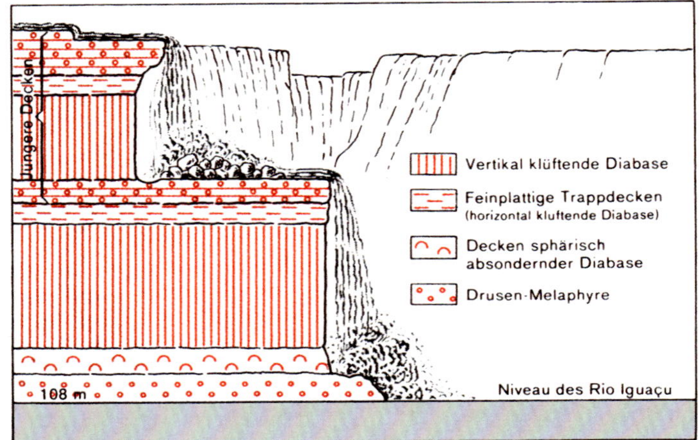

Abb. 37: Treppenförmige Rückwitterung individueller Basaltströme der Parana Flutbasaltprovinz als Ursache für die berühmten Wasserfallstufen der Iguaçu Fälle (nach R. Maak). Melaphyr und Diabas sind Begriffe des älteren deutschen Sprachgebrauchs für vor-tertiäre Basalt Varietäten. Das in vertikalen Absonderungsklüften langsam erstarrte Innere des Basaltstroms ist verwitterungsresistenter als die Topschlacken und bildet daher die Stufenfronten.

Im Detail bestehen Flutbasaltprovinzen aus individuellen Basaltdecken, die durch Sedimentlagen aus vulkanisch ruhigeren Zwischenperioden getrennt sein können. Aber auch innerhalb der Einzeldecken gibt es Unterschiede bezüglich der Verwitterungsresistenz: Die schnell erstarrte Oberfläche der Basaltdecke ist viel verwitterungsanfälliger als die darunterliegende, langsamer abgekühlte Gesteinsmasse. Dadurch wittern die Basaltlagen oft stufenförmig zurück (siehe Abb. 37), was in der alten Bezeichnung *Trapp* (schwed. „trappa" für „Treppe") für Flutbasaltdecken zum Ausdruck kommt.

Viele *kontinentale Flutbasaltprovinzen* haben eine submarine Fortsetzung, welche sich in seismischen Messungen als stark reflektierende, meerwärts abtauchende Schichten äußern, die als Basaltpakete interpretiert werden.

Daneben gibt es eigenständige untermeerische Flutbasaltprovinzen, nämlich die *Ozeanischen Plateaus*, welche aus weitläufigen Lavadecken bestehen, die in Hochplateaus den umgebenden Meeresboden um 2000 m überragen und regional die Dicke der ozeanischen Kruste um das Fünffache erhöhen können. Die räumliche Erstreckung von Ozeanischen Plateaus ist generell um eine Zehnerpotenz größer als die von kontinentalen Flutbasaltprovinzen.

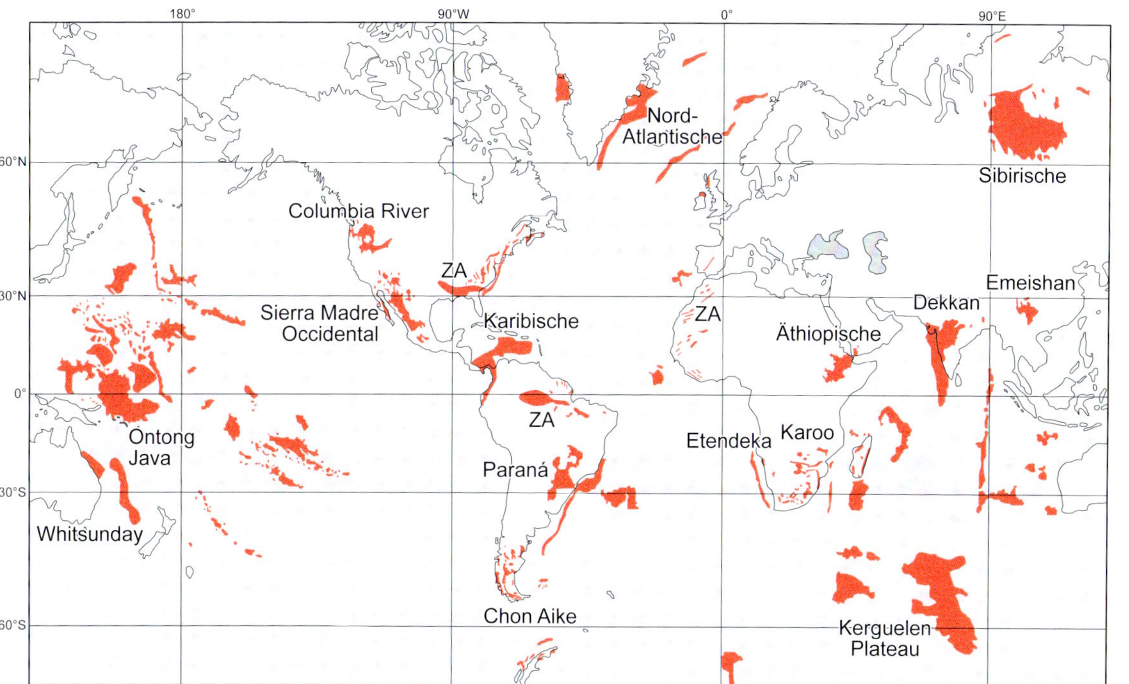

Abb. 38: Verbreitung der bis zu 270 Mill. Jahre alten Magmatischen Großprovinzen auf der Erde (nach Bryan u. Ernst 2008). ZA = Zentral Amerikanische Provinz. Die Flutbasaltprovinzen der Polkappen sind in dieser Projektion nicht dargestellt

Kontinentale Flutbasaltprovinzen und Ozeanische Plateaus werden unter dem Überbegriff *Magmatische Großprovinzen* (engl. „large igneous provinces“ oder „LIP“) zusammengefasst. Mit der Bezeichnung der Provinzen als „magmatisch“ anstelle von „vulkanisch“ werden auch die unterirdischen Wurzeln der Flutlaven einbezogen, nämlich Riesensysteme von Dykes und Sills, die die ehemaligen Fördergänge darstellen. In geologisch sehr alten Kontinentalgebieten sind die Basaltlagen bereits weitgehend abgetragen und das ehemalige Flutbasaltereignis nur mehr an den magmatischen Gesteinen des ausgedehnten Gang- und Lagergang Systems zu erkennen. Die globale Verbreitung aller jünger als 270 Mill. Jahre alten und gut untersuchten Magmatischen Provinzen ist in Abb. 38 dargestellt.

Die **Columbia River Flutbasaltprovinz** (Oregon, Idaho, Washington) ist mit einer Ausdehnung von 164 000 km^2 die kleinste (und jüngste) der kontinentalen Flutbasaltprovinzen. Zu den Superlativen unter den Ozeanischen Plateaus gehört das Ontong Java Plateau mit einer Ausdehnung von rund 2 Mill. km^2; das entspricht der Fläche von Westeuropa. Submarine Fortsetzungen von kontinentalen Flutbasaltprovinzen erscheinen in Abb. 38 in Form von langgezogenen Streifen in den Randgebieten der Weltmeere, z. B. im Nordatlantik, wo die Basalte von Grönland, Island, Irland, Schottland und der Färöer-Inseln eine submarine Fortsetzung haben und zusammen die Nordatlantische Provinz bilden. An den Rändern des Südatlantiks sind die submarinen Fortsetzungen der Parana und Etendeka Flutbasaltprovinzen zu sehen.

Bryan u. Ernst (2008) geben die folgende zusammenfassende Definition von Magmatischen Großprovinzen: „Sie besitzen räumliche Ausdehnungen von mehr als 100 000 km^2 und Magma-Förderungen von mehr als 100 000 km^3. Die Gesamtförderzeit kann bis zu 50 Mill. Jahren betragen, die Hauptmasse des Magmas tritt jedoch schubweise während einer einzigen oder einiger weniger hochaktiven und äußerst kurzen (1–5 Mill. Jahre dauernden) Perioden aus. Sie sind eine Erscheinung des Intraplattenvulkanismus und ihr Magmenchemismus ist überwiegend mafisch. Ultramafische und silikatische Komponenten sind aber vorhanden und in Einzelfällen dominiert sogar der silikatische Chemismus.“

Geotektonische Bedeutung der Flutbasalte: Ihre gewaltigen Fördermengen gehen nicht nur weit über die des Riftzonenvulkanismus hinaus, sondern sind auch mit einem weiteren, auffälligen Umstand verknüpft: Mit Ausnahme der Columbia River, Sibirischen und Emeishan Provinz folgte der Haupteruptionsphase von kontinentalen Flutbasalten die Entwicklung eines neuen Mittelozeanischen Rückens und ein sich öffnender Ozean, welcher die ursprünglich zusammenhängende Flutbasaltprovinz teilte. Zum Beispiel trennte der sich öffnende Südatlantik die Etendeka Flutbasalte an der Namibischen Küste von den Parana Flutbasalten in Südamerika. In der Nordatlantischen Großprovinz gab es zwei Hauptförderperioden. Die erste erfolgte als Nordamerika und Eurasien noch in einem Urkontinent zusammenhingen. Die zweite fand zeitgleich mit der Nordatlantik-Öffnung statt, überlappte mit der einsetzenden Magmaförderung aus dem jungen Mittelatlantischen Rücken und produzierte die vor Grönland und Nordwesteuropa liegenden submarinen Basaltdecken. Zur Entwicklung der jungen Spreizungsachse Rotes Meer – Golf von Aden und des ostafrikanischen Grabenbruchs im Zusammenhang mit der Eruption der äthiopischen Flutbasalte siehe Beispiel „Ostafrikanisches Grabensystem" in Kapitel 4.3.2 und Beispiel „Riftgürtel des Roten Meeres" in Kapitel 4.3.3.

Chemismus der Flutbasalte: Global betrachtet besteht die Hauptmasse der Magmatischen Großprovinzen aus tholeiitischen Basalten. Chemische Detailanalysen sind aus Gründen der leichteren Probennahme auf kontinentale Flutbasalte konzentriert. In ihnen zeigen sich sowohl zeitlich wie räumlich interessante Abweichungen vom tholeiitischen Pauschalcharakter. Häufig wird der Einsatz einer Eruption durch alkalische/ultramafische Schmelzen und die Spätphase der Eruption von einem silikatischen, hochexplosiven Vulkanismus geprägt, wie z. B. in der Karoo, Parana-Etendeka und Dekkan Flutbasaltprovinz. Bei den sibirischen Trappen hingegen scheint die ganze tholeiitisch geprägte Haupteruptionsphase von regional austretenden „exotischen", d.h. entweder silikatischen oder alkalischen Laven begleitet zu sein. In drei Magmatischen Großprovinzen (Sierra Madre Occidental, Chon Aike und Whitsunday Provinz) werden die tholeoiitischen Basalte anteilsmäßig von silikatischen Gesteinen überragt. In Ihnen dürfte eine großräumige kontinentale Krustenaufschmelzung mit im Spiel gewesen sein.

Ursache der Flutbasaltergüsse: Unter den vielen Konzepten zur Erklärung von Flutbasaltergüssen findet heute die Annahme des Auftreffens eines Mantelplumes auf die Lithosphären-Unterseite die größte Zustimmung. In entsprechenden Modellierungen verbreitert sich dabei der Plumekopf staubedingt zu einem riesigen pilzförmigen Hut, der einen Durchmesser von 1000 km und mehr erreichen kann. Durch Druckentlastung kommt es in dem ganzen Hut zu Schmelzprozessen mit relativ hohen Aufschmelzgraden. Das entstehende tholeiitische Magma bahnt sich einen Weg an die Erdoberfläche und überflutet dort ausgedehnte Regionen mit Basalt. Dieses Konzept erklärt auch den viel größeren Basaltzuwachs der Ozeanischen Plateaus, denn bei gegebener Temperatur muss unter dem geringeren Überlagerungsdruck der dünneren ozeanischen Lithosphäre eine größere Schmelzmenge entstehen als unter dem höheren Überlagerungsdruck der dicken kontinentalen Lithosphäre. Schließlich löst sich der Plumekopf auf und die Aufschmelzung über dem nachfolgenden, schmalen Plumestiel verringert sich. Die Flutbasaltprovinz ist zu diesem Zeitpunkt bereits auf ihrer kontinentalen oder ozeanischen Platte davon gedriftet. Der Plumestiel generiert nun die submarinen Vulkanketten, die in heute aktiven Vulkaninseln wie Reunion enden und dort die gegenwärtige Position des Mantelplumes markieren.

5.4.3 Schildvulkane

Wo sich basaltische Lavaströme zu einer Erhebung aufstapeln, entsteht der Vulkantyp des Schildvulkans. Bildet eine breit ausladende, konvexe Aufwölbung mit sanften, meist weniger als 10° geneigten Flanken. Erscheinungsbild der Schildvulkane damit viel weniger spektakulär als das der Stratovulkane (→ I, 5.5.4).

Schildvulkane bestehen überwiegend aus meist nur wenigen m mächtigen, sich verzweigenden und überlappenden Lavaströmen, generell vom Pahoehoe Typ. Der Anteil pyroklastischer Lockerstoffe ist vernachlässigbar. Die einzelnen Lavaströme können, wenn sie in Lavatunnels abfließen, große Distanzen bis zu ihrer endgültigen Ablagerung und Festwerdung überwinden. Ein charakteristisches Merkmal der Hawaiianischen Schildvulkane ist, dass viele Austrittsstellen der Laven nicht in der Gipfelcaldera, sondern in langen Spaltenzonen an den Vulkanflanken liegen (Abb. 39), wo sie ihre Position durch den Aufbau von parasitären Schweißschlacken- und Schlackenkegeln anzeigen.

Beispiel: Gesamte, 10 400 km^2 große Insel **Hawaii** einschließlich ihres noch viel größeren untermeerischen Sockels ist eine einzige Lavamasse, die sich aus fünf großen Schildvulkanen zusammensetzt. Beginnt in 5000–6000 m Wassertiefe und erreicht in Mauna Kea und Mauna Loa über 4000 m Höhe, sodass sich Gesamthöhe von rund 10 000 m ergibt.

Basaltlaven Hawaiis gehören zur tholeiitischen Magmensippe. In der Spätphase eines Schildvulkan-Aufbaus gelegentlich Wechsel zur Förderung von Schmelzen des alkalischen Typs und Erzeugung einer jüngeren Gipfelkappe aus Alkalibasalten.

Zwei der fünf Vulkane Hawaiis, nämlich Mauna Loa und Kilauea, sind aktiv und entsenden seit Beginn der historischen Aufzeichnung um 1780 Lavaströme (Abb. 39). Mit einer mittleren jährlichen Magmaförderung von ca. 0,1 km^3 pro Jahr gilt **Kilauea** als aktivster Vulkan der Erde. Während des gesamten 19. sowie im frühen 20. Jhdt. ernährten ständige Lavaaustritte in seiner Caldera den zu großer Bekanntheit gelangten Lavasee Halema'uma'a. Nach einer 60 jährigen Pause mit nur episodischer Lavaförderung ist der Kilauea seit 1983 wieder kontinuierlich aktiv. Das neue, leicht fluktuierende Förderzentrum liegt in einer Spaltenzone auf seiner SO Flanke, markiert durch den Schweißschlacken/Schlackenkegel Pu'u ,O'o sowie durch das benachbarte kleine Lavaschild Kupaianaha. Die austretenden Lavaströme fließen über die Südhänge des Kilaueas bis in den Pazifik. 2008 eröffnete sich ein Zusatzschlot am Boden der Gipfelcaldera, der durch Einsturz seiner Wände erweitert wurde und nun wieder einen zeitweiligen Lavasee unterhält (R.I. Tilling et al. 2010).

Bemerkenswert für den Typ des Schildvulkans ist, dass er in zwei völlig unterschiedlichen Größenklassen vorkommt. Die Schildvulkane Islands sind gerade einmal eine Miniaturausgabe der Schildvulkane Hawaiis oder der Galapagos Inseln. Der prominenteste Vertreter aller isländischen Schildvulkane, der Skaldbreiður ist 600 m hoch und hat einen Basisdurchmesser von 10 km; illustriert damit die Dimensionsunterschiede eindrucksvoll.

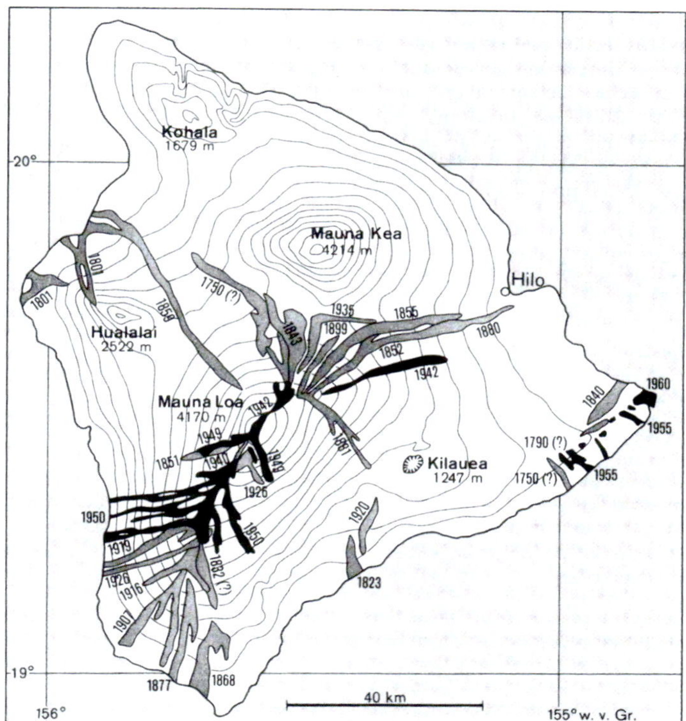

Abb. 39: Schildvulkane auf Hawaii mit Lavaströmen seit Beginn der Aufzeichnungen bis 1960 (Nach M. Schwarzbach). Nach 1960 Konzentration der Lavaförderung auf den Kilauea, nur mehr zwei weitere Lavaströme vom Mauna Loa

5.4.4 Staukuppen

Staukuppen (synonym *Stoßkuppen*, engl.: lava domes) sind kleine, steilwandige Vulkanbauten, die sich aus äußerst zähflüssiger Lava bilden, die aus einem Schlot hochgepresst und aufgrund ihrer Zähflüssigkeit kaum ausbreitungsfähig ist. Ihre Formung steht im Widerspruch zur meist ausfließenden Natur von Laven, und ist auf den seltenen Fall eines sauren Laven-Chemismus beschränkt. Viele Staukuppen bestehen aus Dazit, da dieser neben der chemisch reduzierten Fließfähigkeit noch eine weitere Eigenheit zeigt: Das austretende Magma ist so reich an bereits fertig auskristallisierten Mineralien, dass es mehr Kristallbrei als Gesteinsschmelze ist. Aktive Staukuppen sind gefährlich: werden sie durch zu schnelles und zu hohes Wachstum instabil und brechen zusammen, oder werden sie durch Magmaexplosionen gesprengt, so können pyroklastische Ströme (→ I, 5.5.2) entstehen.

Staukuppen sind meist weniger als 600 m hoch und haben eine schroffe, zerklüftete Oberfläche. Aus dem Kuppenscheitel aktiver Staukuppen können mit großer Geschwindigkeit schmale *Lavanadeln* in die Höhe gepresst werden. Typische Lavanadeln präsentieren sich leicht gekrümmt, mit völlig glatter Felsfläche auf der Außenkrümmung und blockig-rauem Fels in der Innenkrümmung. Bei der Abkühlung von Staukuppen lösen sich durch Schrumpfung und Rissbildung Blöcke aus ihrer Außenwand ab, bauen zusammen mit abgestürzten Lavanadeln rund um den Staukuppenfuß steile Blockhalden auf.

Beispiele: Nach dem katastrophalen Ausbruch der **Montagne Pelée** (Martinique) 1902 wuchs aus dem Förderschlot eine Staukuppe, aus der schließlich noch eine 300 m hohe Lavanadel hochgedrückt wurde.

Mt. St. Helens: Rund einen Monat nach dem Ausbruch vom 18. Mai 1980 wurde im Zentrum des dabei entstandenen, 700 m tiefen Hufeisenkraters dazitische Lava hochgeschoben. Bis Oktober 1986 bildete sich aus mehreren, durch Ruhepausen oder explosive Teilsprengungen unterbrochenen Förderepisoden eine 280 m hohe Staukuppe. Im Oktober 2004 wurde der Schlot wieder aktiv, und direkt neben der alten Staukuppe begann eine zweite zu wachsen. Sie hob den im Krater des Mt. St. Helens liegenden Gletscher an und gab ihm eine neue Fließrichtung. Die Bildung der zweiten Staukuppe dauerte bis Jänner 2008; dabei traten rund 9, 5 Mill. m^3 Lava aus. Eine detaillierte Dokumentation der vulkanischen Aktivität des Mt. St. Helens ist auf der Webseite des Cascades Volcano Observatory des US Geologischen Dienstes zu finden: http://vulcan.wr.usgs.gov/home.html

5.5 Förderprodukte und Oberflächenformen des explosiven Vulkanismus

5.5.1 Nomenklatur der explosiven Auswurfsprodukte

Pyroklastika (synonym: pyroklastische Gesteine, pyroklastische Ablagerungen) ist ein Oberbegriff für alle Auswurfsprodukte von explosiven Eruptionen, unabhängig von ihrer Verfestigung. Die Einzelpartikel werden *Pyroklast* (Mehrzahl: Pyroklasten) genannt. Für verfestigte Pyroklastika aller Art gibt es die zusätzliche (Gesteins-) Bezeichnung *Tuff* (→ I, 5.2.3).

Pyroklastika werden auf der Basis ihrer unterschiedlichen Transport- und Ablagerungsumstände weiter unterteilt in *Fall-* und *Fließablagerungen*. Fragmentiertes Magma, das in einer Eruptionssäule in die Atmosphäre steigt und von dort an die Erdoberfläche zurückfällt, bildet eine Fallablagerung; diese ist gut sortiert und überzieht Tiefenlinien und Erhebungen des Erdreliefs als gleichförmiger Mantel. Fragmentiertes Magma, das in sogenannten pyroklastischen Strömen (→ I, 5.5.2) bodennah und mit höherer Partikeldichte die Vulkanflanken hinabschießt, hinterlässt hingegen heiße, schlecht sortierte und in den Tiefenlinien des Erdreliefs anschwellende Fließablagerungen.

Ein häufig verwendeter Begriff für alle frisch geförderten vulkanischen Lockerstoffe ist *Tephra*[66]. Der Begriff fokussiert im engeren Verwendungssinn auf Fallablagerungen, wird aber von manchen Autoren auch für Fließablagerungen eingesetzt. Die Feingliederung der Tephra erfolgt nach der dominanten Partikelgröße: bei feinkörnigen Ablagerungen spricht man von *Asche*, bei Durchmessern ab 2 mm von *Lapilli* und bei Durchmessern ab 64 mm von *Bomben*. Viele Bomben wurden während ihres Fluges durch Rotation gerundet.

Frische Tephradecken auf den Vulkanflanken können durch größere Wassermengen leicht mobilisiert werden. Es gibt mehrere Szenarios, in denen ein explosiver Ausbruch gleichzeitig eine Wasserflut freisetzt, z. B. durch rasches Abschmelzen eines Gipfelgletschers, durch den Ausbruch eines Kratersees oder indem die Aschepartikel in der Luft zu Kondensationskernen für einen heftigen Regenfall werden. Die Folge kann ein *Lahar* (indonesisch für Schlamm- oder Schuttstrom) sein. Lahare sind den alpinen Muren vergleichbar, d.h. es handelt sich um Wasser-Feststoff Gemische mit Feststoffgehalten von 60 bis 85 %, die mit großer Zerstörungskraft in den Tallinien des Vulkangebäudes hinunterschießen. Ihre Ablagerungen werden nicht zu den Pyroklastika im eigentlichen Sinne gezählt, da Lahare den Vulkanausbruch selbst zwar begleiten, sich aber auch noch Jahre später bilden können. Zum Beispiel hat der Ausbruch des Pinatubo 1991 so enorme Tephramengen hinterlassen, dass diese über eine Dekade hinweg mit jeder Regenzeit und jedem Taifun zu Lahar-Abgängen führten.

5.5.2 Pyroklastische Ströme

Pyroklastische Ströme (engl.: pyroclastic density current, PDC) bestehen aus einem Gemisch von Gasen und festen Bestandteilen, das die Vulkanflanken hinabschießt. Sie können sehr heiß sein (bis zu mehreren 100 °C), sehr schnell (bis zu einigen 100 km/h) und mehrere km zurücklegen, bevor sie zum Stehen kommen und in sich zusammenfallen. Sind absolut tödlich und hinterlassen eine Bahn der völligen Zerstörung. Stehen somit aus gutem Grund an der Spitze aller vulkanischen Naturgefahren und gaben Anlass zur Einführung eines eigenen Ausbruchstyps, nämlich der *peleanischen Eruption* (vgl. 5.3.2). Die Namensgebung beruht auf einem pyroklastischen Strom von der Montagne Pelée (Martinique, Karibik), der am 8. Mai 1902 die 28 000 Einwohner zählende Stadt St. Pierre auslöschte und die wissenschaftliche Untersuchung der pyroklastischen Strömen startete.

[66] griech.: tephra = Asche

Man unterscheidet zwischen den **_Ausprägungsformen_**[67] *Glutlawine* (engl.: pyroclastic flow oder granular fluid-based PDC) und *Glutwolke* (engl.: pyroclastic surge oder fully dilute PDC). Glutlawinen haben eine hohe Partikeldichte und reißen auch größere Komponenten, wie z. B. Bomben oder Lavablöcke mit sich; schießen bevorzugt in bereits existierenden Gräben des Vulkangebäudes zu Tal. Glutwolken sind durch eine geringere Festpartikel-Dichte und -Größe gekennzeichnet, breiten sich mit hoher Geschwindigkeit flächig über die Vulkanflanken aus und steigen gleichzeitig turbulent in große Höhen auf. Aus Glutwolken können sich Glutlawinen absetzen und Glutlawinen können Glutwolken generieren, z. B. durch das Einsaugen und Erhitzen von Luft, oder an Engpässen der Glutlawinen-Talfahrt, wie in plötzlichen Kurven. In der Natur somit fließende Übergänge zwischen Glutlawinen und Glutwolken, sowohl was ihren Bewegungsmodus, als auch was ihre Ablagerungen betrifft.

Pyroklastische Ströme können unter Umständen extreme Dimensionen annehmen. Solche großvolumigen Ereignisse sind äußerst selten und konnten in historischer Zeit nie direkt beobachtet werden. Alle wissenschaftlichen Erkenntnisse über die Ausprägungs- und Ausbreitungsform von *großvolumigen pyroklastischen Strömen* fußen daher auf dem nachträglichen Studium ihrer Ablagerungen und auf Modellierungen.

Die erkalteten **_Ablagerungen_** pyroklastischer Ströme werden je nach ihrer vorwiegenden Partikelgröße *Aschestrom*, *Bimsstrom* (bestehend aus Lapilli, deren Gesteinsart überwiegend Bims ist) oder *pyroklastischer Blockstrom* genannt. Glutlawinen hinterlassen in der Regel Blockströme, die als Talfüllungen bis zu 15 m mächtig werden können, während sie auf ungegliederten Hängen zu etwas dünneren Schuttfächern auseinander laufen. Glutwolken produzieren ausgedehntere Asche- oder Bimsdecken, die aber manchmal nur einige cm dick sind. Anstelle von Asche-, Bims- oder Blockstrom findet sich oft die Bezeichnung *Ignimbrit*[68], obwohl dieser Begriff ursprünglich für die plateauförmig ausgedehnten und mächtigen Ablagerungen von großvolumigen pyroklastischen Strömen geprägt wurde. Ignimbrite können als weiche, sandige Asche entgegen treten, oder als mürbe Bimsschichten, oder als ein hartes, glasiges Gestein, das schwer von einem erkalteten Lavastrom zu unterscheiden ist. Der springende Punkt in der Aushärtungsform von Ignimbriten ist ihre Ablagerungstemperatur, welche entweder zu einer Verschweißung der Partikel führt oder diese nicht erlaubt. In der geologischen Vergangenheit gebildete Ignimbrite haben weltweit eine große Verbreitung und stehen oft in Verbindung mit großen Calderaeinbrüchen (vgl. Kapitel 5.5.5).

[67] Alle Begriffe für Ausprägungsformen und Ablagerungen pyroklastischer Ströme werden leider äußerst unpräzise und völlig uneinheitlich verwendet; sowohl im Deutschen als auch im Englischen. Beim Studium der Fachliteratur ist somit stets auf den Begriffs-Kontext zu achten!

[68] lat.: ignis = Feuer; imber = Regen

Die häufigste ***Entstehungsursache*** pyroklastischer Ströme ist der teilweise oder komplette Zusammenfall einer Eruptionssäule. Sie können sich aber auch durch Wegsprengung oder Absturz von Partien einer aufdrängenden Staukuppe (→ I, 5.4.4) bilden, oder durch explosive Ausbrüche, die seitlich gerichtet sind.

Der Kollaps einer Eruptionssäule ist physikalisch gesehen eine Frage der Dichte. Wenn das Materialgemisch der Eruptionssäule weniger dicht als die umgebende Atmosphäre ist, dann wird es aufsteigen. Ist es jedoch dichter, so muss es zusammenfallen sobald die Energie des Gasschubs aus dem Mündungsschlot aufgebraucht ist. Es kommt also darauf an, ob genügend Luft in die Eruptionssäule eingemengt und für einen zusätzlichen Auftrieb stark erhitzt werden kann (vgl. 5.3.1; Abschnitt „Eruptionssäulen"). Eine zunehmende Ausbruchsintensität, verursacht z. B. durch Schloterweiterung, kann die Luftaufnahme auf Randzonen der Eruptionssäule beschränken und damit deren Zusammenfall einleiten. Ebenso kann die nachlassende Ausbruchsintensität bei der abschließenden Förderung der tieferen, gasärmeren Schmelzen aus der Magmakammer zur Bildung pyroklastischer Ströme führen, weil die Eruptionssäule dann eine höhere Dichte annimmt und die Wärmeübertragung auf die eingewirbelte Luft bei nur grob fragmentierten Partikeln viel schlechter als bei sehr fein fragmentierten funktioniert. Zusammenfallende Eruptionssäulen produzieren in erster Linie heiße und schnelle Glutwolken. Während des plinianischen Ausbruchs des Vesuvs 79 n. Chr. z. B. bildeten sich sechs davon; waren jene totbringenden Ereignisse, die die Bevölkerung von Herculaneum und Pompeji in Sekundenschnelle auslöschten.

Eine Sonderform der Glutwolken sind die basalen Ringwolken um die Eruptionssäulen von phreatomagmatischen Ausbrüchen (→ I, 5.6). Sie enthalten reichlich Wasserdampf, der rasch kondensiert und den pyroklastischen Strom relativ kühl (unter 100 °C) hält.

Das Kräftespiel im Zusammenfall von plinianischen oder ultraplinianischen Eruptionssäulen erlaubt eine über Stunden anhaltende und immer wieder aufgenommene Entsendung pyroklastischer Ströme: auf diese Weise könnten die großvolumigen Ströme der Vergangenheit entstanden sein.

Mit Staukuppenkollaps verbundene pyroklastische Ströme sind hingegen kurzlebige Ereignisse, die primär als Glutlawinen in Erscheinung treten. Wenn aufdrängende Staukuppen, entweder rein schwerkraftbedingt oder durch einen steigenden Gasdruck im aufsteigenden Magma explosionsbedingt abstürzen, bilden sie eine extrem heiße Sturzmasse. Die oft noch glühenden Lavablöcke platzen in den vielfachen Aufschlägen auseinander und Teile des freigesetzten Glutmaterials fragmentieren durch die Restgase und die plötzliche Abkühlung zu grober Asche.

5.5.3 Schlackenkegel

Explosive Ausbrüche von überwiegend basaltischem Magma erzeugen Schlackenkegel (engl.: scoria cones oder cinder cones). Diese kleinsten, aber zahlenmäßig häufigsten festländischen Vulkanbauten zeigen eine ziemlich einheitliche Gestalt mit mittleren Höhen von 200–300 m und Basisdurchmessern um die 900 m; in die Gipfel sind relativ große Krater eingesenkt (Abb. 44). Treten meist gesellig, zu ganzen Vulkanfeldern vergesellschaftet, auf. Bau der Einzelkegel selten komplett symmetrisch, entweder leicht elliptischer Grundriss entlang einer Förderspalte oder Kraterrand zeigt eine niedrigere und eine höhere Seite: die höhere Seite lag zur Zeit des Ausbruchs windabwärts. Rund um den Schlot werden die zur Erde zurückfallenden, noch heißen Magmafetzen zu Schlacke verschweißt, im äußeren Teil des Kegels dominieren lockere Bomben und Lapilli Ablagerungen. Die Neigung der Außenflanken entspricht dem inneren Reibungswinkel von Lockermaterial-Aufschüttungen und beträgt bei jungen Kegeln an die 33°. Wenn zusätzlich zur Tephra auch Lava ausgetreten ist, führte Austrittsort der Lava meist zu einem deutlichen Höheneinbruch des Kraterrandes. Das Kegelprofil ändert sich mit dem Alter: das Höhen-Breitenverhältnis sinkt und die Neigung der Flanken kann sich bis auf 18° vermindern.

Direkte Beobachtung der Wachstumsrate eines Schlackenvulkans am **Paricutin**, Mexiko (Abb. 40): Vulkanische Tätigkeit begann am 20. 2. 1943 mit Öffnung einer Erdspalte in einem Maisfeld, aus der mit donnerähnlichem Getöse hohe Rauchwolke quoll und Sand und rotglühende Steine ausgeschleudert wurden. Nach erstem Tag 50 m hoher Aschen- und Schlackenkegel aufgeschüttet. Am zweiten Tag auch Lava gefördert, die eine Geschwindigkeit von 5 m/sec erreichte und das Dorf Paricutin zerstörte. Nach einer Woche hatte Kegel 140 m Höhe erreicht und wurde unter heftigen Explosionen immer höher. Weitere Lavaaustritte überwältigten ein zweites Dorf, dessen Kirchturm bis heute aus den versteinerten Lavamassen ragt. Als 1952 die vulkanische Aktivität endgültig stoppte, war der neue Vulkan „Paricutin“ 410 m hoch. Während der 9 jährigen Tätigkeit wurden 2 km^3 Lava und Tephra ausgestoßen (Luhr u. Simkin 1993).

Schlackenkegel können den phreatomagmatisch entstandenen Tuffkegeln äußerlich sehr ähnlich sehen und mit diesen Mischformen bilden. Siehe dazu das Beispiel der Eifel-Vulkanfelder in Kapitel 5.6.2.

5.5.4 Stratovulkane

Stratovulkane[69] oder *Schichtvulkane* sind aus Wechselfolge von explosiv geförderten Lockerstoffen und effusiv ausgeflossenen Lavaströmen aufgebaut. Die pyroklastischen Förderprodukte neigen zur Bildung steiler Böschungen und die eingelagerten Lavaströme führen zur Versteifung des Baumaterials, was die Bildung hoher und steiler Vulkanberge erlaubt. In der angloamerikanischen Litera-

[69] lat.: stratum = Schicht

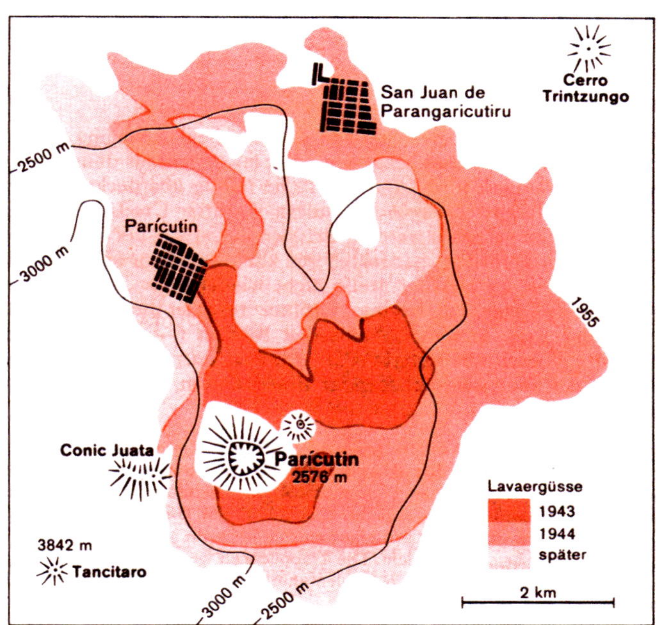

Abb. 40: Lavaergüsse des Paricutin in Mexiko (nach L. Blasquez)

tur Begriff „stratovolcanoe" meist durch „composite[70] volcanoe" ersetzt, um der Vorstellung eines gleichförmigen, konzentrischen Lagenbaus aus pyroklastischen Schichten und Lavadecken entgegen zu wirken. Tatsächlich besteht die Lavaversteifung aus individuellen Lavaströmen, die zu verschiedenen Zeiten an verschiedenen Stellen den Berghang hinabgeflossen sind (siehe Abb. 41). Aber auch die Tephraschichten explosiver Ausbrüche sind ungleichmäßig verteilt, z. B. durch die vorherrschende Windrichtung oder den Zusammenbruch der Eruptionssäule zu einem gerichteten pyroklastischen Strom.

Stratovulkane typisch für Subduktionszonenvulkanismus, untergeordnet auch für Intraplattenvulkanismus; d.h. das geförderte Magma ist meist von andesitischem bis dazitischem Chemismus (z. B. Andenvulkane), oder von phonolitischer, trachytischer oder tephritischer Natur (z. B. Teide, Roque Nublo auf den Kanarischen Inseln). Aufgrund des hohen Differentiationsgrades des Magmas besteht

[70] engl.: composite = zusammengesetzt, gemischt

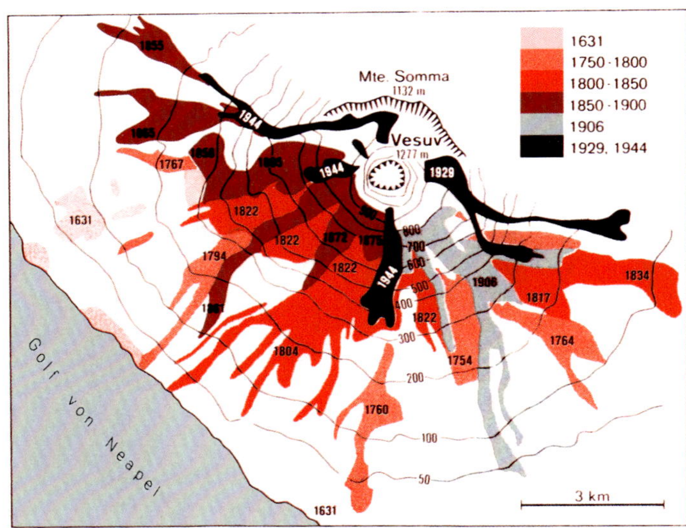

Abb. 41: Lavaströme des Vesuvs (nach M. SCHWARZBACH)

bei Stratovulkanen immer die Gefahr einer zerstörerischen plinianischen Eruption, verbunden mit der Entwicklung pyroklastischer Ströme.

Charakteristisch für viele Stratovulkane ist ihre perfekt symmetrische Kegelform (z. B. Fujiyama, 3776 m), die sie von allen anderen Berggestalten der Welt unterscheidet. Kegelflanken oft mit leicht konkaver Schwingung ausgestattet, da Gipfelpartie etwas steiler ist als die aus Abtragungsschutt bestehenden Mittel- und Unterhänge. Können sich aber auch als massige Erscheinung mit rundlicher Kuppe zeigen (Kilimandscharo 5896 m, Mt. Rainier, Washington, USA, 4391 m) oder von komplexerem Bau sein, wie der 1281 m hohe, aus älterem und jüngerem Kegel zusammengesetzte Vesuv (siehe Vesuv-Beispiel in Kapitel 5.5.5).

Bei manchen Stratovulkanen, wie z. B. dem Fujiyama, traten Lava und Tephra die ganze, lange Konstruktionszeit hindurch ausschließlich aus dem Zentralschlot aus. Bei anderen, wie z. B. dem Ätna fand Magmaförderung nicht nur durch den Gipfelschlot, sondern auch durch *parasitäre* oder *laterale* Schlote auf den Vulkanflanken statt. Diese seitlichen Förderzentren sind in der Regel nur einmal aktiv und können einer ganz bestimmten Aktivitätsperiode des Vulkans zugeordnet werden. Sie hinterlassen auf den Vulkanflanken kleinere Parasitärkegel und -krater oder werden durch den Einsatz einer Lavadecke markiert.

Wenn es keinen zentralen Hauptschlot gibt, kann die charakteristische Vulkangestalt sogar verschwinden. Das ist in *Vulkankomplexen* der Fall, in denen eng gescharrte, aus der gleichen Magmakammer, aber zu unterschiedlichen Zeiten belieferte Haupt- und Nebenschlote zu einem Gewirr aus individuellen Kegelbauten, Kratern und Lavadecken führen. Zum Beispiel besteht der Vulkankomplex Cordon Punta Negra in Chile aus 25 kleineren Kegeln mit gut entwickelten Gipfelkratern, die sich über ein Gebiet von 500 km^2 ausdehnen.

Da Entwicklungsgeschichte der Großvulkane recht kompliziert sein kann, ist die für ihr Größenwachstum benötigte Zeitdauer nur schwer ermittelbar. Mt. St. Helens z. B. hat sich über die letzten 40 000 Jahre einige Male selbst zerstört und wieder aufgebaut; der Hauptteil seiner gegenwärtigen Masse dürfte aus den letzten 2500 Jahren stammen (LIPMAN u. MULLINEAUX 1981). Außerdem ergibt sich aus der Kegelgeometrie eine gewisse Beschränkung der ultimativen Vulkanhöhe. Wenn einmal eine gewisse Höhe erreicht ist, braucht es nämlich für jedes weitere Höhenwachstum enorme Volumenzuwächse. Da gleichzeitig die zunehmende Austrittshöhe immer mehr Innendruck für den Aufstieg aus der Magmakammer erfordert, fallen die Förderraten aber zurück. Außerdem beginnt in den Ruhepausen der vulkanischen Aktivität die Abtragung zu wirken und der Berg setzt sich unter seinem eigenen Gewicht. Tatsächlich beträgt die Höhe von Vulkankegeln selten mehr als 3000 m (FRANCIS u. OPPENHEIMER 2004). Wenn das eigentliche Vulkangebäude bereits einer Hochregion der Erde aufsitzt, kommt sein Gipfel natürlich trotzdem in sehr großen absoluten Seehöhen zu liegen (z. B. bei vielen Andenvulkanen in mehr als 6000 m).

5.5.5 Calderen

Große, mehr oder minder runde vulkanische Hohlformen heißen Calderen. Haben Durchmesser von wenigen bis maximal 70 km. Wurden lange Zeit durch die Sprengwirkung gewaltiger Vulkanexplosionen erklärt. Nach heutiger Auffassung sind sie Einbruchsformen über einer sich entleerenden Magmakammer: wenn Gesteinsdach der Magmakammer nicht mehr durch das Magma getragen wird, stürzt es in sich zusammen (Abb. 42). Unterscheiden sich von Vulkankratern nicht nur durch ihre Größe sondern auch durch diesen spezifischen Entstehungsmechanismus.

Beispiele: sehr gut untersucht ist die Caldera des **Crater Lake**, Oregon, mit 9 km Durchmesser. Kreisrunder Calderasee von durchschnittlich 350 m und maximal 600 m Tiefe ist von 200–600 m hohen Wänden umgeben. Im Westteil des Sees bildet ein später aufgewachsener Schlackenkegel die Wizard Insel (Abb. 43). Zum Entstehungsablauf des Crater Lake durch Einsacken der Gipfelregion eines ursprünglich mehr als 1000 m höheren Vulkans (Mt. Mazama) siehe Abb. 42.

Inselgruppe von **Santorin** in der Ägäis bildet eine riesige und vom Meer überflutete Caldera. Die zwei größten Inseln sind die Überreste des um 1500 v. Chr. beim Ausbruch des Thera-Vulkans entstandenen Caldera-Rings.

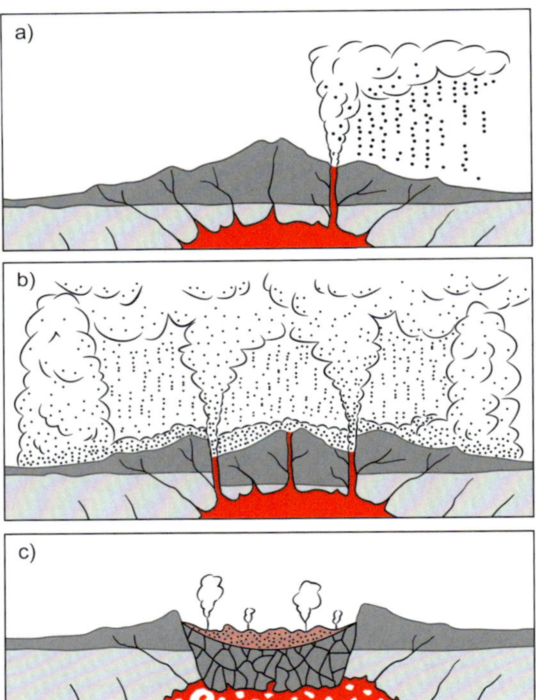

Abb. 42: Entstehung der Crater Lake Caldera (nach C.R. BACON 1983). a) Beginn der Eruption: Plinianische Eruptionsäule steigt aus einem einzelnen Schlot auf der Nordflanke und kollabiert zu einer Serie von pyroklastischen Strömen. b) Bildung der Caldera: Dach der teilweise entleerten Magmakammer hat keine Stütze mehr und beginnt entlang ringförmiger Brüche einzusinken. Brüche öffnen eine Reihe von zusätzlichen Aufstiegswegen, aus denen weitere pyroklastische Ströme austreten. Geschätzte 50 km^3 Magma gefördert. c) Nach Einbruch füllt sich Calderabecken mit aufgestauten pyroklastischen Strömen, die abgesunkenes Vulkandach unter sich begraben.

Bei Ausbruch des **Vesuvs** 79 n. Chr. sank Spitze des jahrhundertlang nicht mehr aktiv gewesenen Vulkans zu einer hufeisenförmigen Caldera ab. Einbruchswände bilden zusammen mit äußeren Vulkanabhängen den Bogen des bis zu 1130 m hohen Monte Somma (Abb. 41). Auf Calderaboden wuchs heutiger Vesuvkegel als Tochtervulkan in die Höhe. Ähnliche, aus älterem und jüngerem Kegel zusammengesetzte Vulkangebäude daher oft auch *Sommavulkane* genannt. Bogenförmiges Valle

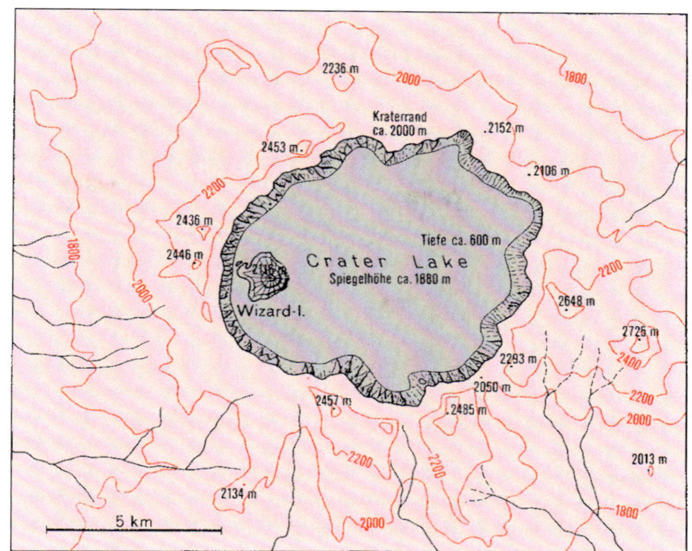

Abb. 43: Der Crater Lake im Kaskadengebirge, Oregon, als Beispiel einer großen Caldera

del Gigante zwischen Monte Somma und Vesuvgipfel bildet Ablagerungsfalle für Lavaergüsse und pyroklastische Ströme; schützt dadurch die dicht besiedelten Gebiete im N und NO des Vesuvs.

Genauso hufeisenförmig ist auch die Las Cañadas genannte „Caldera" des **Pico Teide**, Kanarische Inseln, mit 17 km Durchmesser. Neuere Untersuchungen interpretieren sie allerdings nicht durch den Dacheinbruch einer Magmakammer, sondern als Abbruchnische eines gigantischen Bergsturzes.

Calderenbildung kann sich an jegliche Form des explosiven und effusiven Vulkanismus knüpfen. Im Allgemeinen nimmt der Calderen-Durchmesser mit der Magnitude der Eruption zu. Calderen mit bis zu 75 km Durchmesser sind durch Supereruptionen entstanden, denen sich riesige Ignimbritdecken zuordnen lassen.

Besonderheiten der ***Calderenbildung bei basaltischem, effusivem Vulkanismus***: Eruptionszentrum und Position von Calderakollaps sind selten deckungsgleich. Magma aus zentraler Magmakammer von Schildvulkanen fließt oft durch lange Gänge zu entfernten Austrittsstellen an den Vulkanflanken ab. Daraufhin Einsacken einer kleinen (4–5 km messenden) Gipfelcaldera. Diese präsentiert sich mit markantem Rand, steilen Wänden, und oft in sich geschachtelter Kesselform.

Kann einen aus undichten Stellen des Calderabodens gespeisten Lavasee enthalten.

Besonderheiten der ***Calderenbildung bei silikatischem, hoch explosiven Vulkanismus***: Supercalderen sind meist unter Austritt von großvolumigen pyroklastischen Strömen in einem größeren Vulkanfeld aus Schlackenkegeln und Staukuppen eingesunken. Viele Supercalderen sind *resurgente*[71] *Calderen*: nach ihrem Einbruch führte die Wiederfüllung der Magmakammer zu einer langsamen Wiederanhebung des Geländes. Dabei spannen sich Aufstiegsbewegungen von einer Aufdomung oder Schollenhebung im Calderaboden bis hin zu einer großräumigen, auch die Nachbargebiete umfassenden Aufwölbung. Ursprüngliche Ränder von Supercaldernen sind durch Resurgenz, Abtragung und ausgedehnte Ignimbritdecken oft nur schwer rekonstruierbar. Sehr gut untersuchte Supercalderen der USA sind die Valles Caldera (New Mexico), Long Valley (Kalifornien) und Yellowstone (Wyoming).

5.6 Phreatomagmatische Vulkaneruptionen

Wenn Magma mit externem Wasser in Kontakt kommt, sind primär ähnlich heftige Reaktionen wie beim explosiven Vulkanismus zu erwarten. Wie in Kapitel 5.3 ausgeführt wurde, liegt ja der vulkanischen Explosivität die Rolle der Magma-Volatilen, insbesondere des Wassers, zugrunde. Ein Wasserkontakt des bis zur Erdoberfläche hoch gedrungenen Magmas ist in der Natur vielfach gegeben, sei es in großer Meerestiefe beim Austritt an MORs oder in seichten Küstengewässern, sei es an Land beim Auftreffen auf unterirdische Grundwasserkörper oder oberirdische Sümpfe und Seen. In der Realität gestaltet sich die Wechselwirkung von Magma und externem Wasser jedoch nicht notwendigerweise explosiv, sondern vielfältig. Äußert sich in einer Spanne von einfacher Schock-Kühlung des ausgetretenen Magmas über einen komplexeren Wärmeaustausch zwischen Magma und Wasser, verbunden mit kleineren Explosionen, bis hin zu äußerst heftigen Dampfexplosionen, die sogar das Nebengestein des Aufstiegswegs zertrümmern.

Die Fachbezeichnung für alle Interaktionen zwischen Magma und externem Wasser lautet *phreatomagmatisch* (synonym: *hydromagmatisch, hydroklastisch*). Desungeachtet wird in der Fachliteratur mit dem Begriff „phreatomagmatisch" meist die explosive Reaktionsform adressiert. Die folgenden Ausführungen beziehen sich ausschließlich auf Wechselwirkungen zwischen externem Wasser und basaltischen Magmen. Wechselwirkungen mit rhyolitischen Magmen sind in der Erdvergangenheit wohl aufgetreten, aber noch wenig erforscht.

Phreatomagmatische Explosionen sind Dampfexplosionen, d.h. sie ergeben sich aus dem plötzlichen Übergang von Wasser zu Wasserdampf, bei welchem

[71] lat.: surgere = aufsteigen

die Dichte stark abfällt und das Volumen enorm zunimmt. Dieser Übergang ist jedoch druck- und temperaturabhängig. Je höher der Druck desto höher die für den Phasenübergang erforderliche Temperatur; gleichzeitig wird der begleitende Dichtesprung immer kleiner. Physikalisch kann ab einem gewissen Punkt, dem so genannten *kritischen Punkt*, nicht mehr klar zwischen Wasserdampf und flüssigem Wasser unterschieden werden, d.h. die Dichte- und Volumenunterschiede sind nun verschwindend klein. Aus diesem Grund sind heftige Dampfexplosionen an einen schwachen Überlagerungsdruck, das heißt an geringe Erdkrusten- und Wassertiefen gebunden.

Des Weiteren erfordern explosive Magma-Wasser Wechselwirkungen eine gute Durchmischung von Wasser und Magma, bei der große Wasserdampfmengen im Zentrum des Gemisches entstehen. Auch dies ist in der Natur nicht immer gegeben. Durch die extremen Temperaturunterschiede zwischen frisch ausgetretenem Magma und externem Wasser funktioniert die Wärmeübertragung auf das Wasser nicht wie bei dem in Kochtöpfen zu beobachtenden Blasensieden, sondern in Form eines Filmsiedens. Dabei entsteht zwischen der heißen Magmaoberfläche und dem flüssigen Wasser ein durchgehender *Dampffilm*, der wie eine Isolierschicht wirkt. Bei großer und frei beweglicher Wasserumgebung sowie anhaltender Existenz des Dampffilms ist keine Vermischung von Magma und Wasser möglich. Die äußerste Kruste des Magmas unterhalb des Dampffilms wird augenblicklich in den Festzustand abgeschreckt und der Wasserkörper oberhalb des Dampffilms leitet die Wärme in Form eines konvektiven Wasseraustausches ab. Die Wechselwirkung bleibt also ruhig.

Die intensive Durchmischung von Magma und externem Wasser und damit der Start einer phreatomagmatischen Explosion sind an den *Zusammenbruch des Dampffilms* gebunden. Dieser kann spontan oder durch eine Erschütterung, wie z. B. durch eines der vielen kleinen Erdbeben, die jeden Magmenaufstieg begleiten, erfolgen. Dabei entsteht eine Druckwelle. Wenn die Viskosität der Schmelze zu diesem Zeitpunkt keine elastische Verformung mehr zulässt, fragmentiert sie beim Durchgang der Druckwelle. Gleichzeitig führt der Zusammenbruch des Dampffilms an der Magmaoberfläche zu starken Turbulenzen, in denen Magmafetzen in das Umgebungswasser abgelöst oder umgekehrt Wassermengen in das Magmainnere injiziert werden. Das sich an den vielen Kontaktflächen rasch erhitzende Wasser dehnt sich sehr schnell aus; damit erhöht sich auch der Spannungszustand der Schmelze enorm. Als Folge treten Feinfragmentierung und bei Übergang des erhitzten Wassers in Dampf Dampfexplosionen auf. Zu besonders heftigen Reaktionen kommt es, wenn die Schmelze zu diesem Zeitpunkt bereits reichlich Gasblasen enthielt.

Ausbruchsstil und Eruptionssäule der resultierenden Explosion können unterschiedlich ausfallen. Pulsierende, von kurzen Ruhepausen unterbrochene Explosionen sind typisch, es gibt aber auch länger andauernde, kontinuierliche Explosionen. Häufig zeigt die Eruptionssäule eine bogenförmige, in einzelne Stränge aufgeteilte Gestalt, vergleichbar den Schwanzfedern eines Hahnes. Darauf beruht ihre englische Bezeichnung als *cock's tail jets*. Die Einzelstränge werden von Bomben angeführt, denen Schweife aus schwarzer Tephra folgen, deren Ränder beim Herausschleudern durch den kondensierenden Wasserdampf weiß werden. Cock's tail jets steigen einige Zehner bis einige Hunderte von Metern auf. Andere phreatomagmatische Eruptionssäulen zeigen durchaus das gewohnte Bild, werden einige km hoch und von kontinuierlichen oder in ganz kurzen Abständen aufeinander folgenden Explosionen über längere Zeit aufrecht gehalten. Verglichen mit „normalen" explosiven Vulkanausbrüchen sind phreatomagmatische Eruptionen reicher an Wasser und Wasserdampf und ihre Tephrapartikel sind feinkörniger. Als weitere Besonderheit wurden bei manchen Explosionen rund um die Eruptionssäule *basale Ringwolken* (engl.: base surge) beobachtet. Diese konzentrischen, sich in Bodennähe radial vom Explosionsort mit großer Geschwindigkeit fortbewegenden Wolken bestehen überwiegend aus Wasserdampf, in welchem kleine Mengen an Tephra suspendiert sind (vgl. Kapitel 5.5.2).

5.6.1 Förderprodukte und Oberflächenformen im Meer oder in Seen

In größerer Wassertiefe verlaufen die Wechselwirkungen zwischen frisch ausgetretenem Magma und externem Wasser aufgrund des Überlagerungsdruckes der Wassersäule ruhig. Die wichtigste Auswirkung des Wasserkontakts ist hier die Schockkühlung der Außenhaut der jungen Lava, welche in Sekunden *glasig*, d.h. kristallfrei und völlig strukturlos erstarrt. Unterhalb der Glaskruste erfolgt die Abkühlung etwas verzögert, winzige Mineralkörner können sich bilden und dem fest gewordenen Lavainneren ein *mikrokristallines G*efüge verleihen. Die rasche Erstarrung der Lava ist von einer Volumenabnahme begleitet, die zu zahlreichen Schwundrissen in der Glaskruste führt. Dünne Lavaschichten können durch diese Schwundrisse *granulieren*, d.h. in lose Glasfragmente zerfallen.

Kissenlava (engl.: pillow lava) ist die Bezeichnung für die typischste Aushärtungsform von Lava unter Wasser. An der Außenseite von submarin ausgetretenen Lavamassen präsentieren sich die „Kissen" als voneinander isolierte Säcke mit annähernd kugelförmiger oder flach-brotlaibförmiger bis hin zu länglich-schlauchförmiger Gestalt mit mittleren Durchmessern von 0,5 bis 1 m. Die Fortsetzung ins Innere der Lavaakkumulation erfolgt aber nicht in Form von aneinander gereihten Einzelkissen sondern in Form von langen Lavaschläuchen, für die die Bezeichnung „Schlauch-" oder „Röhrenlava" viel passender wäre als der alteingesessene Ausdruck „Kissenlava". An MORs oder über submarinen Hotspots austretende Basaltlaven erstarren überwiegend in der Form von Kissenlaven. Nur zu einem untergeordneten Anteil besteht das Baumaterial von jungen Seamounts aus flächig entwickelten Lavadecken, so wie sie im Inneren kontinentaler Vulkane zu finden sind.

Auch an Land entstandene Lavaströme, die ins Meer oder in einen See abfließen und dort Schockkühlung erfahren, können in Form von Kissenlava erstarren.

Die Außen- und Oberpartien submariner Vulkangebäude bestehen aus ***hydroklastischen Ablagerungen***, d.h. aus vulkanischen Lockersedimenten, die sich im Kontakt mit Wasser bilden. Die Zerkleinerung des austretenden Magmas zu Glasfragmenten, Brekzien und Tephrapartikeln erfolgt durch mehrere Prozesse. In der Tiefsee dominieren Abschreckungsgranulierung und das Abplatzen von erstarrten Glaskrusten über einem darunter liegenden und sich noch bewegendem Lavastrom. In Wassertiefen von 1000 m bis wenige 100 m geht die effusive Tätigkeit in Abhängigkeit von Gasgehalt und Viskosität der Schmelze in eine explosive Tätigkeit über, bei der das Magma pyroklastisch zu Aschen, Lapilli und Bomben zerrissen wird (→ I, 5.5.1). Ebenso wichtig sind aber auch die zahlreichen Massenbewegungen auf den instabilen Flanken des Vulkans, die zu einer mechanischen Zerkleinerung aller Förderprodukte und zur Ausbildung dicker seitlicher Schuttschürzen führen.

Die Seichtwasserphase des aufwachsenden Unterseevulkans wird schließlich von phreatomagmatisch ausgelösten Explosionen dominiert. Eine genaue wissenschaftliche Beobachtung der begleitenden Umstände bei der Geburt der Insel Surtsey gab Anlass zur Einführung der Typenbezeichnung *surtseyanische Eruption* (vgl. 5.3.2)

Beispiel: Surtsey liegt rund 30 km südlich von Island und besteht aus zwei Tuffkegeln (→ I, 5.6.2) und einem Pahoehoe Lavafeld. Im Jahr 2007 betrug die Fläche der Insel 1,4 km^2 und ihre größte Höhe 150 m. Surtsey wurde durch einen dreieinhalb Jahre dauernden Vulkanismus geschaffen, welcher 1963 am isländischen Küstenschelf in einer Wassertiefe von 130 m startete. Die ersten Asche-Dampfwolken wurden am Morgen des 14. November 1963 gesichtet. Bereits am nächsten Tag ragten Teile des Vulkangebäudes über den Meeresspiegel hinaus. In dem vom Meerwasser gefluteten Vulkanschlot folgte eine phreatomagmatische Explosion auf die andere und ließ ein Feuerwerk aus cock's tail jets aufsteigen. Sobald die zurückfallende Tephra den Eintritt des Meerwassers in den Schlot behinderte, stiegen Tephra und Dampf zu höheren und anhaltenderen Eruptionssäulen auf. Ab April 1964 wurden die Ausbrüche zunehmend effusiv: die Eruptionssäule nahm nun die Gestalt hawaiianischer Lavafontänen an, die zurückfallenden Magmafetzen formierten sich zu ruhig abfließenden Lavaströmen. 1967 erlosch die vulkanische Tätigkeit. Zu diesem Zeitpunkt war Surtsey rund 2,5 km^2 groß. Seither wird die Insel durch den ständigen Brandungsangriff verkleinert. Noch während ihrer vulkanischen Aufbauphase wurde sie zum Naturschutzgebiet erklärt und darf heute nur für wissenschaftliche Zwecke betreten werden.

5.6.2 Förderprodukte und Oberflächenformen an Land

Subaerische phreatomagmatische Eruptionen in Wechselwirkung mit Grundwasser, Sümpfen oder seichten Seen gestalten sich explosiv und erzeugen die im Folgenden genannten Krater- und Kegelformen, zwischen denen es viele Übergänge gibt.

Maare gehen auf phreatomagmatische Explosionen zurück, die einen 10 m bis mehrere 100 m tiefen Sprengkrater in der Landoberfläche hinterlassen, welcher sich in der Folge meist mit Wasser füllt. Sind häufig kreisrund, mit mittleren Durchmessern um 1 km. Maarsee oder -krater kann von einem niedrigen Wall aus Auswurfsmaterial umgeben sein, der zur Hauptsache aus Sprengtrümmern des lokal anstehenden Gesteins besteht. Wegen des geringen vulkanischen Materialanteils im Auswurfswall wurden Maare gelegentlich mit Meteoritenkratern verwechselt.

Tuffringe und Tuffkegel (engl.: tuff rings und tuff cones) entstehen bei phreatomagmatischen Explosionen, in denen mehr Magma als bei der Maarbildung gefördert wird. Der resultierende Tephra Auswurf besteht aus feinkörniger Asche und lagert sich in einer etwas über die Geländeoberfläche angehobenen Kraterform ab. Tuffringe präsentieren sich als flachgeböschte (2–10° geneigte) Ringwälle um einen breiten zentralen Kraterboden. Tuffkegel sind höhere Kegelbauten mit großem, zentralen Krater und steileren, 20–30° geneigten Flanken. Sind im äußeren Erscheinungsbild den Schlackenkegeln recht ähnlich, zeigen im Unterschied zu diesen jedoch eine ausgeprägte Schichtung der Thephraablagerungen, weil sie aus den wasserdampfgesättigten Auswürfen einer phreatomagmatischen Explosion entstehen, die in nassen, schlammigen und feinkörnigen Schichten abgelagert werden.

Die idealtypischen Unterschiede zwischen Maaren, Tuffringen, Tuffkegeln und Schlackenkegeln sind in Abb. 44 dargestellt. Ein gutes Beispiel für ihr geselliges Auftreten zusammen mit vielen Übergangs- und Mischformen ist das quartäre Vulkanfeld der Eifel.

Beispiel: Die quartären **Vulkanfelder der Eifel** gehören dem geotektonischen Milieu des Intraplattenvulkanismus an. Dementsprechend bestehen sie aus exotischen Vulkangesteinen wie Basaniten und Tephriten (siehe Abb. 33), welche aus der alkalischen Magmensippe hervorgehen. Die Eruptionen starteten vor 600 000 Jahren und kamen vor 11 000 Jahren zur Ruhe. Die zwei Vulkanfelder der Eifel sind 50 km (Westeifelfeld), respektive 35 km (Osteifelfeld) lang. Zusammen bestehen sie aus ca. 340 Vulkanbauten vom Typ Schlackenkegel, Tuffkegel oder Maar. In beiden Feldern liegen die Eruptionsorte zum Feldzentrum hin dichter beisammen, werden größer und förderten höher differenzierte Laven. Der ultimative Ausbruch des Osteifel Feldes (in der Position des heutigen Laacher Sees) geschah als Großeruption, mit einem Magmaaustritt von 6 km^3 und einer bis in die Stratosphäre aufsteigenden Eruptionssäule, vergleichbar dem Pinatubo Ausbruch von 1991.

In wissenschaftlicher Hinsicht sind die Vulkanfelder der Eifel wegen ihrer vielen Übergangsformen zwischen Maaren, Tuffringen, Tuffkegeln und Schlackenkegeln interessant. In vielen Eifelvulkanen lösen sich die typischen Formausprägungen zeitlich aufeinander ab, d.h. viele Schlackenkegel der Eifel starteten nachweislich als Maar und gingen erst nach Erschöpfung der externen Wasserzufuhr in eine „normale“ (d.h. nicht phreatomagmatisch beeinflusste) Magmaförderung über. Andere

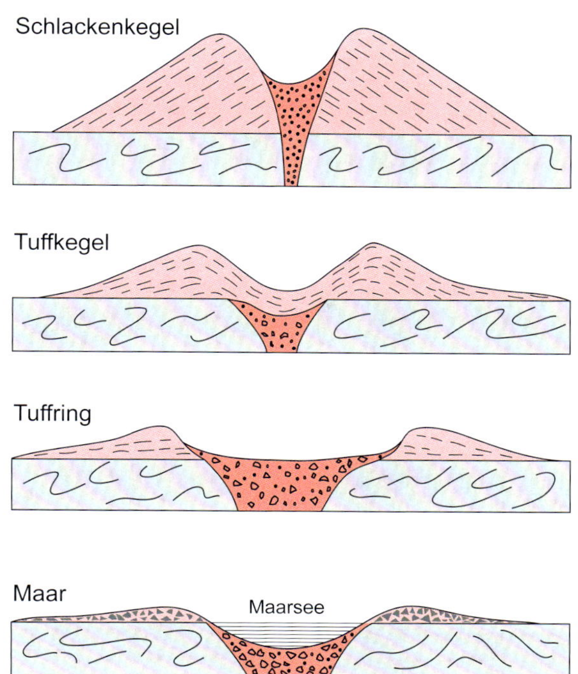

Abb. 44: Schematische Profilschnitte von Schlackenkegel, Tuffkegel, Tuffring und Maar (verändert und ergänzt nach K.H. Wohletz u. M. Sheridan 1983)

Beispiele wie das Oberwinkeler Maar (Westeifel) zeigen den umgekehrten Verlauf, d.h. ein „normaler" Vulkanausbruch wurde von phreatomagmatischen Explosionen gefolgt.

In landschaftlicher Hinsicht unterscheiden sich die zwei Vulkanfelder deutlich. Die Westeifel liegt rund 200 m höher als die Osteifel, erfährt höhere Niederschläge und ist viel stärker bewaldet. Die hohe Schlackenkegeldichte wird durch ein dichtes Waldkleid verschleiert. Umso deutlicher und damit landschaftsprägend treten die zahlreichen Maarseen in Erscheinung. Die Osteifel hingegen ist arm an Maaren, dafür aber reich an prominent aufragenden Schlackenkegeln (H.U. Schmicke 2009).

Subglazial entstandene Vulkanberge zeigen eine auffällige Tafelberg-Form. Solche Tafelvulkane oder *Tuyas* sind typischerweise einige km breit und einige 100 m hoch und aus Island, British Columbia und der Antarktis bekannt. In dicken Gletschereiskappen entwickelt sich über einer vulkanischen Wärmequelle eine schmelzwassergefüllte Eishöhle, die sich über die Zeit an die Gletscheroberfläche durchfrisst und einen steilwandigen Schmelzwassersee entstehen lässt. Die Abfolge der vulkanischen Eruptionsstile sowie die Aufstapelung von Kissenlaven und Hydroklasten in diesem See folgen dem Muster von Unterwassereruptionen. Wichtig für die Entwicklung der Tafelbergform ist der abschließende Durchbruch zur subaerischen Eruption, denn erst diese erzeugt eine erosionsresistente Lavakappe, welche den darunterliegenden, breiten Sockel aus leicht verwitterbaren hydroklastischen Ablagerungen vor der Abtragung schützt. Subglaziale Vulkanbauten, die nie ein subaerisches Ausbruchsstadium erreichten und daher keine krönende, harte Lavadecke erhielten, verwittern sehr schnell zu steilwandigen Rückenformen.

Der Durchbruch zur subaerischen Lavadeckenbildung hängt stark von der Höhenlage des Seespiegels ab, welcher bei einem englazialen Schmelzwassersee variabel ist, da ein Teil des Wassers in Eistunnels und Röhren unter oder durch den Gletscher abfließt (→ III, 2.2.2.3.), während gleichzeitig neues Wasser durch Eisschmelze entsteht. In Island sind die sogenannten *Jökulhlaups* oder *Gletscherläufe* gefürchtet: In der Eiskappe des Vatnajökulls z. B. entstehen mit größerer Regelmäßigkeit vulkanisch generierte Schmelzwasserseen. Meist brechen diese jedoch schon nach kurzer Zeit in riesigen, unter dem Gletscher hindurchschießenden Fluten (= Gletscherlauf) aus. In dicken Eisschilden und Inlandeismassen mit kompaktem basalem Eis sind die Schmelzwasserseen langlebiger. Aber auch hier kann das Ansteigen des Seespiegels über die umgebende Eisoberfläche eine See-Drainage einleiten, denn wo sich das überlaufende Wasser sammelt, wird es einen immer tiefer werdenden Abflusscanyon in den Gletscher erodieren.

5.7 Geothermalgebiete als vulkanische Begleiterscheinung

Über Magmaherden von Vulkanen erhöhter Wärmefluss zur Erdoberfläche und Aufstieg freigesetzter magmatischer Gase. Grundwasser in solchen Zonen wird stark erhitzt und es kann sich ein Geothermalgebiet mit heißen Quellen und/oder Wasserdampfaustritten einstellen.

Geothermalgebiete werden nach der Wasser- bzw. Wasserdampftemperatur in 1000 m Tiefe in *Hochtemperatur-* (> 150 °C) und *Niedrigtemperaturgebiete* (< 150 °C) unterteilt. Letztere bedürfen keiner vulkanischen Aktivität: ein aus anderen Gründen schwach erhöhter Wärmefluss oder aus größerer Tiefe aufsteigendes und deswegen wärmeres Grundwasser reichen für ihre Bildung aus. Vulkanzonen sind in der Regel durch Hochtemperaturgebiete charakterisiert. Bei der kleinen Zahl von Niedrigtemperaturgebieten geht man davon aus, dass die vulkanische Tätigkeit und damit die Wärmequelle bereits am Erlöschen ist. Die eindrucksvollen Phänomene von Hochtemperaturgebieten wie *Heiße Quellen*,

Geysire, *Schlammtöpfe*, *Fumarolen* und *Solfataren* machen sie zu attraktiven Zentren des Naturtourismus. Am bekanntesten ist der Yellowstone Nationalpark; Island hat gleich 20 Hochtemperaturfelder, andere sind z. B. in Neuseeland, Äthiopien, Chile und Italien zu finden.

Alle im Folgenden angeführten Phänomene von Hochtemperaturfeldern werden häufig als „postvulkanische Erscheinungen" adressiert. Ihrer Natur nach sind sie aber Ausdruck einer gegenwärtig nur ruhenden vulkanischen Aktivität, was sich jederzeit ändern kann. Dementsprechend stützt sich Vorhersage von Vulkanausbrüchen unter anderem auf sorgfältiges Monitoring von Gaszusammensetzung und Temperatur in Geothermalgebieten.

Fumarolen[72] sind heiße Dampfaustrittsstellen. In den vorherrschenden Wasserdampf sind vulkanische Gase wie HF, HCl und SO_2 eingemengt. Es gibt kühlere (< 130 °C) und sehr heiße (> 700 °C) Fumarolen, bei manchen ist der Anteil der vulkanischen Gase sehr hoch, bei anderen vernachlässigbar; auch Art der Gase unterschiedlich. Gase werden rund um die Austrittsstelle abgeschieden, nehmen durch Oxidation und wärmeliebende Bakterien vielfältige Färbung an.

Solfataren werden nach ihrer Typlokalität, der Caldera „Solfatara" in den Phlegräischen Feldern westlich von Neapel benannt. Sind mit 100–200 °C kühlere Gasaustritte, die hauptsächlich Schwefelwasserstoff (H_2S), Kohlenstoffdioxid (CO_2) und Wasserdampf enthalten. H_2S oxidiert bei Kontakt mit Luftsauerstoff zu elementarem Schwefel und Schwefeldioxid. Rund um manche Solfataren leuchtend gelbe Schwefelabscheidungen. Andere sind mit Schlammsprudeln vergesellschaftet, da SO_2 in Wasser gelöst schwefelige Säure ergibt und ein aggressives Verwitterungsmilieu produziert, das viel Feinmaterial freisetzt.

Mofetten sind kühle Entgasungen von Kohlenstoffdioxid mit Temperaturen unter 100 °C. Austritt entweder relativ trocken, z. B. in der Hundsgrotte in den Phlegräischen Feldern, oder als wässrige Lösung, z. B. im Laacher See Gebiet.

Schlammtöpfe (synonym: *Schlammsprudel*; engl.: mud pots) sind Tümpel aus blubbernden Schlammmassen, die sich bei schwacher Grundwasserzufuhr als ein Mittelding zwischen Dampfaustritt und Heißer Quelle einstellen. Schlammpartikel stammen aus einer vulkanischen Aschedecke und/oder der örtlicher Bodenverwitterung, welche durch das saure Milieu von Schlammtöpfen verstärkt wird. Manchmal bauen sich in Schlammtöpfen kleine, maximal 2 m hohe Schlammkuppen auf, die irreführenderweise als *Schlammvulkane* bezeichnet werden. Echte Schlammvulkane sind eine nichtvulkanische Erscheinung, können auch viel größer werden und gehen auf den Aufstieg aufgeschlämmter, tonreicher Sedimentgesteine in tektonischen Einengungszonen zurück.

Heiße Quellen im Zentrum von Hochtemperaturgebieten sind durch den Gehalt an magmatischen Gasen sauer, haben pH-Werte < 2. Auffällige Sinterbildungen,

[72] lat. fumus = Rauch, Dampf, Dunst

wie sie für viele Thermalwässer typisch sind (→ III, 1.3.5), fehlen hier, da saures Milieu zu sofortiger Sinterzersetzung führt. Erst in Randzonen des Hochtemperaturfeldes ist durch längeren Grundwasserkontakt der Gasgehalt ausgedünnt und die Wassertemperatur erniedrigt. In solchen Positionen genauso wie in den Heißen Quellen von Niedrigtemperaturfeldern oft schöne und ausgedehnte Sinterbildungen zu finden, z. B. die Sinterterrassen von Mammoth Hot Springs im Yellowstone Nationalpark.

Geysire sind heiße, periodisch aktive Springquellen. Typlokalität ist der Große Geysir auf Island, der seinen Namen vom isländischen Wort „geysa" für „wirbeln, strömen" hat. Etwa die Hälfte aller weltweit existierenden Geysire befindet sich im Yellowstone Nationalpark, Wyoming.

Funktionsweise (Abb. 45): In der Tiefe liegendes Wasserreservoir des Geysirs wird durch versickerndes Niederschlagswasser und zurückströmendes Auswurfswasser gefüllt, anschließend durch Wärmestrom des vulkanischen Feldes stark erhitzt. Wenn Gestalt des Förderkanals durch starke Verengungen oder ein System aus Nebenröhren und Hohlräumen konvektive Wärmeabfuhr nach oben behindert, wird das Wasser über den kritischen Punkt erhitzt. Schließlich steigen aber doch einzelne Dampfblasen im Förderschacht aufwärts, drücken einen Teil der Wassersäule hinaus, dadurch plötzliche Druckentlastung. Überhitztes Wasser in der Tiefe verdampft schlagartig, so dass ein Dampf-Wasser-Gemisch explosionsartig hochschießt (zu den Mechanismen einer Dampfexplosion siehe auch Kapitel 5.6).

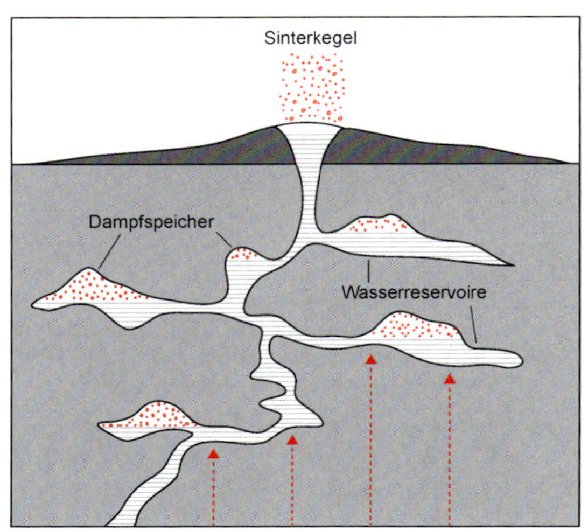

Abb. 45: Schema eines Geysirs

1992 mit einer Temperatur-, Druck- und Kamerasonde durchgeführte Untersuchung des Geysirs „Old Faithful“ zeigte, dass auch einfachere Fördersysteme als das in Abb. 45 dargestellte die Dampfexplosion hervorrufen können. Old Faithful hat einen gerade aufsteigenden Kanal, in dem eine starke Verengung in 7,5 m Tiefe ausreicht um die konvektive Wärmeabfuhr entsprechend hintan zu halten (T.S. Bryan 1995).

Manche Geysire steigen wild sprudelnd aus einem Wasserbecken in die Höhe, bei anderen hat sich rund um die Austrittsstelle ein steilwandiger Kegel aus Silikat-Sinter (= *Geyserit*) gebildet, der den Wasser-Dampf-Strahl wie eine Düse bündelt.

Besonders bekannt durch seine regelmäßigen Eruptionen im Abstand von 1–1½ Stunden ist der **Old Faithful**, einer der mehr als 300 Geysire des Yellowstone National Parks, dessen Wassersäule (14 000–32 000 Liter) bis 55 m Höhe erreicht. Ausbruchsdauer ca. 4 Minuten.

Literatur

Bacon, C.R., 1983: Eruptive history of Mount Mazama and Crater Lake Caldera, Cascade Range, USA. J. Volcanol. Geotherm Res. 18, 57–115.

Bardintzeff, J.-M., 1999: Vulkanologie. Enke. Stuttgart.

Bryan, S.E. u. Ernst, R.E., 2008: Revised definition of Large Igneous Provinces (LIPs). Earth-Science Reviews 86, 175–202.

Bryan, T.S., 1995: The Geysers of Yellowstone. 3. Aufl., Univ. Press of Colorado. Colorado.

Cioni, R. et al., 1999: Plinian and Subplinian Eruptions. In: Sigurdsson, H. et al. (eds.): Encyclopedia of Volcanoes, 477–494.

Condie, K.C., 2001: Mantle plumes and their record in earth history. Cambridge Univ. Press. Cambridge.

Crisp, J.A., 1984: Rates of magma emplacement and volcanic output. J. Volcanol. Geotherm. Res. 20, 177–211.

Davies, D.R. u. Davies, J.H., 2009: Thermally-driven mantle plumes reconcile multiple hotspot observations. Earth and Planetary Science Letters 278, 50–54.

Foulger, G.R., 2010: Plates vs Plumes. A Geological Controversy. Wiley-Blackwell. Oxford.

Francis P. u. Oppenheimer, C., 2004: Volcanoes. 2. Aufl., Oxford Univ. Press. Oxford.

Frisch, W. u. Meschede, M., 2009: Plattentektonik und Gebirgsbildung. 3. Aufl., Wiss. Buchges. Darmstadt.

Gottsmann, J. u. Marti, J., (eds.), 2008: Caldera Volcanism. Analysis, Modelling and Response (= Developments in volcanology 10). Elsevier, Amsterdam.

Krafft, M., 2002: Führer zu den Vulkanen Europas. Spektrum, Heidelberg.

Lipman, P.W. u. Mullineaux, D.R. (eds.), 1981: The 1980 Eruptions of Mount St. Helens, Washington. U.S. Geological Survey Prof. Paper 1250.

Luhr, J.F. u. Simkin, T., 1993: Paricutín; the volcano born in a Mexican cornfield. Geoscience Press. Phoenix.

Mahoney, J.J. u. Coffin, M.F. (eds.), 1997: Large Igneous Provinces: Continental, Oceanic, and Planetary Volcanism. Geophysical Monograph 100, American Geophysical Union, Washington, DC.

Morgan, W. J., 1972: Plate motions and deep mantle convection. Geological Society of America Memoir 132, 7–22.

Newhall, Ch. u. Self, S., 1982: The volcanic explosivity index (VEI): an estimate of explosive magnitude for historical volcanism. J. Geophys. Res. 87, 1231–1238.

Ollier, C., 1989: Volcanoes. Blackwell. Oxford.

Parfitt, E.A. u. Wilson, L. (eds.), 2008: Fundamentals of physical volcanology. Blackwell Publishing, Malden, MA.

Pichler, H. u. Pichler, T., 2007: Vulkangebiete der Erde. Elsevier, München.

Robock, A., 2003: Volcanoes: Role in Climate. In: Encyclopedia of Atmospheric Sciences, Academic Press, London.

Schmincke, H.-U., 2009: Vulkane der Eifel. Aufbau, Entstehung und heutige Bedeutung. Spektrum. Heidelberg.

Schmincke, H.-U., 2010: Vulkanismus. 3., überarb. Aufl., Wiss. Buchges., Darmstadt.

Schwarzbach, M., 1981: Berühmte Stätten geologischer Forschung. 2., überarb. Aufl., Wiss. Verl.-Ges., Stuttgart.

Sigurdsson, H. et al. (eds.), 1999: Encyclopedia of volcanoes. Academic press, San Diego.

Simper, O., 2005: Vulkanismus verstehen und erleben. Feuerland Verlag, Feuerbach.

Tilling, R.I., Heliker, C. u. Swanson, D.A., 2010: Eruptions of Hawaiian volcanoes; past, present, and future: U.S. Geological Survey General Information Product 117 (http://pubs.usgs.gov/gip/117/).

Wilson, J.T., 1963: Evidence from islands on the spreading of ocean floors. Nature 197, 536–538.

Wohletz, K.H. u. Sheridan, M.F., 1983: Hydrovolcanic explosions II. Evolution of basaltic tuff rings and tuff cones. American Journal of Science, 283, 385–413.

Webseiten

Cascades Volcano Observatory des US Geologischen Dienstes: http://vulcan.wr.usgs.gov/home.html

Siebert, L., Simkin, T. (2002): Volcanoes of the World: an Illustrated Catalog of Holocene Volcanoes and their Eruptions. Smithsonian Institution, Global Volcanism Program Digital Information Series, GVP-3: http://www.volcano.si.edu/world/

International Association of Volcanology and Chemistry of the Earth's Interior (IAVCEI): http://www.iavcei.org/

Zeitschriften

Bulletin of Volcanology (Springer)

Journal of Applied Volcanology (Springer)

Journal of Volcanology and Geothermal Research (Elsevier)

Journal of volcanology and seismology (Springer)

Quellenverzeichnis der Abbildungen

Abb. 1 aus: H. Louis und K. Fischer, Allgemeine Geomorphologie. Berlin 1979[4], S. 53
Abb. 2, 34, 43 nach Entwürfen von H. Wilhelmy
Abb. 3 aus: H. Berckhemmer, Grundlagen der Geophysik. Darmstadt, Wiss. Buchges. 1990, S. 32
Abb. 4 aus: H. Berckhemmer, S. 49
Abb. 5 aus: D. Richter, Allgemeine Geologie, Berlin 1992[4], S. 245
Abb. 6, 10, 26, 31, 36, 39, 41 aus: Archiv Verlag Ferdinand Hirt
Abb. 7 aus: C. M. R. Fowler, The solid earth. An introduction to global geophysics. Cambridge University Press 1990, S. 77
Abb. 8 aus: B. A. Bolt, Erdbeben, Wien 1984, S. 101
Abb. 9 nach: K. Strobach, Unser Planet Erde. Ursprung und Dynamik. Berlin, Stuttgart 1991, S. 147.
Abb. 11, 12, 20, 42 nach Entwürfen von C. Embleton–Hamann
Abb. 13 aus: C. M. R. Fowler, S. 34
Abb. 14 aus: C. M. R. Fowler, S. 38
Abb. 15 aus: M. A. Summerfield, Global Geomorphology. An introduction to the study of landforms. 1991, S. 45
Abb. 16 aus: Geologie in Stichworten. Unterägeri 1986[4], S. 43
Abb. 17 aus: C. M. R. Fowler, S. 41
Abb. 18 nach: K. C. Condie, Plate tectonics and crustal evolution. New York 1982
Abb. 19, 45 nach Entwürfen von H. Wilhelmy, verändert von C. Embleton–Hamann
Abb. 21 aus: Geologie in Stichworten, Unterägeri 1986[4], S. 45
Abb. 22 aus: W. K. Hamblin, The Earth's dynamic systems. A Textbook in Physical Geology. New York 1989[5], S. 372
Abb. 23 aus: W. Frisch und J. Loeschke, Plattentektonik. Darmstadt, Wiss. Buchges. 1986, S. 119
Abb. 24 aus: W. K. Hamblin, S. 39
Abb. 25 aus: H. G. Eisbacher, Einführung in die Tektonik, Stuttgart 1991, S. 197
Abb. 27 aus: C. M. R. Fowler, S. 320
Abb. 28 aus: Geologie in Stichworten, Unterägeri 1986[4], S. 15
Abb. 29 aus: W. K. Hamblin, S. 474
Abb. 30 a und b aus: W. Frisch und J. Loeschke, S. 153/154
Abb. 32 mit Ergänzungen nach: Geologie in Stichworten, Unterägeri 1986[4], S. 45
Abb. 33 nach: H. U. Schmincke, Vulkanismus, Darmstadt, Wiss. Buchges., 2010[3], S. 22
Abb. 35 nach: H. Scholtz in: H. G. Wunderlich, Einführung in die Geologie, II. Hochschultaschenbücher 341/341a, Mannheim 1968, S. 110
Abb. 37 aus: Die Erde, 1962, S. 15
Abb. 38 nach: S.E. Bryan und R.E. Ernst, Revised definition of Large Igneous Provinces, Earth–Science Reviews 86. 2008, S. 188
Abb. 40 aus: Westermanns Lexikon der Geographie, Bd. 3, 1970, S. 759
Abb. 44 nach: K.H. Wohletz und M.F. Sheridan, Hydrovolcanic explosions II, Evolution of basaltic tuff rings and tuff cones. American Journal of Science 283, 1983, S. 410

Register wichtiger Sachbegriffe

(Seitenzahlen in Kursiv beziehen sich auf Abbildungen und Tabellen)